ÉLÉMENTS
D'ALGÈBRE

(N° 3)

A L'USAGE

Des Aspirants au baccalauréat ès lettres et de tous les Établissements d'instruction

OUVRAGE CONTENANT

UN TRÈS-GRAND NOMBRE D'EXERCICES

PAR

M. Ph. ANDRÉ

PARIS
LIBRAIRIE CLASSIQUE DE F.-E. ANDRÉ-GUÉDON
Successeur de Mme Ve Thiériot
15, RUE SÉGUIER, 15

1875

ÉLÉMENTS

D'ALGÈBRE

(N° 3)

MÊME LIBRAIRIE

OUVRAGES DE M. PH. ANDRÉ

Nouveau Cours d'Arithmétique (N° 4), rédigé conformément aux Programmes officiels de l'enseignement secondaire classique et de l'enseignement secondaire spécial, à l'usage des établissements d'instruction, des aspirants au baccalauréat ès sciences et aux écoles du Gouvernement, contenant un très-grand nombre de questions usuelles, résolues et à résoudre. *Deuxième édition améliorée et augmentée d'un grand nombre d'exercices nouveaux.* 1 vol. in-8, broché. 4 fr.

Éléments d'Arithmétique (N° 3), à l'usage de toutes les Institutions, des aspirants au baccalauréat ès lettres, au brevet de capacité, et aux élèves de première et de deuxième année de l'enseignement spécial, contenant un très-grand nombre de questions usuelles, résolues et à résoudre. *Deuxième édition améliorée et augmentée d'un grand nombre d'exercices nouveaux.* 1 vol. in-8, br.. 3 fr.

Exercices d'Arithmétique (*Problèmes et Théorèmes*), ou énoncés et solutions développées des questions proposées dans le *Nouveau Cours d'Arithmétique* (n° 4) et dans les *Éléments* (n° 3), à l'usage des établissements d'instruction, des aspirants au baccalauréat ès sciences et aux diverses écoles du Gouvernement. 1 beau volume in-8, broché. . . . . 5 fr.

Exercices d'Arithmétique (*Problèmes et Théorèmes*), ou énoncés des questions proposées dans le *Nouveau Cours d'Arithmétique* (n° 4) et dans les *Éléments* (n° 3). 1 vol. in-8, broché. . . . . 1 fr.

Arithmétique à l'usage des Classes élémentaires. Ouvrage composé sur un plan tout à fait nouveau. *Quatrième édition*, revue et corrigée. 1 vol. in-12, cart.. . . . . 80 c.

Ouvrage honoré d'une souscription de S. E. M. le Ministre de l'Agriculture et du Commerce.

Solutions des Exercices proposés dans l'Arithmétique, à l'usage des classes élémentaires. 1 vol. in-12, cartonné. . . . . 60 c.

Nouveau Cours de Géométrie, théorique et pratique, rédigé conformément aux nouveaux programmes officiels, à l'usage des établissements d'instruction, des aspirants au baccalauréat ès sciences et aux écoles du Gouvernement, contenant plus de 1100 problèmes résolus et à résoudre, trois Traités très-complets : Levé des plans, Arpentage, Partage des terres, des Notions de Nivellement et un grand nombre de questions usuelles. *Septième édition.* 1 magnifique vol. in-12 de 500 pages, br. ou cart. . . . . 4 fr.

Éléments de Géométrie, théorique et pratique, à l'usage de toutes les Institutions, contenant plus de 1000 problèmes résolus et à résoudre, trois Traités très-complets : Levé des plans, Arpentage, Partage des terres, des Notions de Nivellement, le Cubage des bois, le Jaugeage des tonneaux, etc. *Septième édition revue et améliorée.* 1 très-beau vol. in-12 de plus de 400 pages, cart. . . . 3 fr.

Exercices de Géométrie (*Problèmes et Théorèmes*). Énoncés et solutions développées des questions proposées dans les deux ouvrages de Géométrie, à l'usage des établissements d'instruction, des aspirants au baccalauréat ès sciences et aux Écoles du Gouvernement. *Deuxième édition.* 1 fort vol. in-8, br. . . . 6 fr.

Énoncés des Exercices de Géométrie (*Problèmes et Théorèmes*). 1 vol. in-12, cartonné.. . . . . 60 c.

Algèbre Élémentaire, théorique et pratique, à l'usage des Écoles professionnelles, des Pensionnats et des Écoles normales. *Sixième édition.* 1 vol. in-12, cartonné. . . . . 1 fr. 60

Nouveau Cours d'Exercices et de Problèmes d'Algèbre, ou énoncés et solutions développées des questions proposées dans l'Algèbre élémentaire. *Quatrième édition.* 1 vol. in-12, broché. . . . . 1 fr. 60

Nouveau Cours de Trigonométrie, rédigé d'après le programme officiel, à l'usage des établissements d'instruction, des aspirants au baccalauréat ès sciences et aux écoles du Gouvernement, contenant un grand nombre d'exercices résolus et à résoudre et terminé par le Résumé du Cours. *Deuxième édition, revue et corrigée.* 1 vol. in-8, broché. . . . . 2 fr.

Exercices de Trigonométrie, ou énoncés et solutions développées des questions proposées dans le Cours de Trigonométrie. 1 vol. in-8, broché.. . . 2 fr.

Résumé d'un cours de Trigonométrie, travail entièrement nouveau, suivi de 330 problèmes. Broch. in-8. . . . . 40 c.

Sceaux. — Typ. M. et P.-E. Charaire.

ÉLÉMENTS
D'ALGÈBRE

(N° 3)

A L'USAGE

Des Aspirants au baccalauréat ès lettres et de tous les Établissements d'instruction

---

OUVRAGE CONTENANT

UN TRÈS-GRAND NOMBRE D'EXERCICES

PAR

M. Ph. ANDRÉ

PARIS

LIBRAIRIE CLASSIQUE DE F.-E. ANDRÉ-GUÉDON

Successeur de Mme Ve Thiériot

15, RUE SÉGUIER, 15

1875

AVIS

Nos *Éléments d'Algèbre*, destinés aux aspirants au baccalauréat ès lettres et aux élèves d'un grand nombre d'*Établissements d'Instruction*, ne diffèrent de notre *Nouveau Cours* que parce qu'ils renferment moins de matériaux ; mais, du reste, tout y est semblable : même ordre, mêmes démonstrations, mêmes exemples. N'ayant procédé que par suppressions, le lecteur n'aura rien à désapprendre, et, en abordant nos ouvrages plus complets, il ne fera qu'ajouter à ce qu'il sait déjà.

ÉLÉMENTS D'ALGÈBRE

LIVRE I

CALCUL ALGÉBRIQUE

CHAPITRE PREMIER.

NOTIONS PRÉLIMINAIRES

SIGNES ALGÉBRIQUES. — EMPLOI DES SIGNES ALGÉBRIQUES COMME MOYEN D'ABRÉVIATION ET DE GÉNÉRALISATION.

1. Définition. L'*Algèbre* est une science qui a pour but d'abréger, de simplifier et surtout de généraliser la résolution de questions relatives aux quantités.

Pour obtenir ce résultat, on fait usage en algèbre de lettres et de signes.

2. Emploi des lettres. Les quantités connues, ou *données*, se représentent ordinairement par les premières lettres, a, b, c, ... de l'alphabet ; les quantités cherchées, ou *inconnues*, se désignent par les dernières ....., x, y, z.

On emploie aussi les majuscules A, B, C, ... et les lettres grecques α, β, γ, ...

Enfin, lorsque, dans une question, des quantités sont représentées par des lettres, on désigne généralement les quantités analogues par les mêmes lettres accentuées, ou affectées de certains indices.

On écrit, par exemple, a, a', a'', a''', ...,
et l'on énonce

a, a prime, a seconde, a tierce,

ou encore

a, a_1, a_2, a_3 ....,

l'on énonce

a, a indice 1, a indice 2, a indice 3.

3. **Signes algébriques.** On fait un fréquent usage des signes algébriques, en arithmétique ; ces signes sont donc connus du lecteur : nous pensons cependant devoir les rassembler ici.

Le signe de l'*addition* est $+$, que l'on prononce *plus*.

Ainsi l'expression

$$a+b+c,$$

qui indique la somme des nombres représentés par les lettres a, b, c, se lit : *a plus b plus c*.

Le signe de la *soustraction* est $-$, que l'on prononce *moins*.

Ainsi l'expression

$$a-b,$$

qui indique la différence des nombres représentés par les lettres a et b , se lit : *a moins b*.

Le signe de la *multiplication* est $\times$, que l'on prononce *multiplié par*.

Ainsi l'expression

$$5\times 8\times 9,$$

qui indique le produit des nombres 5, 8, 9, se lit : 5 *multiplié par* 8 *multiplié par* 9.

Au lieu du signe $\times$, on se contente quelquefois de mettre seulement un point entre les facteurs :

$$5\times 8\times 9 \quad \text{et} \quad 5.8.9$$

sont des expressions identiques.

On abrége encore, si les facteurs sont représentés par des lettres : on supprime tout signe de multiplication, et l'on place simplement les lettres les unes à côté des autres.

Ainsi le produit

$$a\times b\times c$$

s'écrira

$$abc.$$

Le signe de la *division* est un trait horizontal placé entre le dividende et le diviseur.

Ainsi l'expression

$$\frac{a}{b},$$

qui indique le quotient de a divisé par b , se lit : *a sur b*.

On place quelquefois deux points entre le dividende et le diviseur :

$$\frac{a}{b} \quad \text{et} \quad a:b$$

sont donc des expressions identiques.

L'*égalité* de deux quantités s'indique à l'aide du signe $=$, que l'on prononce *égale*. Ainsi 4 plus 7 égale 11 s'écrit

$$4+7=11.$$

De même, si l'on veut exprimer que a égale b, on écrit

$$a=b.$$

La quantité a est le 1er *membre* de cette égalité, la quantité b en est le *second*. En général, toutes les quantités qui sont à gauche du signe $=$ forment le 1er membre de l'égalité, et toutes celles qui sont à droite du même signe forment le second membre.

Le signe $>$ ou $<$, que l'on prononce *plus grand que* ou *plus petit que*, sert à désigner l'*inégalité* de deux quantités.

On tourne toujours l'ouverture du signe du côté de la plus grande.

Ainsi 8 plus grand que 5 s'écrit

$$8 > 5;$$

et 5 plus petit que 8 s'écrit

$$5 < 8.$$

Le signe $\sqrt{\ }$, appelé *radical*, se place sur une quantité dont on veut indiquer une extraction de racine.

L'*indice* de la racine à extraire se met dans l'ouverture du signe Ainsi, pour indiquer la racine *cinquième* de a, on écrit

$$\sqrt[5]{a}.$$

On sait déjà que s'il s'agit de la racine carrée, on se dispense de mettre l'indice. La racine carrée de a s'écrit donc

$$\sqrt{a}.$$

4. Coefficient. On nomme *coefficient* d'une quantité un nombre placé à gauche de cette quantité et qui lui sert de multiplicateur.

Ainsi, dans les expressions

$$3a\ ,\ \frac{2}{5}a,$$

qui se lisent : *trois a, deux cinquièmes de a*, les *coefficients* de a sont 3 et $\frac{2}{5}$. La première de ces expressions n'est autre chose que

$$3 \times a \quad \text{ou} \quad a + a + a;$$

la seconde,

$$\frac{2}{5} \times a \quad \text{ou} \quad 2 \times \frac{a}{5} \quad \text{ou encore} \quad \frac{a}{5} + \frac{a}{5}.$$

De même, dans l'expression $ax^2 + bx$, les lettres a et b sont des coefficients de x. Dans $(5 + b)\,x$, le coefficient de x est $5 + b$.

5. Puissance. Exposant. On appelle *puissance* d'un nombre le produit de plusieurs facteurs égaux à ce nombre, et *degré* de la puissance, le nombre de facteurs égaux.

Ainsi le produit de 3 facteurs égaux à a, ou aaa, est la 3e puissance de a. La 3e puissance de a s'écrit plus simplement a^3, et l'on prononce *a trois*. Le chiffre 3 est *l'exposant*. On nomme donc exposant d'une quantité un nombre placé à droite et un peu *au-dessus* de cette quantité, et qui indique combien de fois elle est prise comme facteur.

Ainsi, pour indiquer la $m^{ième}$ puissance de a ou le produit de m facteurs égaux à a, on écrit

$$a^m.$$

Remarque I. Toute quantité écrite sans coefficient et sans exposant est censée avoir l'unité pour coefficient et pour exposant : a et $1a^1$ sont des expressions identiques.

Remarque II. Il importe de ne point confondre le coefficient avec l'exposant. Si l'on fait, par exemple, $a=4$ dans $3a$, on a

$$3a=3\times 4=12.$$

Mais si l'on fait encore $a=4$ dans a^3, on a

$$a^3=a\times a\times a=4\times 4\times 4=64.$$

EMPLOI DES SIGNES COMME MOYEN D'ABRÉVIATION (*).

6. **Problème I.** *Trouver deux nombres dont la somme soit 74 et la différence 16.*

Solution arithmétique. Le plus petit nombre et le plus grand forment une somme égale à 74.

Le plus grand nombre n'est autre chose que le plus petit augmenté de 16.

Donc le plus petit nombre, plus encore le plus petit et plus 16 forment la somme 74.

Par conséquent, si l'on retranche 16 de 74, le reste 58 égale 2 fois le plus petit nombre.

Le plus petit nombre est alors égal à 58 divisé par 2 ou à 29.

Le plus grand est 29 + 16 ou 45.

Solution algébrique. Traduisons chaque phrase de ce langage arithmétique par le langage algébrique.

Si l'on désigne par x le plus petit nombre cherché, et par y le plus grand, la 1re phrase sera remplacée par

$$x+y=74;$$

la seconde par

$$y=x+16;$$

la troisième par

$$x+x+16=74;$$

la quatrième par

$$2x=74-16$$

ou

$$2x=58;$$

la cinquième par

$$x=\frac{58}{2}$$

ou

$$x=29.$$

Le second nombre y est égal à $x+16$ ou à $29+16=45$.

7. **Problème II.** *Partager le nombre 620 en trois parties, de manière que la seconde partie surpasse la 1re de 25, et que la 3e surpasse la seconde de 30.*

Solution arithmétique. La somme des trois parties est égale à 620;

La seconde partie n'est autre chose que la 1re augmentée de 25;

La 3e partie n'est autre chose que la seconde augmentée de 30, ou la 1re augmentée de 25 et de 30 ou 55 :

Donc, 1 fois la 1re partie, plus 1 fois la 1re partie augmentée de 25, plus 1 fois la

(*) Pour bien comprendre ces quelques pages, il est nécessaire de savoir que :
1° *On peut ajouter ou retrancher la même quantité à chaque membre d'une égalité sans qu'il cesse d'y avoir égalité ;*
2° *On peut, sans troubler une égalité, multiplier ou diviser chaque membre par la même quantité.*

1re partie augmentée de 55, ou 3 fois la 1re partie augmentée de 25 plus 55, c'est-à-dire de 80, forment le nombre 620.

Si l'on retranche 80 de 620, le reste 540 égalera par conséquent 3 fois la 1re partie.

La 1re partie est donc égale à 540 divisé par 3 ou à 180;

La 2e est 180 plus 25 ou 205;

La 3e est 205 plus 30 ou 235.

Solution algébrique. Si nous représentons les trois parties par les lettres x, y, z, la 1re phrase se trouve remplacée par

$$x+y+z=620;$$

la seconde par

$$y=x+25;$$

la troisième par

$$z=y+30=x+25+30=x+55;$$

la quatrième par

$$x+x+25+x+55=620$$

ou

$$3x+80=620;$$

la cinquième par

$$3x=620-80$$

ou

$$3x=540;$$

la sixième par

$$x=\frac{540}{3}=180.$$

La seconde partie est

$$x+25 \quad \text{ou} \quad 180+25=205.$$

La troisième est

$$205+30 \quad \text{ou} \quad 235.$$

Ces deux exemples montrent combien l'usage des lettres et des signes l'emporte, par la brièveté et la clarté, sur les raisonnements arithmétiques.

EMPLOI DES LETTRES COMME MOYEN DE GÉNÉRALISATION. FORMULES.

8. La seconde méthode employée pour chaque problème, quoique bien préférable à la 1re, laisse cependant encore beaucoup à désirer; car les réponses ne présentant plus la moindre trace des calculs effectués pour les obtenir, s'il nous fallait résoudre des questions semblables aux précédentes, et qui n'en différeraient que par les données numériques, il nous faudrait recommencer le raisonnement, comme si la question était traitée pour la 1re fois. Pour obvier à cet inconvénient, on désigne par des lettres, non-seulement les inconnues, mais même les données de la question.

Nous allons reprendre le problème I pour le *généraliser*.

9. *Trouver deux nombres dont la somme soit* a *et la différence* d.

Si l'on désigne le plus petit des deux nombres cherchés par x, et le plus grand par y, comme la somme de ces deux nombres est égale à a, on a

$$x+y=a.$$

Mais le plus grand nombre surpassant le plus petit de d, on a aussi

$$y=x+d.$$

Si l'on remplace dans la 1re égalité y par sa valeur, on obtient

$$x+x+d=a$$

ou

$$2x+d=a.$$

Retranchant d de chaque membre, il vient

$$2x=a-d.$$

D'où l'on déduit, en divisant les deux membres par 2,

$$x=\frac{a-d}{2}.$$

Mais

$$y=x+d;$$

en remplaçant, dans cette dernière égalité, x par sa valeur, on a

$$y=\frac{a-d}{2}+d$$

ou, si l'on convertit d en fraction,

$$y=\frac{a-d}{2}+\frac{2d}{2}=\frac{a-d+2d}{2},$$

ou enfin

$$y=\frac{a+d}{2}.$$

Les deux égalités

$$x=\frac{a-d}{2} \quad \text{et} \quad y=\frac{a+d}{2}$$

sont désignées sous le nom de *formules;* elles indiquent les calculs à effectuer sur les données pour obtenir les nombres cherchés; elles sont *générales :* car quelles que soient la somme a et la différence d de deux nombres, *le plus petit nombre est égal à la moitié de la différence*, a—d, *et le plus grand à la moitié de la somme*, a+d.

Pour appliquer ces formules au problème résolu n° 6, on fait

$$a=74 \quad , \quad d=16;$$

on trouve alors

$$x=\frac{74-16}{2}=29, \quad \text{et} \quad y=\frac{74+16}{2}=45.$$

Les nombres 74 et 16 sont les *valeurs numériques* de a et de d.

Généralisons de même le problème II.

10. *Partager un nombre* a *en trois parties, de manière que la* 2e *surpasse la* 1re *de* b, *et que la* 3e *surpasse la seconde de* c.

Si l'on représente les trois parties cherchées par les lettres x, y, z, comme leur somme est a, on obtient l'égalité

$$x+y+z=a; \qquad (1)$$

mais la seconde surpassant la 1re de b, on a

$$y=x+b; \qquad (2)$$

d'ailleurs, la 3e surpasse la 2e de c, par conséquent,

$$z=y+c; \qquad (3)$$

et, en remplaçant y par sa valeur, il vient

$$z=x+b+c.$$

Si dans l'égalité [1] on substitue à y et à z leurs valeurs respectives, on a

$$x+x+b+x+b+c=a$$

ou

$$3x+2b+c=a.$$

Retranchant de chaque membre $2b+c$, on obtient

$$3x=a-2b-c:$$

d'où l'on déduit, en divisant par 3 de part et d'autre,

$$x=\frac{a-2b-c}{3}.$$

Mais, égalité [2],

$$y=x+b.$$

En remplaçant, dans cette dernière égalité, x par sa valeur, on a donc

$$y=\frac{a-2b-c}{3}+b,$$

ou, si l'on convertit b en fraction,

$$y=\frac{a-2b-c}{3}+\frac{3b}{3}=\frac{a-2b-c+3b}{3},$$

ou enfin

$$y=\frac{a+b-c}{3}.$$

D'ailleurs, égalité [3],

$$z=y+c.$$

Si, dans cette dernière égalité, on remplace y par sa valeur, il vient donc

$$z=\frac{a+b-c}{3}+c=\frac{a+b-c}{3}+\frac{3c}{3}$$

ou

$$z=\frac{a+b-c+3c}{3}$$

ou enfin

$$z=\frac{a+b+2c}{3}.$$

Pour appliquer les formules

$$x=\frac{a-2b-c}{3}\quad,\quad y=\frac{a+b-c}{3}\quad,\quad z=\frac{a+b+2c}{3}$$

au problème du n° 7, on fait

$$a=620\quad,\quad b=25\quad\text{et}\quad c=30;$$

Alors on a :

$$x=\frac{620-2\times25-30}{3}=\frac{540}{3}=180,$$

$$y=\frac{620+25-30}{3}=\frac{615}{3}=205,$$

$$z=\frac{620+25+2\times30}{3}=\frac{705}{3}=235.$$

11. Des Formules en général. On voit, d'après les deux exemples précédents, qu'une *formule algébrique*, en général, indique toutes les opérations que l'on doit effectuer sur les données de la question pour la résoudre; elle donne donc le moyen d'arriver à la solution de tous les problèmes de la même espèce, c'est-à-dire de tous les problèmes qui ne diffèrent que par les valeurs numériques des données.

12. Formules relatives aux questions d'intérêt et d'escompte. L'emploi des lettres permet de déduire de la même relation les formules relatives aux questions d'intérêt et d'escompte.

On représente le capital par a, le taux par R, l'intérêt par I et le temps par t. On a alors à résoudre cette question d'intérêt généralisée.

13. Calcul de I. *Trouver l'intérêt* I *du capital* a, *placé au taux* R *pendant* t *années.*

Il est facile d'appliquer à ces données le raisonnement connu (*Nouv. Cours d'Arith.*, n° 407).

100 fr. rapportent en 1 an	....	R fr.
1 fr. —	1 — 100 fois moins ou	$\frac{R}{100}$
a fr. —	1 — a fois plus ou	$\frac{R\times a}{100}$
a fr. —	t années, t fois plus ou	$\frac{R\times a\times t}{100}$.

Or, cet intérêt de a, au taux R et pendant t années, a été désigné par I : donc on a l'égalité

$$I=\frac{aRt}{100}.\qquad(1)$$

Cette seule relation permet de calculer l'une quelconque des quatre quantités I, a, R, t, les trois autres étant connues.

Ainsi, *pour calculer l'intérêt* I, *on multiplie le capital par le taux, puis par le temps exprimé en années, et enfin on divise le produit par* 100.

14. Calcul de a. Si l'on multiplie par 100 les deux membres de l'égalité

$$I = \frac{aRt}{100},$$

on obtient

$$100\,I = aRt.$$

Si l'on divise maintenant chaque membre par Rt, on trouve

$$a = \frac{100\,I}{Rt}. \qquad (2)$$

Il résulte de cette formule que

Pour calculer le capital, on multiplie l'intérêt par 100 et l'on divise le produit par le taux multiplié par le temps.

15. Calcul de R. On vient de trouver l'égalité

$$100\,I = aRt\,;$$

or, si l'on divise chaque membre par at, on obtient

$$R = \frac{100I}{at}. \qquad (3)$$

Cette formule indique que

Pour trouver le taux, on multiplie l'intérêt par 100 et l'on divise le produit par le capital multiplié par le temps.

16. Calcul de t. Si l'on divise par aR chaque membre de la relation

$$100\,I = aRt,$$

il vient

$$t = \frac{100I}{aR}, \qquad (4)$$

expression qui signifie que

Pour trouver le temps, on multiplie l'intérêt par 100 et l'on divise le produit par le capital multiplié par le taux.

On voit que les formules [2], [3] et [4] ne sont que des formes différentes de la formule [1] : celle-ci est donc la seule qu'il importe de retenir.

17. Les questions relatives à l'escompte, étant identiques aux questions d'intérêts simples, se résolvent de la même manière; il suffit de substituer, à la lettre I, dans la formule [1], la lettre E, qui représente l'escompte; de sorte que la formule de l'escompte est

$$E = \frac{aRt}{100}.$$

APPLICATIONS NUMÉRIQUES AUX QUESTIONS D'INTÉRÊT ET D'ESCOMPTE.

18. Problème I. *Trouver l'intérêt rapporté par* 4600 fr. *placés* à 4 1/2 0/0 *du 12 mars au 27 octobre.*

Du 12 mars au 27 octobre, il y a 230 jours.

Pour appliquer la formule [1], on fait

$$a = 4600 \quad ; \quad R = 4{,}5 \quad ; \quad t = \frac{230}{360} \text{ d'année.}$$

On a donc

$$I = \frac{4600 \times 4{,}50}{100} \times \frac{230}{360} = \frac{4600 \times 4{,}5 \times 230}{36000}.$$

Effectuant les calculs, on trouve

$$I = 132^f{,}25$$

19. Problème II. *Trouver le capital qui placé à* 4 0/0 *a rapporté* 49f,20 *d'intérêt du 17 mars au 8 février de l'année suivante.*

Du 17 mars au 8 février, il y a 328 jours.

Pour appliquer la formule [2], on fait

$$I = 49{,}20 \quad ; \quad R = 4 \quad ; \quad t = \frac{328}{360} \text{ d'année.}$$

On a donc

$$a = \frac{100 \times 49,20}{4 \times \frac{328}{360}} = \frac{100 \times 49,20 \times 360}{4 \times 328}.$$

Effectuant, il vient

$$a = 1350 \text{fr.}$$

20. Problème III. *Pour un billet de* 4500 fr. *payable dans* 16 *jours, l'escompte a été de* 12 fr. *Trouver le taux d'escompte.*

Pour appliquer la formule [3], dans laquelle on doit remplacer I par E, on fait

$$a = 4500 \quad ; \quad E = 12 \quad ; \quad t = \frac{16}{360}.$$

On a donc

$$R = \frac{100 \times 12}{4500 \times \frac{16}{360}} = \frac{100 \times 12 \times 360}{4500 \times 16}.$$

Effectuant, on trouve

$$R = 6 \text{fr.}$$

21. Problème IV. *L'escompte à* 6 0/0 *d'un billet de* 3052f, 50 *a été de* 40f,70 : *on demande le temps qu'il y avait encore à courir avant l'échéance du billet.*

Pour appliquer la formule [4], dans laquelle on remplace I par E, on fait

$$a = 3052,50 \quad ; \quad E = 40,70 \quad ; \quad R = 6.$$

On a donc

$$t = \frac{100 \times 40,70}{3052,50 \times 6}.$$

Effectuant, on trouve

$$t = \frac{2}{9} \text{ d'année ou 80 jours.}$$

PARTAGES PROPORTIONNELS.

22. Définition. Des nombres sont dits *proportionnels* à d'autres, lorsque les nombres qui se correspondent dans les deux séries forment une suite de rapports égaux.

Ainsi les nombres ..... a , b , c
sont proportionnels à .. 3 , 2 , 7
si l'on a .... $\frac{a}{3} = \frac{b}{2} = \frac{c}{7}$.

23. Problème généralisé. *On demande de partager un nombre donné* N *en parties proportionnelles à des nombres donnés* a, b, c.

Soient x, y et z les trois parties demandées; on a, d'après l'énoncé :

$$\frac{x}{a} = \frac{y}{b} = \frac{z}{c}.$$

Or, dans une suite de rapports égaux, la somme des numérateurs est à la somme des dénominateurs comme un numérateur quelconque est à son dénominateur (*Cours d'Arith.*, n° 380). On a donc les égalités suivantes :

$$\frac{x+y+z}{a+b+c} = \frac{x}{a} \quad ; \quad \frac{x+y+z}{a+b+c} = \frac{y}{b} \quad ; \quad \frac{x+y+z}{a+b+c} = \frac{z}{c}.$$

Si l'on remplace la somme $x+y+z$ par sa valeur N, et que dans chaque égalité on transpose les membres, il vient

$$\frac{x}{a} = \frac{N}{a+b+c} \quad ; \quad \frac{y}{b} = \frac{N}{a+b+c} \quad ; \quad \frac{z}{c} = \frac{N}{a+b+c}.$$

Multipliant les deux membres de la 1re égalité par a, les deux membres de la seconde par b, et les deux membres de la 3e par c, on obtient enfin

$$x = \frac{a \times N}{a+b+c} \quad ; \quad y = \frac{b \times N}{a+b+c} \quad ; \quad z = \frac{c \times N}{a+b+c}.$$

Ces formules font connaître que

Pour calculer l'une des parts, il faut multiplier le nombre qui lui est proportionnel par la quantité à partager et diviser le produit par la somme des nombres proportionnels aux parts.

APPLICATION NUMÉRIQUE.

24. PROBLÈME. *Partager* 360f *entre trois personnes proportionnellement à* 3, 4 *et* 5.

Pour appliquer les formules, on fait

$$N=360 \quad , \quad a=3 \quad , \quad b=4 \quad , \quad c=5.$$

On a donc

$$x=\frac{3\times 360}{3+4+5} \quad ; \quad y=\frac{4\times 360}{3+4+5} \quad ; \quad z=\frac{5\times 360}{3+4+5}.$$

Effectuant les calculs, on trouve

$$x=90\text{ fr.} \quad ; \quad y=120\text{ fr.} \quad ; \quad z=150\text{ fr.}$$

UTILITÉ DES FORMULES.

25. L'emploi des formules présente de très-grands avantages.

1° *Une formule permet de résoudre toute une série de questions qui ne diffèrent entre elles que par les données numériques.* C'est ce que le lecteur connaît déjà (**11**).

2° *Une formule est courte, facile à retenir; elle remplace donc avec avantage l'énoncé d'un théorème général.*

Ainsi, au lieu de dire :

On peut intervertir l'ordre des deux facteurs d'un produit sans en changer la valeur, il suffit d'écrire

$$ab=ba.$$

De même, au lieu de dire :

L'aire d'un cercle est égale au produit du nombre constant π *par le carré du rayon*, on écrit

$$\text{cercle } R=\pi R^2$$

De même aussi, au lieu de dire :

Le poids d'un corps est égal au produit de son volume par sa densité, on écrit

$$P=VD.$$

3° *La combinaison des formules peut donner lieu à des conséquences importantes.*

Ainsi l'aire d'un cercle R s'exprime en écrivant

$$\text{cercle } R=\pi R^2.$$

Pour l'aire d'un cercle R′, on a

$$\text{cercle } R'=\pi R'^2.$$

Si l'on divise ces deux égalités membre à membre, il vient

$$\frac{\text{cercle } R}{\text{cercle } R'}=\frac{\pi R^2}{\pi R'^2};$$

et, si l'on supprime le nombre constant π, on a

$$\frac{\text{cercle } R}{\text{cercle } R'}=\frac{R^2}{R'^2}.$$

C'est-à-dire que *le rapport des aires de 2 cercles est égal à celui des carrés de leurs rayons.*

CHAPITRE II

EXPRESSIONS ALGÉBRIQUES

26. On appelle *expression algébrique*, ou *quantité algébrique* et aussi *formule* (*), toute quantité dans laquelle il entre une ou plusieurs lettres. Par exemple,

$$a \ , \ 5ab \ ; \ 3a+2b \ ; \ \frac{6(a+b-c)}{a-\sqrt{b}},$$

sont des expressions algébriques.

27. Une expression algébrique est *rationnelle* quand elle ne contient aucun radical placé sur des lettres; elle est *irrationnelle* dans le cas contraire.

Ainsi, des deux expressions algébriques

$$\frac{4ab+5c\sqrt{2}}{7abc} \ , \ 5ab\sqrt{a^2+2b^3};$$

la première est rationnelle, et la seconde irrationnelle.

28. Une expression algébrique est *entière*, quand elle ne contient aucune lettre en dénominateur; elle est *fractionnaire* dans le cas contraire.

Ainsi, des deux expressions

$$\frac{a+b}{5} \ , \ \frac{a+b}{5a},$$

la première est entière, et la seconde fractionnaire.

29. Monôme, Polynôme, Termes. On appelle *monôme* toute expression qui ne contient aucune indication d'addition ou de soustraction : telles sont les expressions suivantes :

$$a^2b^2 \ , \ 5a^3b^2c \ , \ \frac{2abc}{3dc}.$$

Un *polynôme* est une expression composée de plusieurs monômes réunis par les signes + ou —; les monômes qui composent le polynôme en sont les *termes*.

Le signe qui précède un terme est ordinairement considéré comme faisant partie du terme.

(*) Le mot *formule* ne s'emploie guère que pour désigner une expression algébrique qui représente la solution d'un problème.

Ainsi l'expression

$$3ab + b^2c - 5a^2c - 4bc$$

est un polynôme dont les termes sont

$$3ab \ , \ +b^2c \ , \ -5a^2c \ , \ -4bc.$$

Un polynôme prend le nom de *binôme* ou de *trinôme*, selon qu'il a deux ou trois termes.

30. Un terme qui n'est précédé d'aucun signe est censé avoir le signe $+$. Les termes précédés du signe $+$ sont dits *additifs* ou *positifs*, et les termes précédés du signe — sont dits *soustractifs* ou *négatifs.*

31. Degré, homogénéité. On nomme *degré* d'un monôme entier la somme des exposants des lettres qu'il contient.

Exemple : $6a^5b^2c \quad , \quad 2a^3b^2cd^2$,

sont des monômes du 8e degré.

Un polynôme entier est dit *homogène* quand tous ses termes sont de même degré.

Exemple : $\frac{3}{5}a^2b - 2ab^2 + 8b^3 \quad , \quad 4ax^3 - 5a^2x^2 + 2a^3x + 8a^4$

sont des polynômes homogènes, le premier, du 3e degré, et le second, du 4e.

32. Valeur numérique d'un monôme. La *valeur numérique d'un monôme* est le résultat qu'on obtient en substituant aux lettres les nombres qu'elles représentent, et en effectuant les opérations indiquées.

Ainsi, la valeur numérique du monôme

$$3a^2bc\sqrt{d}$$

pour $a=2, \ b=5, \ c=4$ et $d=9$

est $3 \times 2^2 \times 5 \times 4 \times 3$ ou 432.

33. Valeur numérique d'un polynôme. *Il est évident que pour trouver la valeur numérique d'un polynôme, il suffit de faire la somme des valeurs numériques des termes positifs, puis la somme des valeurs numériques des termes négatifs et de prendre la différence entre ces deux sommes.*

Par exemple, si dans le polynôme

$$4a^2b - 3ab + 5a^2 - 2a - 4b$$

on fait $a=3$ et $b=2$

il devient

$$4 \times 9 \times 2 - 3 \times 3 \times 2 + 5 \times 9 - 2 \times 3 - 4 \times 2,$$

et sa valeur numérique est par conséquent

$$(72 + 45) - (18 + 6 + 8) \text{ ou } 85.$$

34. Remarque. Il est facile de voir qu'on peut écrire les termes d'un polynôme dans tel ordre qu'on voudra sans en changer la valeur numérique; car le changement d'ordre ne modifie ni la somme des termes positifs, ni celle des termes négatifs. En outre, on voit sans peine que la valeur numérique d'un polynôme peut s'obtenir aussi en effectuant les additions et soustractions par parties, au fur et à mesure qu'elles se présentent. Ainsi, dans le polynôme proposé, on doit d'abord ajouter 72 et retrancher 18, ce qui revient à ajouter 54; ensuite on doit ajouter 45, ce qui fait 99 à ajouter; enfin on doit retrancher 6, puis 8, de sorte que la valeur numérique du polynôme est bien encore 85.

35. Nombres négatifs. Lorsqu'on attribue certaines valeurs numériques aux lettres qui entrent dans un polynôme, il peut arriver que la somme des termes positifs soit moindre que la somme des termes négatifs. Par exemple, si dans le polynôme

$$a - b + c - d$$

on suppose

$$a = 1 \quad , \quad b = 5 \quad , \quad c = 3 \quad , \quad d = 2,$$

on trouve pour somme des termes positifs $1 + 3$ ou 4 ; et pour somme des termes négatifs $5 + 2$ ou 7; on a par conséquent à retrancher 7 de 4. Or une telle soustraction est impossible en arithmétique; mais en algèbre il n'en est pas ainsi, car, au moyen des signes, on peut représenter cette soustraction par

$$4 - 7,$$

ou encore par

$$4 - 4 - 3,$$

et on a enfin

$$-3;$$

de sorte que -3 représente en algèbre le résultat d'une soustraction qui n'a pu s'effectuer par l'arithmétique. On dit alors que la valeur numérique du polynôme donné est -3.

On appelle *nombre négatif* tout nombre précédé du signe $-$; tel est -3.

Une quantité quelconque affectée du signe $-$ a toujours deux valeurs : l'une *absolue*, et l'autre *relative*. La valeur absolue est la quantité elle-même, abstraction faite de son signe; la valeur relative, c'est la quantité considérée avec son signe. Ainsi la valeur absolue de -3 est 3, et sa valeur relative est -3.

Pour obtenir la valeur négative -3, résultat de la soustraction algébrique $4 - 7$, il suffit de retrancher le plus petit nombre 4 de 7, et d'affecter le résultat du signe $-$. Comme on pourra toujours opérer de cette manière, on peut établir cette règle générale :

Pour retrancher en algèbre un nombre plus grand d'un autre plus petit, on effectue l'opération dans le sens possible, et l'on affecte la différence du signe $-$.

Si, d'après cette règle, on retranche successivement d'un nombre donné 8, par exemple, les nombres 6, 7, 8, 9, 10...., on aura pour restes, d'abord 2, 1, puis 0; et ensuite les nombres négatifs -1,

$-2, -3, -4$....... Mais on sait que si l'on retranche d'un nombre d'autres nombres qui vont en croissant, on obtient des restes de plus en plus petits; d'où il résulte que les nombres négatifs doivent être considérés comme plus petits que zéro (*), et qu'ils ont une valeur d'autant moindre que leur valeur absolue est plus grande.

On peut donc écrire

$$\ldots\ldots -5<-4<-3<-2<-1<0<1<2<3<4<5\ldots\ldots$$

Remarque. Le *zéro*, dont il vient d'être question, ne saurait être considéré comme zéro, symbole du néant, et au-dessous duquel il n'y a rien; mais comme un point de démarcation entre les quantités positives et les quantités négatives, une limite entre deux séries de grandeurs identiques, mais de sens contraires.

Si, par exemple, un voyageur a fait par erreur 5 kilomètres sur la route opposée à celle qu'il devait parcourir, il n'en a pas moins fait en réalité 5^{km}; et si, par *convention*, on représente, dans ce cas, la distance qu'il a parcourue par -5^{km}, on n'exprime point là une quantité au-dessous de zéro, symbole du néant, mais simplement 5^{km} parcourus dans une *direction opposée*.

36. Termes semblables. On appelle *termes semblables* ceux qui ont les mêmes lettres affectées respectivement des mêmes exposants, quels que soient d'ailleurs les signes et les coefficients.

Ainsi dans le polynôme

$$5ab^2 - 2ab^2 + \frac{3}{4}ab^2 - 7ab + 4a^2b$$

les trois premiers termes sont semblables.

37. Réduction des termes semblables. Il est toujours possible de *réduire* des termes semblables, c'est-à-dire qu'on peut toujours les remplacer par un terme unique, semblable aux premiers, sans changer la valeur du polynôme.

En effet, soit d'abord le polynôme

$$A + 2ab^2 - 3ab^2 + 7ab^2 + ab^2 - 5ab^2.$$

La quantité ab^2, devant être ajoutée 2 fois plus 7 fois plus 1 fois ou 10 fois, et retranchée 3 fois plus 5 fois ou 8 fois, devra être définitivement ajoutée 2 fois, et le polynôme proposé se réduit à

$$A + 2ab^2$$

Soit en second lieu le polynôme

$$A + 3ab^2 - 2ab^2 - 7ab^2 - ab^2 + 5ab^2$$

La quantité ab^2, devant être ajoutée 3 fois plus 5 fois ou 8 fois et retranchée 2 fois plus 7 fois plus 1 fois ou 10 fois, devra être définitivement retranchée 2 fois, et le polynôme proposé se réduit à

$$A - 2ab^2$$

(*) Cela n'est vrai qu'autant que les nombres négatifs sont isolés; car, comme on le verra plus loin, le produit ou le quotient de -8 par -2, par exemple, est le même que celui de 8 par 2.

Donc, en général, *pour réduire plusieurs termes semblables en un, seul, on fait la somme des coefficients des termes positifs, celle des coefficients des termes négatifs, puis on retranche la plus petite somme de la plus grande et l'on donne au résultat le signe de la plus grande.*

38. Expressions équivalentes. Deux expressions algébriques sont *équivalentes*, lorsqu'en remplaçant, dans chacune, les mêmes lettres par les mêmes valeurs numériques choisies arbitrairement, et en effectuant les calculs indiqués, on trouve toujours deux résultats égaux.

Ainsi

$$a^2 - b^2 \text{ et } (a+b)(a-b)$$

sont des expressions équivalentes; car si dans chacune on fait, par exemple, $a=5$ et $b=3$, la première devient

$$5^2 - 3^2 = 25 - 9 = 16$$

et la seconde

$$(5+3)(5-3) = 8 \times 2 = 16.$$

Il est facile de s'assurer qu'on trouvera toujours deux résultats égaux pour toute valeur attribuée aux quantités a et b.

EXERCICES

VALEURS NUMÉRIQUES DES FORMULES ET DES EXPRESSIONS ALGÉBRIQUES. RÉDUCTION DES TERMES SEMBLABLES.

1. Si l'on représente par S la surface d'un octogone régulier dont le côté est a, on a la formule

$$S = 2a^2(1+\sqrt{2}).$$

On demande la valeur de S pour $a = 1^m$.

2. Si l'on désigne par V le volume d'un tronc de pyramide, par B, b et h ses bases et sa hauteur, on a

$$V = \frac{1}{3} h \left(B + b + \sqrt{Bb}\right).$$

Calculer V pour $h = 4^m$, $B = 3^{mq}$, $b = 2^{mq}$.

3. Si l'on représente par V le volume d'un cylindre, par R son rayon de base et par H sa hauteur, on a la formule

$$V = \pi R^2 H,$$

dans laquelle le nombre constant π, qui représente le rapport de la circonférence au diamètre, vaut 3,1416. Trouver H pour $V = 5^{mc}$, $R = 1^m$.

4. On a

$$2x + 4 = ab - c:$$

trouver la valeur de x, pour $a = 8$, $b = 3$ et $c = 2$.

5. On a

$$4x = \frac{a+b-d}{c}:$$

calculer x, pour $a = 8$, $b = 7$, $d = 4$ et $c = 1$.

6. Trouver la valeur de x pour $a=4$ et $b=6$, dans le cas où l'on a

$$5x-3,6=\frac{ab}{a+b}.$$

7. Calculer la valeur de x pour $a=2$, $b=3$ et $c=4$, dans le cas où l'on a

$$2x=\frac{abc-(a+b+c)}{a+b-c}.$$

8. Trouver, dans l'égalité

$$\frac{a-b}{2c}=2x+5,$$

la valeur de x, pour $a=15$, $b=6$ et $c=2$.

9. On a l'égalité

$$\frac{a-b}{a}+5=2x-3-2b.$$

Trouver la valeur de x, pour $a=10$, $b=5$.

10. Trouver, pour $a=1$, $b=2$ et $c=3$, la valeur numérique de

$$\frac{4a^2b+3ab^2}{c}.$$

11. Calculer, pour $a=2$ et $b=3$, la valeur numérique de

$$5a^3b^2-3a^2b^3+ab^4.$$

12. Chercher, pour $a=2$, $b=0,1$ et $c=2$, la valeur numérique de

$$\frac{1}{4}a^2b+2ab^3-c.$$

13. Dans le polynôme $P=3a^2-4a+5b^3-\frac{1}{3}a^2b^3$, on a : $a=1$ et $b=4$. Calculer la valeur numérique de P.

14. On a $P=5a^3b^2-4a^2b^3+2,5ab^4-3$. Trouver P, pour $a=2$ et $b=\frac{1}{2}$.

15. On a $P=6a^4-4a^3+3a^2-0,2a-7$. Calculer P, pour $a=\frac{1}{2}$.

16. Calculer $P=\frac{5}{7}a^2b^3-\frac{4}{9}a^3b^2+0,3a^3b-7a^4b^4-32$, pour $a=1$ et $b=2$

17. Calculer $P=x^6+6x^5a+15x^4a^2+20x^3a^3+15x^2a^4+6xa^5+a^6$, pour $x=2$ et $a=1$.

18. Calculer $P=\frac{10x^3-5ax^2+3a^2x+5a^3+9}{8(a+b)(a-b)}$, pour $x=2$, $a=3$ et $b=2$.

19. On donne la formule $V=\pi R^2H$; exprimer la valeur de R connaissant V et H.

20. On connaît déjà (25) la formule :

$$P=VD.$$

Trouver le volume d'un corps pesant 105^{kg} et dont la densité est 3,50.

21. Trouver à l'aide de la même formule la densité d'un corps pesant 30^{kg} et dont le volume est de 24^{dmc}.

22. On connaît déjà (25) la formule

$$e = vt.$$

Trouver l'espace e parcouru en 12 secondes par un mobile dont la vitesse v est de 8^m par seconde.

23. Trouver la vitesse v d'un mobile qui a parcouru 120^m en 8 secondes.

24. Si l'on désigne par e l'espace parcouru par un corps qui tombe librement à Paris, pendant t secondes, on a la formule

$$e = \tfrac{1}{2} gt^2,$$

dans laquelle g, qui représente la vitesse acquise au bout d'une seconde, vaut $9^m,8088$. Trouver l'espace e parcouru par un corps qui tombe pendant 5 secondes.

25. Trouver à l'aide de la même formule le temps t pendant lequel tombera un corps pour parcourir 320^m.

26. L'âge d'un père est a années et celui de son fils b années. L'âge du père est le triple de l'âge du fils. Exprimer algébriquement ce fait.

27. Réduire les termes semblables : $3a^2b^3$, $5a^2b^3$, $-7a^2b^3$, $4a^2b^3$.

28. Réduire $4ab^2 + 2a^3b - ab^2 + 5a^3b - 2a^3b + 5ab$.

29. Réduire $3a^4b^5 - \frac{1}{4}a^3b^2 + \frac{2}{5}a^4b^5 - \frac{3}{4}a^4b^5 + 3a^3b^2$.

30. Réduire $12abx - 5abx + 2a^2b^2 - 3a^2b^2 + \frac{1}{4}a^2b^2$.

CHAPITRE III

DES OPÉRATIONS ALGÉBRIQUES EN GÉNÉRAL. ADDITION.

DES OPÉRATIONS ALGÉBRIQUES EN GÉNÉRAL.

39. Les nombres étant, en algèbre, représentés par des lettres, lorsqu'on effectue les opérations indiquées sur ces lettres, on n'obtient pas, comme en arithmétique, un résultat numérique, on transforme seulement une expression algébrique en une autre équivalente. Une semblable transformation porte le nom d'*opération algébrique*.

Soient A et B deux expressions algébriques quelconques. Si, avec ces deux expressions, on en compose une troisième dont la valeur numérique soit toujours égale à la somme des valeurs numériques des expressions A et B, et pour toutes les valeurs attribuées aux lettres qui figurent dans A et dans B, on aura fait une opération algébrique appelée *addition*.

De même, l'opération eût été une *soustraction*, ou une *multiplication*, ou une *division*, selon que la valeur numérique composée avec A et B eût été égale à la *différence*, ou au *produit*, ou au *quotient* des valeurs numériques de A et de B.

ADDITION.

40. Définition. *L'addition algébrique a pour objet de réunir plusieurs expressions algébriques en une seule, dont la valeur numérique soit égale à la somme des valeurs numériques des expressions données.*

41. Règle. *Pour faire la somme de plusieurs quantités algébriques, on les écrit les unes à la suite des autres sans changer les signes; on fait ensuite, s'il y a lieu, la réduction des termes semblables.*

Ainsi la somme des monômes a, b, $-c$, $+d$,

est
$$a+b-c+d.$$

De même, celle des monômes 5, 4, -3, 7,

est
$$5+4-3+7$$

La somme des polynômes $a-b+c$, $e-f$, $m-n+p$,

est
$$a-b+c+e-f+m-n+p.$$

Démonstration. Chacun de ces résultats est exact; car il contient toutes les quantités qu'il s'agissait d'additionner, et représente, par conséquent, la somme de leurs valeurs numériques.

42. Remarque I. Dans la pratique, on place, pour plus de facilité, les termes semblables les uns sous les autres, et les réductions se font en même temps que l'addition.

Exemple :

$$\begin{array}{rrrr} ab^5 & +2a^2b^4 & +a^3b^3 & +3a^4b^2 \\ 4ab^5 & -3a^2b^4 & -a^3b^3 & +7a^4b^2 \\ -5ab^5 & +2a^2b^4 & +3a^3b^3 & -5a^4b^2 \\ 3ab^5 & +4a^2b^4 & -6a^3b^3 & +a^4b^2 \\ \hline \text{Somme.....}\ 3ab^5 & +5a^2b^4 & -3a^3b^3 & +6a^4b^2 \end{array}$$

43. Remarque II. Des deux expressions

$$a-b+c+(d-e+f) \text{ et } a-b+c+d-e+f$$

la première indique une addition à effectuer, et la seconde le résultat de cette addition : ces deux expressions ont par conséquent la même valeur. Donc *on peut, dans un polynôme, mettre entre parenthèses des termes quelconques en faisant précéder la parenthèse du signe $+$, et en conservant son signe à chaque terme.*

44. Remarque III. En arithmétique, la somme est, dans tous les cas, plus grande que l'un quelconque des nombres à additionner; mais en algèbre il n'en est pas toujours de même. S'il s'agit, par exemple, d'additionner les quantités a et $b-c$, il est évident que si l'on a $b<c$, la somme $a+b-c$ sera plus petite que a; de même qu'ajouter -6 revient à retrancher 6.

L'addition algébrique n'implique donc pas nécessairement l'idée d'augmentation.

45. Remarque IV. Un polynôme quelconque représente la somme algébrique de tous ses termes, puisque l'addition consiste à les écrire les uns à la suite des autres, chacun avec son signe.

Exercices sur l'addition.

31. Additionner les polynômes $3a + 5b - 4c$ et $5a - b + 2c$.

32. Ajouter les polynômes $3a^2b - 2ab^2$; $8a^2b + 2ab^2$.

33. Faire la somme des polynômes $4a^3b^2 - 5a^4b + 2a^5$; $5a^3b^2 + 4a^5 + 5a^4b$.

34. Additionner les polynômes $4a^3b^5 - 2a^2b^3 + 3ab$; $5ab - 5a^3b^5 + 2a^2b^3$; $4a^2b^3 + 3a^3b^5 - ab$, et trouver la somme pour $a = 3$ et $b = 2$.

35. Faire l'addition des polynômes $3a^5b^4 - 7a^4b^5 + 4a^2b^2$; $2a^5b^4 + 5ab^2 - 4ab$; $4a^4b^5 + 2a^3b$, et trouver la somme pour $a = 2$ et $b = 1$.

36. Ajouter les polynômes

$$5a^4b^6 - 3a^3b^5 - 7a^2b^4 + 3bc$$
$$-5a^4b^6 + 5a^3b^5 - \frac{5}{4}a^2b^4 - 2bc$$
$$7a^4b^6 - 2a^2b^5 + 5a^2b^4 + 6bc$$

37. Faire l'addition suivante :

$$2a^5b^4 - 3a^4b^3 + \frac{1}{5}a^3b^2 + 15a^2b - 5a$$
$$-5a^5b^4 + 2a^4b^3 + 3a^3b^2 - 8a^2b \quad + 7a$$
$$9a^5b^4 + \quad a^4b^3 - 5a^3b^2 + 4a^2b \quad - \frac{5}{4}a.$$

38. Faire l'addition des polynômes

$$7a^3b^5 - 4a^3b^4 + 2a^4b^5 - 5c;$$
$$8a^2 \quad + bc - 5 + 4c - 5a^3b^5;$$
$$4a^3b^4 - 2a^4b^5 + 2c - 5a^2 + 5bc;$$
$$7 \quad - a^2b^3 + 4a^3b^5 - \frac{5}{4}a^3 - 8.$$

39. Un négociant a 2 000 fr. en caisse, des marchandises pour a fr., et on lui doit b fr. Quel est son avoir?

40. Les trois côtés d'un triangle sont a, b, c. Si l'on représente par $2p$ le périmètre du triangle, que pourra-t-on écrire?

41. Une personne a économisé a fr., en 6 jours, tout en dépensant b fr. par jour : combien a-t-elle gagné dans les 6 jours?

42. Quelle est la somme de 5 nombres entiers consécutifs, le premier étant a?

43. Un joueur est sorti du jeu avec a fr., après avoir perdu b fr. par partie et 4 fois de suite : combien avait-il en entrant au jeu?

44. Un fermier gagne a fr. la première année, b fr. la deuxième année, c fr. la troisième; il continue à exploiter la ferme dans les mêmes conditions que cette dernière année : exprimer ce qu'il aura gagné après 9 ans d'exploitation.

45. Une compagnie d'ouvriers fait a mètres par jour, une autre b mètres et une troisième c mètres. La 1re compagnie a travaillé 3 jours, la 2e, 5 et la 3e, 6. On demande d'exprimer l'ouvrage total fait par ces trois compagnies.

CHAPITRE IV.

SOUSTRACTION.

46. Définition. *La soustraction algébrique a pour objet, étant données deux expressions algébriques, d'en chercher une troisième qui, ajoutée à la seconde, reproduise la première.*

47. Règle. *Pour obtenir la différence de deux quantités algébriques, on les écrit l'une à la suite de l'autre, en changeant le signe de chaque terme dans la quantité à soustraire; on fait ensuite, s'il y a lieu, la réduction des termes semblables.*

Ainsi :

1° La différence des monômes a et b

est $a - b$

2° La différence des monômes a et $-b$

est $a + b$

3° La différence des polynômes $a + b - c$ et $d - e + f$

est $a + b - c - d + e - f$.

Démonstration. 1° Le résultat $a - b$ est exact, car si on l'ajoute à la seconde quantité donnée b, on retrouve la première a. On a bien, en effet,

$$a - b + b = a,$$

puisque $-b$ et $+b$ se détruisent.

2° Le résultat $a + b$ est aussi exact, car si on l'ajoute à la seconde quantité donnée $-b$, on retrouve la première a. On a bien, en effet,

$$a + b - b = a,$$

puisque b et $-b$ se détruisent (*).

3° Le résultat $a + b - c - d + e - f$ est encore exact, car si on l'ajoute à la seconde quantité donnée $d - e + f$, on retrouve la première $a + b - c$. On a bien, en effet,

$$a + b - c - d + e - f + d - e + f = a + b - c,$$

puisque $-d$ et $+d$, $+e$ et $-e$, $-f$ et $+f$ se détruisent.

La règle se trouve ainsi justifiée.

48. Remarque I. Dans la pratique, on place, pour plus de faci-

(*) Un assez grand nombre de personnes comprennent difficilement que la différence entre a et $-b$ puisse être $a + b$; il est cependant bien clair que de deux personnes, dont l'une a 20 000 fr. de fortune, et l'autre 10 000 fr. de dettes, *la différence de leur fortune* est 20 000 fr. + 10 000 ou 30 000 fr.; c'est-à-dire qu'il faudrait donner 30 000 fr. à la seconde pour avoir autant que la première.

lité, les termes semblables les uns sous les autres, en changeant les signes de la quantité à soustraire, et les réductions se font en même temps que les soustractions.

Par exemple, si de $4ab^2 - 9a^2b^2 + 8a^3b^3$ on doit soustraire $2ab^2 - 3a^2b^2 + 4a^3b^3$, on écrit :

$$\begin{array}{lr} & 4ab^2 - 9a^2b^2 + 8a^3b^3 \\ & -2ab^2 + 3a^2b^2 - 4a^3b^3 \\ \hline \text{Différence.....} & 2ab^2 - 6a^2b^2 + 4a^3b^3 \end{array}$$

49. Remarque II. Des deux expressions

$$a - b + c - (m - n + p) \quad \text{et} \quad a - b + c - m + n - p,$$

la première indique une soustraction à effectuer et la seconde le résultat de cette soustraction : ces deux expressions ont par conséquent même valeur. Donc *on peut, dans un polynôme, mettre entre parenthèses des termes quelconques, en faisant précéder la parenthèse du signe —, et en changeant les signes de tous les termes entre parenthèses.*

Cette remarque est *très-importante.*

50. Remarque III. La différence entre a et $-b$ est $a + b$ (**47**, 2°); par conséquent, retrancher -5 d'une quantité, c'est lui ajouter 5 : d'où l'on voit que la différence entre deux quantités peut être plus grande que l'une quelconque des deux.

La soustraction algébrique n'implique donc pas nécessairement l'idée de diminution.

Exercices sur la soustraction

46. De $2a + 3b$ retrancher $-2a + b$.

47. De $5a - 2b$ retrancher $3a - 4b + c$.

48. De $8a^2b + 3ab^2$ retrancher $-2a^2b + 4ab^2$, et trouver le résultat de la soustraction pour $a = 4$ et $b = 3$.

49. De $4a^2b^3 + 5ab^2 - 3b$ retrancher $5a^2b^3 - ab^2 + 2b$, et trouver le résultat de la soustraction pour $a = 4$ et $b = 2$.

50. De $4ax^2 - 3a^2x^3 + 5a^3x^4 - bx^5 + b^2$ retrancher $-2ax^2 + 3a^2x^3 + 4a^3x^4$, et trouver le résultat de la soustraction pour $a = 1$, $x = 2$ et $b = 3$.

51. Du polynôme $8x^3 - 3ax^2 + 4a^2x^3 - 5a^3b$ retrancher les polynômes $5x^3 + 2ax^2 + 4a^2x - 3a^3b$ et $3x^3 - 4ax^2 - 3a^2x + 2a^3b$.

52. $5a^3b^2 - 3a^4b + 2a^5 - (a^3b^2 - 4a^4b + 3a^5) =$

53. $8a^4b^5 + 5a^3b^4 - 2a^2b^3 - (-2a^4b^5 + 3a^3b^4 - 2a^2b^3) =$

54. $3a^4b^2 - 5a^3b^3 + 4a^2b^4 - (3a^3b^3 - 2a^2b^4 - 4a^4b^2) =$

55. $2x^4 - 3ax^5 + 4a^2x^6 - (5x^4 - 3ax^5 + 2b^3 - 5a^2x^6) =$

56. $3a + b - 2\sqrt{ba} - (2a - b - 2\sqrt{ab}) =$

57. De $5x - 3ax^2 + 4a^2x^3 - 2a^3x^4 + 8a^4x^5$ retrancher $-3x + 2ax^2 - 3a^2x^3 + a^3x^4 - 9a^4x^5$.

58. Un négociant a un *actif* qui s'élève à 20 000 fr. d'une part et à b fr. d'une autre; mais son *passif* s'élève à a fr. : exprimer sa fortune.

59. Les trois angles A, B, C, d'un triangle valent 2 angles droits : on connait A et B; exprimer la valeur du troisième.

60. Un père a 45 ans, et son fils 15 ; quelle était la différence de leurs âges il y a x années?

61. Un joueur possédait a fr. ; mais il a perdu 3 fois de suite b fr. et deux fois de suite c fr. : combien possède-t-il encore?

62. Les trois côtés a, b, c, d'un triangle valent $2p$. On connaît a et b : quelle est la valeur du troisième côté?

63. Si les 3 côtés d'un triangle valent $2p$, par quelle expression peut-on remplacer $b + c - a$?

64. Dans une famille, le père gagne a fr. en 6 jours et le fils aîné b fr. ; mais on dépense c fr. par jour dans cette famille. On demande d'exprimer l'économie faite en 6 jours.

65. Un réservoir reçoit l'eau de deux robinets A et B. Le robinet A donne a litres en 5 heures et le robinet B en donne b litres en 4 heures ; un troisième robinet C laisse échapper c litres en 8 heures. On demande d'exprimer ce que le réservoir reçoit d'eau par heure.

CHAPITRE V.

MULTIPLICATION.

51. Définition. *La multiplication algébrique a pour objet, étant données deux expressions algébriques, d'en former une troisième dont la valeur numérique soit égale au produit des valeurs numériques des deux autres.*

52. Avant de donner la théorie de la multiplication algébrique, il est bon de rappeler les deux principes suivants, démontrés en arithmétique (nos **54**, **55**).

1° *Le produit d'un nombre quelconque de facteurs ne change pas dans quelque ordre qu'on effectue les multiplications.*

2° *Dans un produit de facteurs, on peut remplacer plusieurs facteurs par un seul égal à leur produit effectué.*

MULTIPLICATION DES MONOMES.

53. 1° Les deux monômes sont des puissances d'une même quantité.

Règle. *Pour multiplier l'une par l'autre deux puissances d'une même quantité, il suffit de donner à cette quantité, pour exposant, la somme des exposants des deux puissances.*

Ainsi, on a $5^2 \times 5^4 = 5^6$; $a^2 \times a^3 = a^5$.

En effet

$$5^2 \times 5^4 = 5.5 \times 5.5.5.5 = 5^6 \text{ et } a^2 \times a^3 = a.a \times a.a.a = aaaaa = a^5.$$

On a donc en général $a^m \times a^n = a^{m+n}$

54. 2° Les deux monômes sont quelconques.

Règle. *Pour multiplier deux monômes entiers, 1° on multiplie les coefficients; 2° on ajoute les exposants des mêmes lettres; 3° on écrit avec leurs exposants les lettres différentes.*

Exemple : Multiplier $5a^2b^3c$ par $3a^2b^2cd$.

En se conformant à la règle, on trouve pour produit

$$15a^4b^5c^2d.$$

Démonstration. En effet, quelles que soient les valeurs attribuées aux lettres, il est évident que

$$5a^2b^3c \times 3a^2b^2cd$$

équivaut au produit

$$5 . a^2 . b^3 . c . 3 . a^2 . b^2 . c . d,$$

ou encore à

$$5 . 3 . a^2 . a^2 . b^3 . b^2 . c . c . d,$$

ou enfin au produit

$$15a^4b^5c^2d.$$

La démonstration justifie la règle.

55. Produit de plusieurs monômes. La règle de deux monômes s'étend aisément à un nombre quelconque de monômes. Si l'on a, par exemple, à multiplier entre eux les 3 monômes

$$2a^2bc \quad , \quad 4a^3b^2c^2 \quad , \quad 5b^3c^2d,$$

on trouve successivement

$$2a^2bc \times 4a^3b^2c^2 = 8a^5b^3c^3 \quad \text{et} \quad 8a^5b^3c^3 \times 5b^3c^2d = 40a^5b^6c^5d.$$

56. Remarque. D'après la règle même de la multiplication des monômes, il est évident que le degré du produit de plusieurs monômes est la somme des degrés des facteurs. Ainsi, dans l'exemple précédent, le premier facteur étant du 4° degré, le second du 7° et le troisième du 6°, le produit est du 17°.

MULTIPLICATION D'UN POLYNOME PAR UN MONOME.

57. Règle. *Pour multiplier un polynôme par un monôme, on multiplie chaque terme du multiplicande, en conservant son signe, par le monôme multiplicateur.*

Exemple : Multiplier $a - b + c - d$ par m.

En se conformant à la règle, on trouve pour produit

$$am - bm + cm - dm.$$

Démonstration. 1° m *représente un nombre entier quelconque, 3, par exemple.*

Multiplier un nombre par 3, c'est prendre 3 fois ce nombre ; on a par conséquent

$$\begin{array}{l} a - b + c - d \\ a - b + c - d \\ \underline{a - b + c - d} \end{array}$$

Le résultat est donc $3a - 3b + 3c - 3d$, ou, si l'on remplace 3 par m,

$$am - bm + cm - dm.$$

2° m *a une valeur fractionnaire quelconque* $\frac{4}{7}$, *par exemple.*

Multiplier une quantité par $\frac{4}{7}$, c'est prendre 4 fois le $\frac{1}{7}$ de cette quantité. Or, le 7e est

$$\frac{a}{7}-\frac{b}{7}+\frac{c}{7}-\frac{d}{7}$$

car si, d'après la règle précédente, on multiplie cette expression par 7, on aura pour résultat la quantité proposée.

Enfin si, d'après la même règle, on prend 4 fois ce 7e, on obtiendra pour résultat

$$a\times\frac{4}{7}-b\times\frac{4}{7}+c\times\frac{4}{7}-d\times\frac{4}{7},$$

et, si l'on remplace $\frac{4}{7}$ par sa valeur m, on a encore

$$am-bm+cm-dm.$$

Ainsi, quelle que soit la valeur attribuée à m, on aura toujours

$$(a-b+c-d)\times m=am-bm+cm-dm.$$

La théorie est donc conforme à la règle pratique.

MULTIPLICATION D'UN MONOME PAR UN POLYNOME.

58. La règle est la même que la précédente; car les expressions algébriques représentant des nombres, on peut leur appliquer le principe de changement d'ordre des facteurs.

Donc, on a

$$m(a-b+c-d)=(a-b+c-d)\,m$$

ou

$$am-bm+cm-dm.$$

MULTIPLICATION D'UN POLYNOME PAR UN POLYNOME.

59. Règle. *Pour multiplier un polynôme par un polynôme, on multiplie chaque terme du multiplicande par chaque terme du multiplicateur, en donnant le signe + au produit de deux termes de même signe, et le signe — au produit de deux termes de signes contraires.*

Exemple : Multiplier $a-b+c$ par $m+n-p$.

En se conformant à la règle, on trouve pour produit

$$am-bm+cm+an-bn+cn-ap+bp-cp.$$

Démonstration. Si l'on représente le polynôme multiplicande par P et le polynôme multiplicateur par Q, on a (**57**), pour le produit de P par Q ou par $m+n-p$,

$$PQ=Pm+Pn-Pp.$$

En remplaçant dans le second membre P par sa valeur, il vient

$$PQ=(a-b+c)\,m+(a-b+c)\,n-(a-b+c)\,p.$$

Si l'on effectue les multiplications indiquées dans le second membre, on obtient

$$(1)\quad PQ=(am-bm+cm)+(an-bn+cn)-(ap-bp+cp).$$

Si l'on effectue maintenant les additions et les soustractions (nos **43** et **49**), on a

(2) $PQ = am - bm + cm + an - bn + cn - ap + bp - cp.$

Or l'égalité (1) montre que le produit cherché se compose du produit de chaque terme du multiplicande par chaque terme du multiplicateur. L'égalité (2) montre que le produit $+ bp$, par exemple, de deux termes quelconques, est positif lorsque les deux termes $- b$ et $- p$ ont le même signe; et que le produit $- bm$, par exemple, de deux termes quelconques, est négatif lorsque ces deux termes $- b$ et $+ m$ ont des signes contraires.

La règle se trouve donc démontrée.

60. Remarque. On a supposé implicitement, pour établir les règles précédentes, que dans les polynômes considérés la somme des termes positifs l'emporte sur celle des termes négatifs. Dans le cas où cette condition n'est pas remplie, *on convient* d'appliquer encore la règle, et on nomme produit des expressions proposées, le résultat que l'on obtient ainsi.

Quelle que soit la valeur attribuée aux lettres a, b, c, d, on aura, d'après la convention qui précède

$$(a - b)(c - d) = ac - bc - ad + bd$$

Si, dans cette égalité, on fait $b = 0$ et $c = 0$, il reste

$$a(-d) = -ad$$

Si l'on fait $a = 0$ et $d = 0$, il reste

$$(-b)c = -bc.$$

Enfin, si l'on fait $a = 0$ et $c = 0$, il reste

$$(-b)(-d) = +bd.$$

On sait d'ailleurs que $b \times d = +bd$.

Il résulte de là que le produit de deux monômes *isolés* prend le signe *plus* lorsque les facteurs ont le même signe, et le signe *moins* lorsque les facteurs ont des signes contraires.

61. Produit de plusieurs facteurs. *Pour obtenir le produit de plusieurs polynômes, on multiplie le premier par le second, puis le résultat par le troisième, et ainsi de suite.*

Le produit de plusieurs facteurs *négatifs* est *positif* ou *négatif*, selon que ces facteurs sont en nombre *pair* ou *impair*; car si le nombre de facteurs est pair, on pourra d'abord les multiplier 2 à 2, c'est-à-dire le 1er par le 2e, le 3e par le 4e, etc., ce qui donnera autant de produits positifs. Si, pour avoir le produit final, on multiplie entre eux tous ces produits positifs, il est clair qu'on aura encore un produit positif. Mais si le nombre des facteurs est impair, en procédant comme il vient d'être indiqué, on aura un produit positif à multiplier par un dernier facteur négatif, et par conséquent le produit final sera négatif.

I. Soit à effectuer le produit suivant :

$$-a \times -b \times -c \times -d \times -e \times -f.$$

Produits 2 à 2.

$$-a \times -b = ab \ ; \ -c \times -d = cd \ ; \ -e \times -f = ef;$$

donc

$$-a \times -b \times -c \times -d \times -e \times -f = ab \times cd \times ef = abcdef.$$

II. On a

$$(-a)^6 = -a \times -a \times -a \times -a \times -a \times -a = a^2 \times a^2 \times a^2 = a^6.$$

III. Effectuer le produit suivant :

$$-a \times -b \times -c \times -d \times -e.$$

On a

$-a \times -b = ab$, puis $-c \times -d = cd$; il reste le facteur $-e$; donc

$$-a \times -b \times -c \times -d \times -e = ab \times cd \times -e = abcd \times -e = -abcde.$$

IV. On a

$$(-a)^7 = -a \times -a \times -a \times -a \times -a \times -a \times -a$$
$$= a^2 \times a^2 \times a^2 \times -a = a^6 \times -a = -a^7.$$

On voit, d'après les exemples II et IV, que *les puissances paires d'une quantité négative sont positives et que les puissances impaires sont négatives.*

62. Règle des signes. Le tableau suivant, qui résulte des explications données jusqu'ici, renferme ce qu'on nomme la *Règle des signes* :

Signes du multiplicande.	Signes du multiplicateur.	Signes du produit.
+	+	+
—	+	—
+	—	—
—	—	+

Ce qui s'énonce généralement ainsi :

+ par + donne +
— par + donne —
+ par — donne —
— par — donne +.

63. Remarque. Des deux expressions

$$(a-b+c-d)\, m \text{ et } am-bm+cm-dm,$$

la première indique une multiplication à effectuer et la seconde le résultat de cette multiplication ; ces deux expressions ont par conséquent même valeur : donc, lorsqu'un même facteur, tel que m, se trouve dans tous les termes d'un polynôme, comme, par exemple, dans le polynôme $am-bm+cm-dm$, on peut supprimer ce facteur dans chacun des termes, puis indiquer la multiplication de ce même facteur par le polynôme ainsi modifié : c'est ce qu'on appelle *mettre en facteur commun.* Cette opération est d'un *très-fréquent* usage.

POLYNOMES ORDONNÉS.

64. *Ordonner* un polynôme par rapport aux puissances *croissantes* ou *décroissantes* d'une même lettre, c'est disposer les termes de telle sorte, que les exposants de cette lettre aillent en augmentant ou en diminuant du premier au dernier. Cette lettre s'appelle *lettre principale* ou *ordonnatrice.*

Il est toujours facile d'ordonner un polynôme, puisqu'on peut écrire ses termes dans tel ordre qu'on veut (nº 34).

Par exemple, le polynôme

$$6a^5-9a^4b+5a^3b^2+4a^2b^3-3ab^4+8b^5$$

est ordonné par rapport aux puissances décroissantes de la lettre a, et par rapport aux puissances croissantes de la lettre b.

65. Remarque. Il est visible que si un polynôme homogène, tel que le précédent, ne renferme que deux lettres et qu'il soit ordonné par rapport aux puissances décroissantes de l'une de ces deux lettres, il est nécessairement aussi ordonné par rapport aux puissances décroissantes de l'autre.

DISPOSITION DE L'OPÉRATION DANS LA MULTIPLICATION ALGÉBRIQUE.

66. On dispose la multiplication algébrique comme en arithmétique; seulement on commence la multiplication par la gauche des deux facteurs.

67. Pour faciliter la réduction des termes semblables, on ordonne les polynômes suivant les puissances croissantes ou décroissantes d'une même lettre, et, en faisant l'opération, on a soin de placer les termes semblables les uns sous les autres.

Exemple I. Multiplier a^2+ab par $3a^2-ab$.

DISPOSITION DE L'OPÉRATION.

$$\begin{array}{lll} & \textit{Multiplicande} & a^2+ab \\ & \textit{Multiplicateur} & 3a^2-ab \\ \hline \text{Produit du} & \text{par } +3a^2 \ldots & 3a^4+3a^3b \\ \text{multiplicande} & \text{par } -ab \ldots & \quad -a^3b-a^2b^2 \\ \hline & \text{Produit total} \ldots\ldots & 3a^4+2a^3b-a^2b^2 \end{array}$$

Exemple II. Multiplier $3a^2+5ab-b^2$ par $2a^2-3ab$.

$$\begin{array}{lll} & & 3a^2+5ab-b^2 \\ & & 2a^2-3ab \\ \hline \text{Produit du} & \text{par } +2a^2 \ldots & 6a^4+10a^3b-2a^2b^2 \\ \text{multiplicande} & \text{par } -3ab \ldots & \quad -9a^3b-15a^2b^2+3ab^3 \\ \hline & \text{Produit total} \ldots\ldots & 6a^4+a^3b-17a^2b^2+3ab^3 \end{array}$$

Exemple III. Multiplier $3a^4b^2-2a^3b^3+5a^2b^4-ab^5$ par $5a^2b^2-2ab^3$:

$$\begin{array}{lll} & & 3a^4b^2-2a^3b^3+5a^2b^4-ab^5 \\ & & 5a^2b^2-2ab^3 \\ \hline \text{Produit du} & \text{par } +5a^2b^2 \ldots & 15a^6b^4-10a^5b^5+25a^4b^6-5a^3b^7 \\ \text{multiplicande} & \text{par } -2ab^3 \ldots & \quad -6a^5b^5+4a^4b^6-10a^3b^7+2a^2b^8 \\ \hline & \text{Produit total} \ldots\ldots & 15a^6b^4-16a^5b^5+29a^4b^6-15a^3b^7+2a^2b^8 \end{array}$$

THÉORÈMES DIVERS RELATIFS A LA MULTIPLICATION DE DEUX POLYNOMES.

68. Théorème I. *Lorsque deux polynômes sont ordonnés par rapport aux puissances décroissantes d'une même lettre, le premier et le dernier terme du produit sont, sans réduction, l'un le produit du premier terme du multiplicande par le premier terme du multiplicateur, l'autre le produit des deux derniers termes des facteurs.*

En effet, les deux premiers termes de chaque facteur contiennent la lettre ordonnatrice au plus haut degré; donc leur produit formera un terme qui contiendra aussi la lettre ordonnatrice au plus haut degré, et, par conséquent, ce terme ne pourra se réduire avec aucun autre. De même le produit des deux derniers termes sera un terme du plus faible degré, et aucun ne lui sera semblable.

Il est évident que la démonstration serait la même, si les polynômes étaient ordonnés par rapport aux puissances croissantes d'une même lettre.

Exemple. Dans le produit des deux polynômes

$$5a^3 + 2a^2b - 8ab^2 + 4b^3,$$
$$2a^2 - 3ab + 5b^2,$$

ordonnés par rapport aux puissances décroissantes de a et aux puissances croissantes de b, le produit $10a^5$ des 2 premiers termes des facteurs est sans réduction le premier terme du produit. De même le produit $20b^5$ des deux derniers termes des facteurs est, sans réduction, le dernier terme du produit.

69. Corollaire. *Le produit de deux polynômes a toujours au moins deux termes.*

Il résulte d'ailleurs immédiatement de la règle de la multiplication qu'il contient *au plus* un nombre de termes égal au produit du nombre des termes du multiplicande par le nombre des termes du multiplicateur.

70. Remarque. Le produit de deux polynômes homogènes est un polynôme homogène d'un degré égal à la somme des degrés des deux facteurs. Ainsi, des deux polynômes précédents, le premier est un polynôme homogène du 3e degré et le second un polynôme homogène du 2e degré, leur produit est un polynôme homogène du 5e degré: cela est évident, car le produit de deux termes quelconques est un terme du 5e degré (**56**).

71. Théorème II. *Le carré de la somme de deux quantités est égal au carré de la première, plus 2 fois la première multipliée par la seconde, plus le carré de la seconde.*

En effet, les quantités étant a et b, leur somme sera $a+b$, et si l'on fait le carré de $a+b$, c'est-à-dire si l'on multiplie $a+b$ par $a+b$, on a

$$(a+b)^2 = a^2 + 2ab + b^2.$$

On a de même :

$$(x+3)^2 = x^2 + 6x + 9.$$

On trouve aussi :

$$\left(x+\frac{p}{2}\right)^2=x^2+px+\frac{p^2}{4}.$$

72. Remarque. Puisque le carré de $a+b$ est $a^2+2ab+b^2$, *réciproquement* la racine carrée de $a^2+2ab+b^2$ est $a+b$, et l'on voit que pour l'obtenir il suffit d'extraire la racine carrée des deux termes a^2, b^2, qui sont des carrés parfaits, et de séparer les résultats par le signe $+$.

73. Théorème III. *Le carré de la différence de deux quantités est égal au carré de la première, moins 2 fois la première multipliée par la seconde, plus le carré de la seconde.*

En effet, on a

$$(a-b)^2=a^2-2ab+b^2$$

On peut faire une remarque analogue à celle du théorème précédent : la racine carrée de $a^2-2ab+b^2$ est $a-b$.

74. Théorème IV. *Le produit de la somme de deux quantités par leur différence est égal à la différence des carrés de ces quantités.*

En effet, si l'on multiplie $a+b$ par $a-b$, on trouve

$$(a+b)(a-b)=a^2-b^2.$$

Si l'on place le second membre le premier et réciproquement, on a

$$a^2-b^2=(a+b)(a-b),$$

égalité qui se traduit en langage ordinaire en disant :

La différence de deux carrés est égale à la somme de leurs racines multipliée par la différence de ces mêmes racines.

75. Remarque. Ces formules étant fréquemment en usage, il importe de les retenir. En voici encore deux autres qu'on peut aisément vérifier.

$$(a+b)^2(a+b)=(a+b)^3=a^3+3a^2b+3ab^2+b^3,$$
$$(a-b)^2(a-b)=(a-b)^3=a^3-3a^2b+3ab^2-b^3.$$

La seconde se déduit de la première en y changeant le signe de b.

Exercices sur la multiplication.

Effectuer les multiplications suivantes :

66. 1° $a^2\times a\times a^4$; 2° $a^3\times a^4\times a$; 3° $a^m\times a^n\times a^p$.

67. 1° $3ab\times 2cd$; 2° $4a^2b\times 3ac$; 3° $5a^3b^3\times 4a^2b$.

68. 1° $4a^2x\times 3a^2x^2$; 2° $6a^3b^3x\times 3ab^2x$; 3° $4abc^2\times 5a^2b^2d$.

69. 1° $\frac{2}{3}a^2bc\times\frac{1}{3}ab^3c^2$; 2° $\frac{3}{5}a^2bx^2\times\frac{1}{4}a^3b^2$; 3° $\frac{2}{5}abc^2\times\frac{3}{7}ax^2$.

70. 1° $(3a^2+2b)a$; 2° $(3ad-4bc)b$; 3° $(3ab^2-3a^2b^3)\times 3c$.

71. 1° $(2a+3b)^2$; 2° $(2a-b)^2$; 3° $(2ax+b)^2$.

72. 1° $(a^2+ab+b^2)(a-b)$; 2° $(a^2-ab+b^2)(a+b)$.

73. $(4a^2b-2ab+3a^3)\left(\frac{3}{5}ab^2-4a^2b+2a^3\right)$.

74. 1° $(x-2)^2\times(x^2+3x+1)$; 2° $(x+2)^3(3x^2-4x+5)$.

75. 1° $2a^2b^2c \times -abc^2$; 2° $-3ab^2c \times 2a^2x$; 3° $-3a^2b^2c \times -4ab^2c^3$.

76. 1° $\frac{4}{5}abc^2 \times -5a^3b^2$; 2° $-\frac{4}{3}a^2bx \times \frac{3}{4}ab^2$; 3° $-\frac{5}{3}aby \times -\frac{3}{4}a^2by^2$.

77. Trouver, pour $a = 2$, la valeur du produit suivant :

$$(5a^4 + 4a^3 + 8a^2 - 25) \times (2a^5 - 3a^3 + 4a^2 - 5a + 7).$$

78. Trouver, pour $a = 1$ et pour $x = 2$, la valeur du produit suivant :

$$(4ax^3 - 5a^2x^2 + 4a^3x - 8a + 1) \times (7ax^2 - 3a^2x + 4a^3 - 5a^4 + 8).$$

79. Effectuer les multiplications suivantes :

1° $5(a - b)^2 \times 3(a + b)$; 2° $4c(a + b)^3 \times 5c(a - b)^3$.

80. Ordonner, par rapport aux puissances croissantes de a, le produit

$$5a^2b\,(3a^4b - 5ab^3 + 7a^3b^2 - 5ab^4 - 4a^5)$$

81. Remplacer chacun des binômes suivants par un produit de deux facteurs :

1° $m^2 - n^2$; 2° $a^4 - b^4$; 3° $4a^2 - 4b^2$; 4° $4x^2 - 1$.

82. Remplacer, par des expressions équivalentes, chacun des seconds membres des égalités ci-dessous :

1° $x = \sqrt{a^2 - b^2}$; 2° $x = \sqrt{4x^2 - 9b^2}$; 3° $x = \sqrt{a^2 - 1}$.

83. Effectuer les multiplications suivantes :

1° $(2a + b)(2a - b)$; 2° $(3ab - 2b)(3ab + 2b)$; 3° $(4ax - 2ab)(4ax + 2ab)$

84. Remplacer chacun des binômes suivants par un produit de 2 facteurs :

1° $25a^2 - b^2$; 2° $9a^2b^2 - 4c^2$; 3° $16a^2x^2 - 9b^2c^2$;

85. Remplacer chacun des trinômes ci-dessous par un produit de 2 facteurs :

1° $a^2 + 2ab + b^2$; 2° $x^2 + px + \frac{p^2}{4}$; 3° $4a^2x^2 + 2abx + b^2$.

86. Trouver la racine carrée de $x^2 - 8x + 16$.

87. Quelle est la racine carrée de $9x^2 + 30x + 25$?

88. On a $x^2 - 4x$: ajouter un terme à ce binôme de manière à obtenir un trinôme qui soit un carré parfait.

89. Quelle différence existe-t-il entre les carrés de deux nombres entiers consécutifs a et $a + 1$. Application aux carrés de 41 et 42.

90. Trouver la différence qui existe entre les cubes de deux nombres entiers consécutifs a et $a + 1$. Application aux cubes de 41 et 42.

91. Effectuer les multiplications suivantes :

1° $(x^2 - 1)(x^2 + 1)$; 2° $(2x + 1)(2x - 1)$; 3° $(3x^3 - 1)(3x^3 + 1)$.

92. Décomposer $(a + c)^2 - b^2$ en un produit de 2 facteurs.

93. Remplacer $b^2 - (a - c)^2$ par un produit de 2 facteurs.

94. Remplacer $2ac + a^2 + c^2 - b^2$ par la différence de 2 carrés.

95. Remplacer $2ac - a^2 - c + b^2$ par la différence de 2 carrés.

96. Effectuer le produit $(x^6 + x^5 + x^4 + x^3 + x^2 + x + 1)(x - 1)$.

97. Effectuer le produit $(5a + c)a + 2bc$ par $(5a - c)a - 2bc$.

98. Effectuer les opérations suivantes :

$$(4x^3 - 5x + 5)(x - 5) + (3x^2 - \frac{2}{5}x + 2)(x + 5).$$

99. Effectuer les opérations suivantes :

$$(5x^2 - 3x - 2)(x^2 + 4) - (-3x^2 + 4x - 4)(x^2 - 2).$$

100. Décomposer en 2 facteurs les binômes suivants :

1° $ax + bx$; 2° $ax + x$; 3° $ax^2 + bx^2$; 4° $ax^2 + x^2$.

101. Décomposer en un produit de 2 facteurs les trinômes suivants :

1° $a^2x + 3bx - 3b^2x$; 2° $4ax - 3a^2 + x$; 3° $5a^2x^2 + 4ax^2 - bx^2$.

102. Faire la décomposition, en 2 facteurs, des polynômes suivants :

1° $ax^2 + x$; 2° $a^2b + ac$; 3° $ab + ab^2 - a$.

103. Faire la décomposition, en 2 facteurs, des polynômes suivants :

1° $a^2b + ab^2 + b^3$; 2° $a^3 + a^2b - 2a$; 3° $4a^2 - 3a + 3ab$.

104. Décomposer, en 2 facteurs, les polynômes suivants :

1° $4a^3 - 4b^2$; 2° $5a^2 - 15ab$; 3° $3a^3 - 9ab^2 + 6$.

105. Mettre en facteurs communs dans les polynômes :

1° $mn^2 + np$; 2° $m^2 + mnp$; 3° $3m^2n + 2mn^2 - 4n^3$.

106. Mettre en facteurs communs dans les polynômes :

1° $ab^2 - 3a^2b^3 + 4b^4$; 2° $2x^3a - 3x^2 + 3x$.

107. Séparer dans chacun des polynômes suivants les facteurs communs aux termes du polynôme :

1° $3a^2b + 3ac$; 2° $3a^2b - 9a$; 3° $4a^3 - 4a^2b + 4a$.

108. Séparer dans chacun des polynômes suivants les facteurs communs aux termes du polynôme :

1° $4x^3 - 8ax^2 + 4a^2x$; 2° $15ax^3 - 5a^2x^2 + 10a^3x$; 3° $3abx^3 - 21a^2b^2x^2 - 6a^3b^3x$.

109. Séparer dans chacun des polynômes suivants les facteurs communs aux termes du polynôme :

1° $\frac{3}{2}ax^3 - \frac{3}{4}a^2x^2$; 2° $\frac{5}{12}a^4x^3 - \frac{1}{3}a^3x^2 + \frac{7}{6}a^2x$; 3° $\frac{4}{7}a + \frac{9}{7}a^2 - \frac{3}{7}a^3$.

110. Mettre en évidence les facteurs communs aux termes des deux polynômes suivants :

$$4a^3b^2x - 8a^4b^4x^2; \quad 16a^2b^3x^3 + 4a^3b^3x^2 - 24a^3b^2x.$$

111. Mettre en évidence les facteurs communs aux termes des deux polynômes suivants :

$$3ax^2 - 9a^2x^3 + 21a^3x^4 \quad ; \quad -6ab^2x^2 + 4a^2b^3x^3 - 8a^3b^4x^4.$$

Vérifier les égalités suivantes :

112. $m(am^3 - a^2m^2 + 4a^3m + 5) = am^4 - a^2m^3 + 4am^2 + 5m$.

113. $ab(5a^4b^3 - 3a^3b^2 + 2a^2b + 1) = 5a^5b^4 - 3a^4b^3 + 2a^3b^2 + ab$.

114. $3a^2b(2 + 3a^4b^3 - 5a^3b^2 + 2a^2bx - 5ax^2 + 4x^3) = 6a^2b + 9a^6b^4 - 15a^5b^3 + 6a^4b^2x - 15a^2bx + 12a^2bx^3$.

115. $c(a + b) + d(a + b) = (a + b)(c + d)$.

116. $q^{n+1} - q^n = q^n(q - 1)$.

117. $(1 + a)^{n+1} - (1 + a)^n = (1 + a)^n \times a$.

118. $(aa' + bb')^2 + (ab' - ba')^2 = (a^2 + b^2)(a'^2 + b'^2)$.

119. Décomposer $4a^2c^2 - (a^2 + c^2 - b^2)^2$ en quatre facteurs.

124. Démontrer que si un nombre n est impair, l'expression $n^3 - n$ est divisible par 24.

CHAPITRE VI.

DIVISION.

76. **Définition.** *La division algébrique a pour objet, étant données deux expressions algébriques nommées l'une dividende, l'autre diviseur, d'en trouver une troisième nommée quotient qui multipliée par le diviseur reproduise le dividende.*

77. Par suite de la relation qui existe entre la multiplication et la division, la règle des signes est évidemment la même que pour la multiplication ; c'est-à-dire que *le quotient de deux quantités est positif ou négatif suivant que ces deux quantités sont de mêmes signes ou de signes contraires.*

DIVISION DES MONOMES.

78. 1° Les deux monômes sont des puissances d'une même quantité.

Règle. *Pour diviser l'une par l'autre deux puissances d'une même quantité, on retranche l'exposant du diviseur de celui du dividende.*

Ainsi le quotient de a^5 par a^3 est a^{5-3} ou a^2.

En effet, si l'on multiplie le quotient a^2 par le diviseur a^3, on reproduit le dividende a^5 ; car (53)

$$a^2 \times a^3 = a^{2+3} = a^5.$$

De même, le quotient de a^m par a^n est a^{m-n}, car on a

$$a^{m-n} \times a^n = a^{m-n+n} = a^m.$$

79. **Exposant zéro.** En appliquant la règle précédente, on trouve que le quotient de a^m par a^m est

$$a^{m-m} = a^0.$$

Le symbole a^0 n'a en réalité aucun sens; mais comme il représente le quotient d'une quantité divisée par elle-même, et que toute quantité divisée par elle-même donne l'unité pour quotient, on est *convenu* d'attribuer au symbole a^0 une valeur égale à l'unité; de sorte qu'on a

$$a^0 = 1.$$

Ainsi donc *toute quantité affectée de l'exposant zéro est égale à l'unité.*

80. **Exposants négatifs.** En appliquant encore la même règle à la division de a^m par a^{m+n}, on trouve pour quotient

$$a^{m-m-n} = a^{-n}.$$

Or le symbole a^{-n} n'a pas non plus de signification par lui-même;

mais le quotient de a^m par a^{m-n} peut s'exprimer autrement, car on a

$$\frac{a^m}{a^{m+n}} = \frac{a^m}{a^m \times a^n} = \frac{1}{a^n}.$$

Les quantités a^{-n} et $\frac{1}{a^n}$ représentant l'une et l'autre le quotient de a^m par a^{m+n}, on est *convenu* d'attribuer au symbole a^{-n} la même valeur qu'à l'expression $\frac{1}{a^n}$, de sorte qu'on a

$$a^{-n} = \frac{1}{a^n}.$$

Ainsi donc *toute quantité affectée d'un exposant négatif est égale à une fraction qui a pour numérateur l'unité et pour dénominateur la quantité dont il s'agit, ayant le même exposant, mais positif.*

81. 2° Les deux monômes sont quelconques.

Règle. *Pour obtenir le quotient de deux monômes, on divise le coefficient du dividende par celui du diviseur, et l'on retranche l'exposant de chaque lettre du diviseur de l'exposant de la même lettre dans le dividende.*

Ainsi le quotient de $12a^3b^4c^5$ par $3a^2bc^3$ est $4ab^3c^2$.

On a bien en effet

$$\frac{12a^3b^4c^5}{3a^2bc^3} = 4ab^3c^2,$$

car, si on multiplie le quotient $4ab^3c^2$ par le diviseur $3a^2bc^3$, on reproduit le dividende $12a^3b^4c^5$.

On verrait de même que le quotient de

$$16a^3b^2c^4d \text{ par } 24a^2b^2c^2$$

est

$$\frac{16a^3b^2c^4d}{24a^2b^2c^2} = \frac{2}{3}ac^2d.$$

Le quotient $\frac{2}{3}ac^2d$ est encore entier algébriquement (**28**).

82. Divisions impossibles. Il résulte de la règle précédente que la division de deux monômes n'est possible qu'autant que l'exposant de chaque lettre au diviseur ne surpasse pas l'exposant de la même lettre au dividende, et que toutes les lettres du diviseur se trouvent aussi dans le dividende. S'il n'en est pas ainsi, la division est impossible, et on obtient alors un quotient *fractionnaire*, qu'on simplifie autant qu'on le peut, en supprimant les facteurs communs au dividende et au diviseur.

Par exemple, le quotient de $12a^3b^2c^2$ par $8ab^3c^2d$ est

$$\frac{12a^3b^2c^2}{8ab^3c^2d};$$

mais si l'on supprime au dividende et au diviseur les facteurs communs 4, a, b^2 et c^2, on a pour quotient simplifié

$$\frac{3a^2}{2bd}.$$

83. Règle. *Pour diviser un polynôme par un monôme, on divise chaque terme du polynôme par le monôme.*

Ainsi le quotient de $a-b+c-d$ par m est

$$\frac{a}{m}-\frac{b}{m}+\frac{c}{m}-\frac{d}{m};$$

car si, d'après la règle du n° 57, on multiplie ce quotient par le diviseur m, on retrouve le dividende $a-b+c-d$.

84. Corollaire. *Pour qu'un polynôme soit divisible par un monôme, il faut et il suffit que chaque terme du polynôme soit divisible par le monôme.*

DIVISION D'UN MONOME PAR UN POLYNOME.

85. Une pareille division est toujours impossible, car un quotient quelconque, monôme ou polynôme, multiplié par un diviseur polynôme, donnera toujours un produit qui aura plus d'un terme (**69**), et qui, par conséquent, ne sera jamais un monôme égal au dividende. Une telle division ne peut donc que s'indiquer. Ainsi le quotient de m par $a+b$ est

$$\frac{m}{a+b}.$$

DIVISION DE DEUX POLYNOMES.

86. Règle. *Pour trouver le quotient de deux polynômes, on les ordonne de la même manière, et on dispose l'opération comme en arithmétique. On divise ensuite le premier terme du dividende par le premier terme du diviseur, ce qui donne le premier terme du quotient. On retranche du dividende le produit du diviseur par le premier terme du quotient. On divise le premier terme du reste par le premier terme du diviseur, ce qui donne le second terme du quotient. On retranche du premier reste le produit du diviseur par le second terme du quotient. On divise le premier terme du deuxième reste par le premier terme du diviseur, ce qui donne le troisième terme du quotient. On continue ainsi jusqu'à ce qu'on ait zéro pour reste, ou qu'on ne puisse plus continuer l'opération.*

Dans chaque division partielle, on a soin d'observer la règle des signes (**77**).

Exemple I. Diviser $15x^5+11x^4-21x^3+11x^2-14x+6$ par $5x^3-3x^2+2x-2$.

Démonstration. Le dividende et le diviseur sont ordonnés par rapport aux puissances décroissantes de x. Si l'on suppose le quotient ordonné de la même manière, le premier terme $15x^5$ du dividende sera le produit *sans réduction* (**68**) du premier terme $5x^3$ du diviseur par le premier terme du quotient : donc, réciproquement, si l'on divise $15x^5$ par $5x^3$, on aura le premier terme $+3x^2$ du quotient. Or le produit du diviseur par ce premier terme est $15x^4 - 9x^4 + 6x^3 - 6x^2$; si l'on retranche ce produit du dividende, ce qu'on fera en changeant les signes (**47**), le *premier reste* $20x^4 - 27x^3 + 17x^2 - 14x + 6$ sera égal au produit du diviseur par les autres termes du quotient. Mais ce premier reste est un nouveau dividende sur lequel on peut raisonner comme sur le dividende total. Le premier terme du nouveau dividende est égal au produit du premier terme du diviseur par le second terme du quotient : en divisant le premier terme du nouveau dividende par le premier terme du diviseur, on aura donc le second terme du quotient, et ainsi de suite.

Cette démonstration justifie la règle.

Le raisonnement est le même, lorsque les polynômes sont ordonnés par rapport aux puissances croissantes de la même lettre.

DISPOSITION DE L'OPÉRATION.

		Diviseur / Quotient
Dividende. . .	$15x^5 + 11x^4 - 21x^3 + 11x^2 - 14x + 6$	$5x^3 - 3x^2 + 2x - 2$
1er produit soustrait.	$-15x^5 + 9x^4 - 6x^3 + 6x^2$	$3x^2 + 4x - 3$
1er reste.	$+20x^4 - 27x^3 + 17x^2 - 14x + 6$	
2e produit soustrait.	$-20x^4 + 12x^3 - 8x^2 + 8x$	
2e reste.	$-15x^3 + 9x^2 - 6x + 6$	
3e produit soustrait.	$+15x^3 - 9x^2 + 6x - 6$	
3e reste.	0	

87. *Exemple II.* Soit à diviser $9a^4b^2 - 4a^2b^4 + 8ab^2 - 4$ par $3a^2b + 2ab^2 - 2$.

Souvent, comme dans cet exemple, le polynôme du dividende n'est pas complet, mais la difficulté n'est pas plus grande.

$$
\begin{array}{l|l}
9a^4b^2 \qquad\qquad - 4a^2b^4 + 8ab^2 - 4 & 3a^2b + 2ab^2 - 2 \\
-9a^4b^2 - 6a^3b^3 + 6a^2b & \overline{3a^2b - 2ab^2 + 2} \\
\hline
\quad -6a^3b^3 - 4a^2b^4 + 6a^2b + 8ab^2 - 4 & \\
\quad +6a^3b^3 + 4a^2b^4 \qquad\qquad - 4ab^2 & \\
\hline
\qquad\qquad 6a^2b + 4ab^2 - 4 & \\
\qquad\qquad -6a^2b - 4ab^2 + 4 & \\
\hline
\qquad\qquad\qquad 0 &
\end{array}
$$

88. Remarque I. On sait (**68**) que dans la multiplication de deux polynômes ordonnés le dernier terme du produit est sans réduction le produit du dernier terme du multiplicande par le dernier terme du multiplicateur. Le dernier terme du quotient peut donc s'obtenir directement, en divisant le dernier terme du dividende par le dernier terme du diviseur. Ainsi, dans la 1re division, par exemple, il aurait suffi, pour avoir le dernier terme -3, de diviser $+6$ par -2.

89. Remarque II. Dans la pratique, on se dispense d'écrire plusieurs fois les mêmes termes du dividende, en ne les abaissant que quand ils deviennent nécessaires pour la réduction des termes semblables. La division du n° 86, par exemple, se trouverait disposée comme ci-dessous :

$$\begin{array}{l|l} 15x^5+11x^4-21x^3+11x^2-14x+6 & 5x^3-3x^2+2x-2 \\ -15x^5+9x^4-6x^3+6x^2 & \overline{3x^2+4x-3} \\ \hline 20x^4-27x^3+17x^2-14x & \\ -20x^4+12x^3-8x^2+8x & \\ \hline -15x^3+9x^2-6x+6 & \\ +15x^3-9x^2+6x-6 & \\ \hline 0 & \end{array}$$

90. Divisions impossibles. Toutes les divisions effectuées jusqu'ici ont été possibles; dans chaque cas, nous avons trouvé pour quotient un polynôme qui, multiplié par le diviseur, a reproduit le dividende; mais le plus souvent il n'en est pas ainsi; le quotient n'est pas un polynôme entier. Or il existe un certain nombre de caractères qui permettent de reconnaître *à priori*, ou dans le cours même de l'opération, l'*impossibilité* d'une division.

1° Lorsque les polynômes sont ordonnés par rapport aux puissances croissantes ou décroissantes d'une même lettre, il est nécessaire (**68**) que le premier et le dernier terme du dividende soient respectivement divisibles par le premier et le dernier terme du diviseur. Par exemple, la division de $16x^3-6x^2+28x$ par $4x^3-7x^2$ est *impossible;* car le dernier terme $28x$ du dividende n'est pas divisible par le dernier terme $-7x^2$ du diviseur.

2° Bien que la condition qui vient d'être énoncée soit remplie, la division est impossible si en l'effectuant par le procédé ordinaire, on ne trouve pas pour dernier terme le terme même qui a été obtenu directement. Soit, par exemple la division de $8x^4-6x^2-8x-2$ par $2x^2-3x-1$.

Le 1er terme du dividende est divisible par le 1er terme du diviseur; le quotient est $4x^2$. Le dernier terme du dividende est aussi divisible par le dernier du diviseur; le quotient est $+2$. Cependant la division est impossible. Effectuons, en effet, l'opération par le procédé ordinaire.

$$\begin{array}{l|l} 8x^4-6x^2-8x-2 & 2x^2-3x-1 \\ +12x^3+4x^2 & \overline{4x^2+6x+8} \\ \hline 12x^3-2x^2-8x-2 & \\ 18x^2+6x & \\ \hline 16x^2-2x-2 & \end{array}$$

Nous trouvons pour dernier terme $+8$ au lieu de $+2$ que nous avons obtenu directement. La division est donc impossible.

3° Lorsque les deux polynômes sont ordonnés par rapport aux puissances ascendantes d'une même lettre, il peut arriver qu'en effectuant l'opération on trouve pour dernier terme le terme même qu'on peut obtenir *à priori;* mais si le reste suivant n'est pas nul, la division est encore impossible. Soit par exemple à diviser

$$2+2x-5x^2+18x^3-15x^4 \text{ par } 1+2x-3x^2.$$

Le dernier terme obtenu directement est $+5x^2$; or, si l'on effectue l'opération, on trouve de même $+5x^2$ pour dernier terme; mais comme le reste suivant est $+2x^3$ au lieu d'être nul, la division est impossible. Il est d'ailleurs bien visible qu'elle pourrait se continuer indéfiniment, puisque le premier terme du diviseur est l'unité : ainsi le terme suivant du quotient serait $+2x^3$.

$$\begin{array}{r|l}
2+2x-5x^2+18x^3-15x^4 & 1+2x-3x^2 \\ \cline{2-2}
-4x+6x^2 \qquad\qquad\qquad & 2-2x+5x^2 \\ \cline{1-1}
-2x+x^2+18x^3 \qquad\quad & \\
+4x^2-6x^3 \qquad\quad & \\ \cline{1-1}
5x^2+12x^3-15x^4 & \\
-10x^3+15x^4 & \\ \cline{1-1}
2x^3 \qquad &
\end{array}$$

4° Enfin, si le quotient n'est pas exact, on est toujours arrêté par une impossibilité de calcul toutes les fois que les 2 polynômes sont ordonnés par rapport aux puissances décroissantes d'une même lettre.

En effet, le degré de chaque reste est évidemment inférieur au moins d'une unité du degré du reste précédent. On arrivera donc nécessairement à un reste dont le degré sera inférieur au degré du diviseur; on sera alors forcé d'arrêter l'opération, puisque le premier terme du reste ne sera plus divisible par le premier terme du diviseur. Exemple :

$$\begin{array}{r|l}
6x^4+5x^3-16x^2+25x+4 & 3x^2-2x+1 \\ \cline{2-2}
+4x^3-2x^2 \qquad\qquad\quad & 2x^2+3x-4 \\ \cline{1-1}
9x^3-18x^2+25x \qquad & \\
+6x^2-3x \qquad & \\ \cline{1-1}
-12x^2+22x+4 & \\
-8x+4 & \\ \cline{1-1}
14x+8 &
\end{array}$$

Il est impossible de continuer la division. On voit d'ailleurs que si l'on retranchait le reste $14x+8$ du dividende, on aurait alors le produit exact du diviseur par le quotient $2x^2+3x-4$. On peut, par conséquent, écrire

$$(1)\quad 6x^4+5x^3-16x^2+25x+2=(3x^2-2x+1)(2x^2+3x-4)+14x+8,$$

ou encore

$$(2)\quad \frac{6x^4+5x^3-16x^2+25x+2}{3x^2-2x+1}=2x^2+3x-4+\frac{14x+8}{3x^2-2x+1}.$$

En général, A désignant le dividende, B le diviseur, Q le quotient et R le reste, on a

(3) $$A = BQ + R$$

ou encore

(4) $$\frac{A}{B} = Q + \frac{R}{B}.$$

On voit, d'après les égalités (2) et (4), que *si deux polynômes* A *et* B *entiers par rapport à une même lettre* x *ne sont pas divisibles l'un par l'autre, leur quotient est un polynôme entier en* x, *augmenté d'une expression fractionnaire ayant pour numérateur un polynôme entier en* x *de degré moindre que le diviseur et pour dénominateur ce diviseur.*

Il peut arriver en algèbre que le reste R soit plus grand que le diviseur B. Ainsi, dans la division précédente, si l'on suppose que x vaut 2, le reste est égal à

$$14 \times 2 + 8 = 36$$

et le diviseur à

$$3 \times 2 \times 2 - 2 \times 2 + 1 = 9.$$

RESTE DE LA DIVISION D'UN POLYNOME PAR $x - a$.

91. Théorème I. *Le reste de la division d'un polynôme entier en* x *par* x — a *est égal à la valeur que prend le polynôme quand on y remplace* x *par* a.

Ainsi, par exemple, si l'on divise par $x - a$ le polynôme

$$Ax^m + Bx^{m-1} + Cx^{m-2} + \ldots + Nx + P,$$

ordonné par rapport aux puissances décroissantes de x, on obtiendra pour reste

$$Aa^m + Ba^{m-1} + Ca^{m-2} + \ldots + Na + P.$$

En effet, on peut faire la division jusqu'à ce qu'on obtienne un reste de degré moindre que le degré du diviseur (**90**, 4°), et par conséquent indépendant de x, puisque le diviseur est du premier degré. Si l'on désigne par Q la partie entière du quotient et par R le reste, on aura

$$Ax^m + Bx^{m-1} + Cx^{m-2} + \ldots + Nx + P = (x - a)Q + R.$$

Or cette égalité a lieu pour toute valeur de x; mais si l'on fait $x = a$, elle devient

$$Aa^m + Ba^{m-1} + Ca^{m-2} \ldots Na + P = (a - a)Q + R.$$

Le terme $(a - a)$ Q étant nul, il reste finalement

$$Aa^m + Ba^{m-1} + Ca^{m-2} + \ldots Na + P = R,$$

ce qu'il fallait démontrer.

Exemple. Le reste de la division de

$$2x^3 - 4x^2 + 5x - 4 \text{ par } x - 3$$

est $2 \times 3^3 - 4 \times 3^2 + 5 \times 3 - 4 = 29$,

ce qu'on peut aisément vérifier, en effectuant, par le procédé ordinaire, la division du polynôme par $x - 3$.

92. Corollaire. *Si un polynôme entier en* x *s'annule quand on y remplace* x *par* a, *ce polynôme est divisible par* x — a.

En effet, ce polynôme étant nul par hypothèse, le reste de la division est nul aussi.

93. Théorème II. *Le reste de la division d'un polynôme entier en* x *par* x + a *est égal à la valeur que prend le polynôme quand on y remplace* x *par* — a.

Même démonstration que pour le théorème I.

Exemple. Le reste de la division de $3x^4 + 4x^3 - 2x^2 - 3x + 2$ par $x + 2$

est $3(-2)^4 + 4(-2)^3 - 2(-2)^2 - 3(-2) + 2$

ou $48 - 32 - 8 + 6 + 2 = 16$,

ce qu'on peut vérifier.

94. Corollaire. *Si un polynôme entier en* x *s'annule quand on remplace* x *par* — a, *il est divisible par* x + a.

En effet, ce polynôme étant nul par hypothèse, le reste de la division est nul aussi.

APPLICATIONS.

95. 1° *Le binôme* $x^m - a^m$ *est divisible par* x — a.

En effet, le reste de la division (**91**)

$$a^m - a^m = 0.$$

Si l'on effectue la division, on trouve aisément la loi de formation des termes du quotient.

	$x^m - a^m$	$x - a$
	$-x^m + ax^{m-1}$	$x^{m-1} + ax^{m-2} + a^2x^{m-3} \ldots\ldots a^{m-2}x + a^{m-1}.$
1er reste	$+ax^{m-1} - a^m$	
	$-ax^{m-1} + ax^{2m-2}$	
2e reste.	$+a^2x^{m-2} - {}^m$	
	....	
	....	
	$+a^{m-1}x - a^m$	
Dernier.	$+a^m - a^m = 0$	

Le quotient est donc un polynôme homogène, du degré $m - 1$, ordonné par rapport aux puissances décroissantes de x et aux puissances croissantes de a, et ayant tous ses termes positifs.

Exemple I. $\dfrac{x^5 - 4^5}{x - 4} = x^4 + 4x^3 + 4^2x^2 + 4^3x + 4^4.$

Exemple II. $\dfrac{x^7 - 1}{x - 1} = x^6 + x^5 + x^4 + x^3 + x^2 + x + 1.$

Cette application du théorème I peut se traduire ainsi en langage ordinaire : *La différence des puissances semblables de deux quantités est divisible par la différence de ces quantités.*

96. 2° *Le binôme* $x^m + a^m$ *n'est jamais divisible par* $x - a$; *le reste est* $2a^m$.

En effet, que m soit pair ou impair, le reste de la division sera toujours

$$a^m + a^m = 2a^m.$$

Effectuons la division, pour trouver le quotient.

$$\begin{array}{l|l} \quad\quad x^m + a^m & x - a \\ \hline 1^{\text{er}}\text{ reste } + ax^{m-1} + a^m & x^{m-1} + ax^{m-2} + a^2x^{m-3} + a^3x^{m-4} + \ldots\ldots a^{m-1} \\ 2^{\text{e}}\text{ reste } + a^2x^{m-2} + a^m & \\ \quad\quad + a^3x^{m-3} + a^m & \\ \quad\quad \cdot\ \cdot\ \cdot\ \cdot\ \cdot & \\ \quad\quad \cdot\ \cdot\ \cdot\ \cdot\ \cdot & \\ \quad\quad \cdot\ \cdot\ \cdot\ \cdot\ \cdot & \end{array}$$

Dernier reste $a^m + a^m$ ou $2a^m$.

Le quotient est le même que dans la division de $x^m - a^m$ par $x - a$; seulement le reste est $2a^m$ au lieu d'être nul; on a donc

$$\frac{x^m + a^m}{x - a} = x^{m-1} + ax^{m-2} + a^2x^{m-3} + \ldots\ldots a^{m-1} + \frac{2a^m}{x - a}.$$

Exemple : $\dfrac{x^5 + 1}{x - 1} = x^4 + x^3 + x^2 + x + 1 + \dfrac{2}{x - 1}.$

Cette application du théorème I peut s'énoncer ainsi en langage ordinaire : *la somme des puissances semblables de deux quantités n'est jamais divisible par la différence de ces quantités.*

97. 3° *Le binôme* $x^m - a^m$ *est divisible par* $x + a$ *si* m *est pair; si* m *est impair, la division est impossible et le reste est* $-2a^m$.

En effet, pour avoir le reste de la division, il faut (**93**) substituer dans le dividende $(-a)$ à x, et alors il devient

$$(-a)^m - a^m.$$

Mais si m est pair, $(-a)^m = a^m$ (**61**), et le reste de la division est

$$a^m - a^m \text{ ou zéro.}$$

Si m est impair, $(-a)^m = -a^m$, et le reste de la division est

$$-a^m - a^m = -2a^m.$$

On trouvera la loi de formation du quotient, en effectuant la division.

$$\begin{array}{l|l} \quad\quad x^m - a^m & x + a \\ \hline 1^{\text{er}}\text{ reste } - ax^{m-1} - a^m & x^{m-1} - ax^{m-2} + a^2x^{m-3} - a^3x^{m-4} \ldots \pm a^{m-1} \\ 2^{\text{e}}\text{ reste } + a^2x^{m-2} - a^m & \\ \quad\quad - a^3x^{m-3} - a^m & \\ \quad\quad + a^4x^{m-4} - a^m & \\ \quad\quad \cdot\ \cdot\ \cdot\ \cdot\ \cdot & \\ \quad\quad \cdot\ \cdot\ \cdot\ \cdot\ \cdot & \end{array}$$

Le quotient est encore un polynôme homogène du degré $m-1$, ordonné par rapport aux puissances décroissantes de x et aux puissances croissantes de a; mais à termes alternativement positifs et négatifs. Comme d'ailleurs le polynôme est complet (*) et du degré $m-1$, il contient m termes; le premier étant positif, le dernier sera négatif, si m est pair, et il sera au contraire positif, si m est impair : voilà pourquoi nous l'avons affecté du double signe $\pm$.

Si m est pair, on a donc :

$$\frac{x^m-a^m}{x+a}=x^{m-1}-xa^{m-2}+a^2x^{m-3}-a^3x^{m-4}\ldots-a^{m-1}.$$

Exemple : $\dfrac{x^4-3^4}{x+3}=x^3-3x^2+3^2x-3^3.$

Si au contraire m est impair, on a

$$\frac{x^m-a^m}{x+a}=x^{m-1}-ax^{m-2}+a^2x^{m-3}-a^3x^{m-4}\ldots\ldots+a^{m-1}-\frac{2a^m}{x+a}.$$

Exemple : $\dfrac{x^5-1}{x+1}=x^4-x^3-x^2-x+1-\dfrac{2}{x+1}.$

Cette application du théorème II peut s'énoncer ainsi en langage ordinaire. *La différence des puissances semblables de deux quantités est divisible par la somme de ces quantités, si les puissances sont paires.*

98. 4° *Le binôme* x^m+a^m *est divisible par* $x+a$ *si* m *est impair; si* m *est pair, la division est impossible, et le reste est* $2a^m$.

En effet, pour avoir le reste de la division, il faut (**93**) substituer dans le dividende $(-a)$ à x; alors il devient

$$(-a)^m-a^m,$$

et si m est impair, on a, comme dans la division précédente,

$$(-a)^m=-a^m:$$

le reste de la division est par conséquent $-a^m+a^m$ ou zéro.

Si au contraire m est pair, on a

$$(-a)^m=a^m$$

et le reste de la division est a^m+a^m ou $2a^m$.

La loi de formation du quotient se trouve en effectuant la division.

	$x^m \quad +a^m$	$x+a$
1er reste	$-ax^{m-1}+a^m$	$x^{m-1}-ax^{m-2}+a^2x^{m-3}-a^3x^{m-4}\ldots\ldots\pm a^{m-1}$
2e reste	$+a^2x^{m-2}+a^m$	
	$-a^3x^{m-3}+a^m$	
	$+a^4x^{m-4}+a^m$	
	. . . . .	
	. . . . .	

(*) C'est-à-dire qu'il contient *toutes* les puissances de x depuis x^{m-1} jusqu'à x^0, et *toutes* celles de a depuis a^0 jusqu'à a^{m-1}.

La loi de formation du quotient est la même que dans le cas précédent; seulement, quand la division se fait exactement, le dernier terme est positif au lieu d'être négatif (n° précédent).

Si m est impair, on a donc

$$\frac{x^m + a^m}{x+a} = x^{m-1} - ax^{m-2} + a^2x^{m-3} - a^3x^{m-4} \ldots\ldots + a^{m-1};$$

Exemple : $\frac{x^5 + 1^5}{x+1} = x^4 - x^3 + x^2 - x + 1.$

Si m est pair, on a

$$\frac{x^m + a^m}{x+a} = x^{m-1} - ax^{m-2} + a^2x^{m-3} - a^3x^{m-4} \ldots\ldots - a^{m-1} + \frac{2a^m}{a+a}.$$

Exemple : $\frac{x^6 + 4^6}{x+4} = x^5 - 4x^4 + 4^2x^3 - 4^3x^2 + 4^4x - 4^5 + \frac{2 \times 4^6}{x+4}.$

Cette application du théorème II s'exprime ainsi en langage ordinaire : *La somme des puissances semblables de deux quantités est divisible par la somme de ces quantités, si les puissances sont impaires.*

Exercices sur la division.

125. Diviser 1° a^6 par a^2; 2° a^8 par a^5; 3° a^m par a^n.

126. A quoi équivaut l'expression $\frac{a^0 + b^0 + c}{4}$, pour $c = 2$.

127. Trouver la somme $a^0 + a^3 + a^{-1} + a^{-3}$, pour $a = 4$.

128. Trouver le produit de a par a^{-2}. Quel est ce produit, pour $a = 2$?

129. Changer l'égalité $x = a^{-2}(a+b)^{-3}$, en une autre équivalente, et trouver la valeur de x pour $a = 2$ et $b = 1$.

130. Diviser 1° a^2 par a^{-3}; 2° a^{-m} par a^{-n} et trouver la valeur numérique des 2 quotients pour $a = 3$, $m = 4$ et $n = 5$.

131. Transformer les expressions $\frac{1}{a^3}$, $\frac{1}{a^{m+n}}$, $\frac{1}{a^{m-n}}$, en d'autres équivalentes.

132. Diviser 1° $8a^5b^3$ par $2a^3b$; 2° $4a^3b^2$ par $3ab$.

133. Diviser 1° $16a^5b^4$ par $-2a^3b^4$; 2° $-8a^3x^2$ par $+4ax$.

134. Diviser 1° $9a^5x^3$ par $-3a^4x^3$; 2° $-7a^3x^2y$ par $-3a^2x^2$.

135. Simplifier les expressions $\frac{9a^5b^3c}{3a^3bc^2}$; $\frac{4a^3b^4c^2}{8a^4b^2c}$.

136. Simplifier les expressions $\frac{7a^2b^3c^2}{4a^3bc^3}$; $\frac{5a^6b^3c}{3a^2b^4d^2}$.

137. Diviser 1° $9a^4b^2c^3$ par $6a^5b^3c^2$; 2° $-8a^5bc$ par $7ab^2c$.

138. Diviser 1° $16a^4b^2x^3$ par $-9a^3b^4c$; 2° $-6a^3b^3x$ par $-3a^2b^4x^2$.

139. Trouver le quotient de $8a^3b^2 - 4a^3b^3 + 12a^5b^2$ par $4a^2b^2$.

140. Trouver le quotient de $4a^3b^2 - 6a^2b + 8a^5b$ par $4a^3b^2$.

141. Trouver le quotient de $10a^3b^5 - 4a^3b^4 + 6a^5b$ par $-8a^2b$.

142. Exprimer le quotient de $8a^5b^3$ par $6a^2b^3 - 4a^3b^2 + 12a^4b^2$.

143. Diviser $32x^5 + 243$ par $2x + 3$.

144. Diviser $x^5 - 3x^4 - 8x^3 - 3x^2 + x$ par $x^2 + 2x + 1$.

145. Diviser $15a^6b^4 - 16a^5b^5 + 29a^4b^6 - 15a^3b^7 + 2a^2b^8$ par $5a^2b^2 - 2ab^3$.

146. Diviser $6a^5 + a^4b - 13a^3b^2 - 4a^3 - \frac{3}{2}a^2b^3 - 5a^2b + ab^2 - 2a$ par $2a^3 + 3a^2b - 2a$.

148. Quel est le quotient et quel est le reste de la division de $2a^5 - 8a^4b + 15a^3b^2 - 14a^2b^3 + 5ab^4 - 2b^5$ par $a^2 - 2ab + 3b^2$? Si l'on fait $a = 1$ et $b = 2$, quel sera le quotient et quel sera le reste?

149. Trouver, sans effectuer l'opération, le reste de la division de $2x$. $- 3x^2 + 2x - 5$ par $x - 4$.

150. Trouver, sans effectuer l'opération, le reste de la division de $2x$ $- 4x^3 - 5x + 4$ par $x + 3$.

151. Diviser 1° $a^5 - b^5$ par $a - b$; 2° $a^4 - b^4$ par $a + b$.

152. Diviser 1° $a^5 + b^5$ par $a + b$; 2° $a^5 - b^5$ par $a + b$.

153. Diviser 1° $a^4 + 3^4$ par $a + 3$; 2° $a^4 + 2$ par $a - 2$.

155. Décomposer $a^4 - b^4$ en facteurs.

CHAPITRE VII

FRACTIONS ALGÉBRIQUES

99. Définitions. On sait déjà que le quotient d'une expression algébrique quelconque A divisée par une autre expression algébrique quelconque B se représente en écrivant :

$$\frac{A}{B}.$$

Or, une telle expression, qu'on énonce A *sur* B, est une *fraction algébrique*. De même qu'en arithmétique, A est le *numérateur* de la fraction, et B en est le *dénominateur* : le numérateur et le dénominateur sont les *termes* de la fraction.

Une fraction algébrique exprime donc encore *le quotient de son numérateur par son dénominateur.*

En arithmétique, le numérateur et le dénominateur d'une fraction sont toujours des nombres entiers; mais il n'en est pas de même pour une fraction algébrique; les quantités qui composent les termes peuvent être quelconques, entières ou fractionnaires, positives ou négatives.

Par exemple, si dans la fraction précédente on fait $A = \frac{1}{2}$ et $B = 3$, on a

$$\frac{A}{B} = \frac{1}{2} : 3 = \frac{1}{6};$$

mais si l'on suppose $A = -5$ et $B = \frac{2}{3}$, on a

$$\frac{A}{B} = -5 : \frac{2}{3} = -5 \times \frac{3}{2} = -\frac{15}{2}.$$

Il est clair que, pour d'autres hypothèses faites sur A et sur B, la fraction $\frac{A}{B}$ prendrait d'autres valeurs.

On conçoit dès lors que, pour de telles fractions, il soit nécessaire de démontrer qu'elles jouissent bien des mêmes propriétés que les fractions ordinaires.

100. Théorème. *La valeur d'une fraction ne change pas, lorsqu'on multiplie ou divise ses deux termes par une même quantité.*

1° Soit la fraction algébrique $\frac{a}{b}$, par exemple. En supposant cette fraction égale à q, on a

$$\frac{a}{b}=q.$$

Or on peut multiplier les deux membres de cette égalité par b, ce qui donne

$$a=bq.$$

Si l'on multiplie encore les deux membres de cette dernière égalité par m, il vient

$$am=bqm,$$

ou encore

$$am=bm\times q,$$

d'où l'on déduit, en divisant les deux membres par bm,

$$\frac{am}{bm}=q.$$

Donc on a

$$\frac{am}{bm}=\frac{a}{b}.$$

2° Si $\frac{am}{bm}=\frac{a}{b}$, réciproquement $\frac{a}{b}=\frac{am}{bm}$: ce qui prouve qu'on peut diviser les deux termes d'une fraction par une même quantité m sans changer sa valeur.

101. Corollaire I. *On peut changer les signes des deux termes d'une fraction sans altérer sa valeur;* cela revient en effet à multiplier ses deux termes par -1.

102. Corollaire II. *On peut simplifier une fraction algébrique comme on simplifie une fraction arithmétique, et, par suite, supprimer les facteurs communs aux deux termes.*

Exemples : 1° $\frac{36a^4b^5c^3}{24a^5b^2cd}=\frac{3b^3c^2}{2ad}$;

2° $\frac{a^2-b^2}{a+b}=\frac{(a+b)(a-b)}{a+b}=a-b$;

3° $\frac{a^3+b^3}{a+b}=a^2-ab+b^2$.

103. Corollaire III. *On peut réduire plusieurs fractions algébriques au même dénominateur, en suivant la marche indiquée pour les fractions arithmétiques;* puisque la réduction des fractions arithmétiques, au même dénominateur, repose sur le théorème qui vient d'être démontré.

Exemple. Soient les fractions :

$$\frac{A}{8a^2b^3c^4}, \quad \frac{B}{4a^3b^4c^3}, \quad \frac{C}{3a^5c^4d}.$$

On pourrait réduire ces fractions au même dénominateur en suivant la méthode connue, c'est-à-dire en multipliant les deux termes de chacune d'elles par le produit des dénominateurs des deux autres; mais il est préférable de chercher un dénominateur commun plus simple.

On voit d'abord que le plus petit commun multiple des coefficients 8, 4 et 3 est 24. Il est d'ailleurs facile de former un monôme divisible algébriquement par $a^2b^3c^4$; $a^3b^4c^3$, a^5c^4d. Il est évident que pour cela il suffit de prendre chacune des lettres a, b, c, d avec l'exposant le plus élevé de cette lettre dans ces monômes : on trouve en procédant ainsi $a^5b^4c^4d$, et, par suite,

$$24a^5b^4c^4d$$

peut être choisi pour dénominateur commun. Si l'on divise $24a^5b^4c^4d$ par chacun des dénominateurs des fractions données, on obtient les quotients

$$3a^3bd, \quad 6a^2cd, \quad 8b^4;$$

et si l'on multiple ensuite les deux termes de la première fraction par $3a^3bd$, les deux termes de la seconde par $6a^2cd$, et les deux termes de la troisième par $8b^4$, on aura ainsi les 3 fractions

$$\frac{A\times 3a^3bd}{24a^5b^4c^4d}, \quad \frac{B\times 6a^2cd}{24a^5b^4c^4d}, \quad \frac{C\times 8b^4}{24a^5b^4c^4d},$$

qui sont équivalentes aux proposées, et qui de plus ont le même dénominateur.

OPÉRATIONS SUR LES FRACTIONS ALGÉBRIQUES.

ADDITION.

104. Règle. *On réduit d'abord les fractions au même dénominateur; on fait ensuite la somme des numérateurs, et on lui donne pour dénominateur le dénominateur commun.*

Soient, pour exemple, des fractions préalablement réduites au même dénominateur ; on aura

$$\frac{a}{m}+\frac{b}{m}-\frac{c}{m}=\frac{a+b-c}{m}.$$

Démonstration. Il y a bien en effet égalité entre les deux membres; car si on les multiplie l'un et l'autre par m, on aura la même quantité $a+b-c$.

Autre démonstration. Il y a égalité entre les deux membres, car l'un et l'autre expriment le quotient de $a+b-c$ par m (83).

SOUSTRACTION.

105. Règle. *On réduit d'abord les deux fractions au même dénominateur. On retranche ensuite le second numérateur du premier, et* *l'on donne à la différence pour dénominateur le dénominateur commun.*

Soient, pour exemple, des fractions préalablement réduites au même dénominateur; on aura

$$\frac{a}{m}-\frac{b}{m}=\frac{a-b}{m}.$$

Démonstration. Il y a bien en effet égalité entre les deux membres; car si on les multiplie l'un et l'autre par m, on aura la même quantité $a-b$.

Autre démonstration. Il y a égalité entre les deux membres; car l'un et l'autre expriment le quotient de $a-b$ par m.

MULTIPLICATION.

106. Règle. *Pour multiplier deux fractions entre elles, on multiplie numérateur par numérateur et dénominateur par dénominateur.*

Ainsi, par exemple,

$$\frac{a}{b}\times\frac{a'}{b'}=\frac{aa'}{bb'}.$$

En effet, si l'on représente la valeur de la fraction $\frac{a}{b}$ par q, et celle de $\frac{a'}{b'}$ par q', on a

$$\frac{a}{b}=q \;,\; \frac{a'}{b'}=q',$$

ou

$$a=bq \;,\; a'=b'q'.$$

Multipliant ces deux dernières égalités membre à membre, il vient

$$aa'=bb'qq'.$$

Divisant chaque membre par bb', on obtient

$$\frac{aa'}{bb'}=qq'.$$

En remplaçant q, q' par leur valeur respective, on a enfin

$$\frac{aa'}{bb'}=\frac{a}{b}\times\frac{a'}{b'}$$

ou

$$\frac{a}{b}\times\frac{a'}{b'}=\frac{aa'}{bb'},$$

ce qui justifie la règle.

107. Corollaire. *On obtient le produit de plusieurs fractions en multipliant numérateurs par numérateurs et dénominateurs par dénominateurs.*

Par exemple,

$$\frac{a}{b}\times\frac{a'}{b'}\times\frac{a''}{b''}\cdots\cdots=\frac{aa'a''}{bb'b''}\cdots\cdots$$

Il y a bien égalité, car le produit des deux premières fractions peut être remplacé par la fraction $\frac{aa'}{bb'}$; le produit des trois premières se trouve alors remplacé par celui de deux, et ainsi de suite.

On a donc

$$\left(\frac{a}{b}\right)^m = \frac{a \times a \times a \ldots}{b \times b \times b \ldots} = \frac{a^m}{b^m}.$$

DIVISION.

108. Règle. *Pour diviser une quantité par une fraction, on multiplie la quantité par la fraction diviseur renversée.*

Ainsi le quotient de la quantité M par la fraction $\frac{a}{b}$ est

$$M \times \frac{b}{a}.$$

Ce quotient est en effet exact, car si on le multiplie par le diviseur $\frac{a}{b}$, on retrouve, après simplification, le dividende M.

La règle est par conséquent justifiée.

THÉORÈMES SUR LES FRACTIONS ALGÉBRIQUES.

109. Théorème I. *Lorsque plusieurs fractions sont égales, la somme des numérateurs divisée par la somme des dénominateurs forme une nouvelle fraction égale à chacune des fractions proposées.*

Ainsi, par exemple, si

$$\frac{a}{b} = \frac{a'}{b'} = \frac{a''}{b''} = \ldots\ldots,$$

on a

$$\frac{a + a' + a'' + \cdots\cdots}{b + b' + b'' + \cdots\cdots} = \frac{a}{b} = \frac{a'}{b'} = \frac{a''}{b''} = \cdots\cdots$$

En effet, si l'on désigne la valeur de chaque fraction par q, on a

$$\frac{a}{b} = q \quad , \quad \frac{a'}{b'} = q \quad , \quad \frac{a''}{b''} = q,$$

d'où

$$a = bq \quad , \quad a' = b'q \quad , \quad a'' = b''q.$$

Ajoutant ces dernières égalités membre à membre, et mettant q en facteur commun, il vient

$$a + a' + a'' + \cdots\cdots = (b + b' + b'' \ldots\ldots)\, q.$$

Divisant chaque membre par le multiplicateur de q, on obtient

$$\frac{a + a' + a'' + \cdots\cdots}{b + b' + b'' + \cdots\cdots} = q = \frac{a}{b} = \frac{a'}{b'} = \frac{a''}{b''} = \cdots\cdots \quad \text{C. Q. F. D.}$$

110. Corollaire I. *Lorsque plusieurs fractions sont égales, si, après avoir multiplié les deux termes de la première par une même quantité, les deux termes de la seconde par une autre quantité, etc..., on divise la somme des numérateurs par la somme des dénominateurs, on forme une nouvelle fraction égale à chacune des fractions proposées.*

En effet, soient les fractions égales

$$\frac{a}{b}=\frac{a'}{b'}=\frac{a''}{b''}=\ldots\ldots$$

En multipliant les deux termes de la première par m, ceux de la deuxième par $m'\ldots\ldots$, on obtient de nouvelles fractions $\frac{am}{bm}$, $\frac{a'm'}{b'm'}\ldots\ldots$, respectivement égales aux fractions proposées (**100**) et par suite égales entre elles : donc on a

$$\frac{am}{bm}=\frac{a'm'}{b'm'}=\frac{a''m''}{b''m''}=\ldots\ldots$$

Appliquant le théorème à ces fractions, il vient

$$\frac{am+a'm'+a''m''+\ldots\ldots}{bm+b'm'+b''m''+\ldots\ldots}=\frac{am}{bm}=\frac{a'm'}{b'm'}=\ldots\ldots;$$

mais

$$\frac{a}{b}=\frac{a'}{b'}\ldots\ldots=\frac{am}{bm}=\frac{a'm'}{b'm'}\ldots\ldots;$$

donc, on a enfin

$$\frac{am+a'm'+a''m''+\ldots\ldots}{bm+b'm'+b''m''+\ldots\ldots}=\frac{a}{b}=\frac{a'}{b'}=\ldots\ldots$$

111. Corollaire II. *Lorsque plusieurs fractions sont égales, la racine carrée de la somme des carrés des numérateurs divisée par la racine carrée de la somme des carrés des dénominateurs forme une nouvelle fraction égale à chacune des fractions proposées.*

En effet, les carrés des fractions égales

$$\frac{a}{b}=\frac{a'}{b'}=\frac{a''}{b''}=\ldots\ldots$$

sont aussi des fractions égales (**109**); et l'on a

$$\frac{a^2}{b^2}=\frac{a'^2}{b'^2}=\frac{a''^2}{b''^2}=\ldots\ldots$$

Appliquant le théorème à ces dernières égalités, il vient

$$\frac{a^2+a'^2+a''^2+\ldots\ldots}{b^2+b'^2+b''^2+\ldots\ldots}=\frac{a^2}{b^2}=\frac{a'^2}{b'^2}=\frac{a''^2}{b''^2}=\ldots\ldots$$

Ces fractions étant égales, les racines carrées le sont aussi, et l'on a enfin

$$\frac{\sqrt{a^2+a'^2+a''^2\ldots\ldots}}{\sqrt{b^2+b'^2+b''^2\ldots\ldots}}=\frac{a}{b}=\frac{a'}{b'}=\frac{a''}{b''}=\ldots\ldots$$

Exercices sur les fractions.

Simplifier les expressions suivantes :

159. 1° $\frac{a(a+b)}{2(a^2-b^2)}$; 2° $\frac{4a(a-b)}{6(a^2-2ab+b^2)}$.

160. $\frac{17(a^3b^2-a^2b^2)}{51(a^2b+a^2b^3)}$.

161. $\frac{16a^4b^2-4a^2c^2}{12a^3bc-6a^2c^2}$.

162. $\frac{x^2 + 2x + 1}{x^2 - 1}$.

163. $\frac{a^2 - b^4}{a^2 + b^2}$.

164. $\frac{x^2 - 2x + 1}{x^2 + 2x - 3}$.

165. $\frac{4x^3 - 12x^2y + 12xy^2 - 4y^3}{6x^2 - 12xy + 6y^2}$.

166. $\frac{2x^2 - 5x + 3}{2x^3 - 13x^2 + 23x - 12}$.

167. $\frac{2ab + a^2 + b^2 - c^2}{2ac + a^2 + c^2 - b^2}$.

168. $\frac{(a+b)[(a+b)^2 - c^2]}{2a^2b^2 + 2b^2c^2 + 2a^2c^2 - a^4 - b^4 - c^4}$.

169. $\frac{2x^3 - 7x^2 + 2x + 3}{2x^3 - 9x^2 + 10x - 3}$.

Réunir en une seule fraction les expressions suivantes, et simplifier quand il y aura lieu:

170. $\frac{b}{a} + \frac{c}{a} + \frac{d}{c}$.

171. $\frac{b}{a} + \frac{c}{a} + \frac{c}{f}$.

172. $\frac{m}{12ab^2} + \frac{n}{6a^2b} + \frac{p}{9a^2b^2}$.

173. $\frac{a}{a-b} + \frac{b}{c} + \frac{d}{b}$.

174. $3a - \left(\frac{2a-b}{2}\right)$.

175. $5a - 2b - \frac{3a-2b}{4}$.

176. $3a + 4b - \frac{-2a+3b-c}{5}$.

177. $5x - 2y + 2a - \frac{3y + 2y - 2a - c}{3}$.

178. $\frac{a}{a+b} + \frac{b}{a^2 - b^2} - \frac{b}{a-b}$.

179. $\frac{a-b}{a^2 - b^2} + \frac{a+b}{a^2 + 2ab + b^2} + \frac{a}{a+b}$.

180. $\frac{a-b}{a^2 - 2ab + b^2} + \frac{a+b}{a^2 - b^2} + 1$.

181. $r + \frac{2Rr}{R+r} + \frac{Rr - r^2}{R+r}$.

182. $$R^2 - \left[\frac{(R-r)R}{R+r}\right]^2$$

183. $$\frac{12a^2b - ab^2}{a^2 - b^2} + \frac{a^3 + a^2b}{a^2 + 2ab + b^2} - \frac{a^2 - 2ab}{a - b}.$$

184. $$\frac{b^2x^2}{a^2} - b^2a^2(x^2 - a^2).$$

185. $$\frac{a-b}{c-d} \times \frac{c^2 - d^2}{a^2 - b^2} \times (a + b).$$

186. $$\frac{R^2r^2}{(R+r)^3}[4(R^2 + r^2 + Rr) - 3(R^2 + r^2) - 2Rr].$$

187. Démontrer que toute fraction $\frac{a}{b}$ plus petite ou plus grande que l'unité augmente ou diminue quand on ajoute à ses deux termes une même quantité m.

188. Mettre 3 en facteur commun dans $3x - 1$.

189. Mettre x^2 en facteur commun dans le polynôme $x^3 + px + q$.

190. Mettre a en facteur commun dans l'expression $ax^2 + bx + c$.

191. Diviser $\frac{a^2 - 2ab + b^2}{a^2 - b^2}$ par $\frac{(ab - b^2) \times 2d}{a + b}$.

192. Diviser $\frac{6x^2 - 5x - 6}{15x^2 + 10x}$ par $\frac{2x - 3}{6x^2 + 4x}$.

193. Vérifier l'égalité

$$\frac{6x^4 - 5x^3 - 9x^2 + 14x - 5}{2x^2 - 3x + 1} = 3x^2 + 2x - 3 + \frac{3x - 2}{2x^2 - 3x + 1}.$$

Transformer chaque expression suivante en une fraction ordinaire :

194. $$1^\circ\ a - \frac{1}{1 + \frac{1}{a}}\ ; \quad 2^\circ\ a + \frac{1}{\frac{1}{a} + \frac{1}{b}}\ ; \quad 3^\circ\ \frac{\frac{b}{c} + \frac{d}{a}}{1 - \frac{bd}{ca}}$$

195. $$1^\circ\ \frac{1 - \frac{a^3}{b^3}}{\frac{1}{b^2} - \frac{a}{b^3}}\ ; \quad 2^\circ\ \frac{1 - \frac{3b}{a} + \frac{3b}{a^2} - \frac{b^3}{a^3}}{2\left(1 - \frac{2b}{a} + \frac{b^2}{a^2}\right)}.$$

196. Vérifier l'égalité

$$\frac{\frac{1}{a+b} + \frac{1}{a-b}}{2 - \frac{a+b}{a-b}} \times \frac{1 - \frac{2b}{a+b}}{1 + \frac{a-b}{a+b}} = \frac{1}{a+b}.$$

LIVRE II

ÉQUATIONS DU 1er DEGRÉ

CHAPITRE PREMIER

RÉSOLUTION DES ÉQUATIONS DU 1er DEGRÉ

DÉFINITIONS.

112. Égalité. On sait déjà que deux quantités égales séparées par le signe = forment une *égalité*.

Exemple : $A + B = C + D.$

On sait encore que les deux expressions séparées par le signe = sont les deux membres de l'égalité, et que le premier membre est à gauche et le second à droite.

113. Identité. Une *identité* est une égalité évidente.

Exemples : $5 = 5$, $4 + 5 = 5 + 4.$

On nomme encore *identité* une égalité entre deux expressions algébriques, lorsque ces expressions prennent toutes deux même valeur numérique, quelles que soient les valeurs attribuées aux lettres qu'elles contiennent.

Ainsi

$$(a + b)(a - b) = a^2 - b^2$$
$$(a + b)^2 = a^2 + 2ab + b^2$$

sont des identités; car, quelles que soient les valeurs attribuées aux lettres a et b, si l'on effectue dans chaque membre les calculs indiqués, on trouve des résultats égaux; si, par exemple, dans la première on fait $a = 5$ et $b = 3$, on a

$$(5 + 3)(5 - 3) = 5^2 - 3^2$$

ou

$$8 \times 2 = 25 - 9 = 16.$$

Si l'on fait $a = 4$, $b = 1$, on a

$$(4 + 1)(4 - 1) = 4^2 - 1,$$

ou

$$5 \times 3 = 16 - 1 = 15.$$

114. Équation. On appelle *équation* une égalité qui n'a lieu que pour des valeurs *particulières* attribuées à une ou plusieurs lettres. Ces lettres, dont certaines valeurs particulières rendent égaux les deux membres de l'égalité, sont les *inconnues* de l'équation.

Ainsi

$$4x + 6 = 18$$

est une égalité qui n'a pas lieu pour toute valeur de x, mais seulement pour la valeur *particulière* $x = 3$; aussi cette égalité est-elle une équation à une inconnue.

De même l'égalité

$$x^2 + 20 = 9x$$

n'a lieu que pour les deux valeurs particulières $x = 5$ et $x = 4$: c'est encore une équation à une inconnue.

115. Solutions ou racines d'une équation. *Résoudre* une équation, c'est trouver toutes les valeurs qui *satisfont* à l'équation ou encore qui la *vérifient*, c'est-à-dire qui la transforment en une identité. Ces valeurs sont appelées les *solutions* ou les *racines* de l'équation.

Ainsi l'équation

$$4x + 6 = 18$$

n'a qu'une seule solution ou racine, qui est 3.

L'équation $x^2 + 20 = 9x$

a deux solutions ou racines, qui sont 5 et 4.

116. Une équation est *numérique* ou *littérale* : *numérique*, si elle ne contient pas d'autres lettres que les inconnues; *littérale*, si les quantités connues sont représentées par des lettres. Ainsi les équations précédentes sont numériques, et les équations

$$ax + by = c,$$
$$a'x + b'y = c'$$

sont littérales.

117. Degré d'une équation. Quand les deux membres d'une équation sont rationnels et entiers par rapport à chaque inconnue, le *degré de l'équation* est la somme des exposants des inconnues dans le terme où cette somme est la plus grande.

Ainsi les équations

$$2x - 4 = x + 11 \;,\; 2x - 3y + 5 = 4x + y$$

sont l'une et l'autre du premier degré : la première est une équation à une inconnue et la seconde à deux inconnues.

Les équations

$$x^2 + 5x = 14 \;,\; 5x - 4xy = 25$$

sont l'une et l'autre du second degré : la première est une équation à une inconnue, et la seconde à deux inconnues.

118. Équations équivalentes. On dit que deux équations sont équivalentes lorsqu'elles admettent les mêmes solutions, c'est-à-dire lorsque les valeurs des inconnues de la première vérifient la seconde et réciproquement.

THÉORÈMES RELATIFS A LA TRANSFORMATION D'UNE ÉQUATION EN UNE AUTRE ÉQUIVALENTE.

119. Théorème I. *Si aux deux membres d'une équation on ajoute ou on retranche une même quantité, on la transforme en une autre équivalente.*

Soit l'équation

$$A = B. \qquad (1)$$

Si l'on ajoute la même quantité C à chaque membre, il vient

$$A + C = B + C \qquad (2)$$

Or, toute solution de l'équation (1) rend ses deux membres identiques (**113**). Donc, si à chaque membre on ajoute la même quantité C, on obtient encore deux résultats identiques; mais ces résultats sont précisément les membres de l'équation (2). Donc toute solution de l'équation (1) vérifie l'équation (2).

Réciproquement, toute solution de l'équation (2) rend $A + C$ et $B + C$ identiques : donc, si à chaque membre on retranche la même quantité C, les restes sont encore identiques, mais ces restes sont précisément les membres de l'équation (1). Donc toute solution de l'équation (2) vérifie l'équation (1).

Donc enfin les équations (1) et (2) sont équivalentes. C. Q. F. D.

La démonstration eût été la même si, au lieu d'ajouter la quantité C à chaque membre de l'équation (1), nous avions retranché cette quantité.

120. Corollaire I. *On peut faire passer un terme quelconque d'une équation d'un membre dans l'autre, pourvu qu'on change le signe de ce terme.*

En effet, soit l'équation

$$5x + 4 = 28 - 3x.$$

Si l'on retranche 4 aux deux membres, l'équation devient

$$5x = 28 - 3x - 4.$$

Le terme 4 qui avait le signe + dans le premier membre est passé dans le second avec le signe —. De même, si l'on ajoute $3x$ à chaque menbre, l'équation devient

$$5x + 3x = 28 - 4.$$

Le terme $3x$ qui avait le signe — dans le second membre est passé dans le premier avec le signe +.

121. Corollaire II. *On peut changer en même temps les signes de tous les termes d'une équation.*

Cela revient, en effet, à faire passer tous les termes du second membre dans le premier, et réciproquement.

Soit l'équation

$$6x-8=16-2x.$$

Si l'on transpose tous ses termes, on a

$$-16+2x=-6x+8,$$

ou, ce qui est la même chose,

$$-6x+8=-16+2x.$$

On voit que tous les termes ont changé de signe.

122. Théorème II. *Si l'on multiplie ou si l'on divise les deux membres d'une équation par une quantité finie* (*), *on transforme cette équation en une autre équivalente.*

Soit l'équation

$$A=B. \qquad (1)$$

Si l'on multiplie ses deux membres par une même quantité C, ayant une valeur déterminée finie et autre que zéro, il vient

$$A\times C=B\times C. \quad (2)$$

Or, toute solution de l'équation (1) rend ses deux membres identiques; donc, si l'on multiplie chaque membre par la même quantité C, on obtient encore deux résultats identiques, mais ces résultats sont précisément les membres de l'équation (2). Donc toute solution de l'équation (1) vérifie l'équation (2).

Réciproquement, toute solution de l'équation (2) rend $A\times C$ et $B\times C$ identiques : donc, si l'on divise chaque membre par la même quantité C, les deux quotients sont encore identiques; mais ces quotients sont précisément les membres de l'équation (1) : donc toute solution de l'équation (2) vérifie l'équation (1).

Donc enfin les équations (1) et (2) sont équivalentes. C. Q. F. D.

Si l'on prend pour point de départ l'équation (2), on en déduit l'équation (1), en divisant les deux membres par C. Le théorème démontré pour la multiplication est donc vrai aussi pour la division.

123. Corollaire. *On peut chasser les dénominateurs d'une équation, c'est-à-dire les faire disparaître, en multipliant tous les termes de l'équation par le dénominateur commun des fractions.*

En effet, soit l'équation

$$x-\frac{1}{2}=\frac{2x}{3}-\frac{x}{5}+1.$$

Réduisant les fractions au même dénominateur, on a

$$x-\frac{15}{30}=\frac{20x}{30}-\frac{6x}{30}+1.$$

(*) Toute quantité qui n'est ni *nulle* ni *infinie* est dite *finie*.

Multipliant tous les termes par 30, on obtient l'équation

$$30x - 15 = 20x - 6x + 30$$

qui ne contient que des termes entiers, et qui de plus est, d'après le théorème, équivalente à la proposée.

Dans la pratique, on abrége un peu. On se dispense d'écrire le dénominateur commun; on se contente de le chercher, et de multiplier tous les termes de l'équation par ce dénominateur.

Ainsi l'équation

$$x - \frac{1}{2} = \frac{2x}{3} - \frac{x}{5} + 1,$$

dont le dénominateur commun est 30, se remplace immédiatement, avec un peu d'habitude, par cette autre équation

$$30x - 15 = 20x - 6x + 30.$$

124. Remarque. Il importe pour la rigueur de la démonstration que le multiplicateur C (**122**) soit déterminé, qu'il ait une valeur différente de zéro et qui ne soit pas infinie. Pour cela, il faut que ce multiplicateur ne contienne pas l'inconnue.

Soit l'équation

$$2x = 8.$$

Cette équation peut s'écrire (**120**)

$$2x - 8 = 0. \qquad (1)$$

Si l'on multiplie ses deux membres par $x - 3$, on a

$$(2x - 8)(x - 3) = 0; \qquad (2)$$

or, cette équation n'est pas équivalente à l'équation (1).

En effet, le nombre 4 vérifie bien les équations (1) et (2), car on a

$$2 \times 4 - 8 = 0$$

ou

$$0 = 0$$

et

$$(2 \times 4 - 8)(4 - 3) = 0,$$

ou encore

$$0 = 0,$$

puisque le facteur $(2 \times 4 - 8)$, est égal à zéro.

Mais l'équation (2) est vérifiée non-seulement pour $x = 4$, mais encore pour $x = 3$, car elle devient

$$(2 \times 3 - 8)(3 - 3) = 0,$$

ou

$$0 = 0.$$

Or, le nombre 3 ne vérifie pas l'équation (1). Donc les équations (1) et (2) ne sont pas équivalentes.

Il résulte de là que, *si l'on multiplie les deux membres d'une équation par une quantité contenant les inconnues, on peut introduire des solutions étrangères; mais ces solutions sont celles de l'équation qu'on obtient en égalant à zéro le multiplicateur*.

Dans l'exemple précédent, le multiplicateur employé est $x - 3$; si on l'égale à zéro, on obtient l'équation

$$x - 3 = 0:$$

d'où

$$x = 3.$$

Ce nombre 3 est bien la seconde solution qui vérifie l'équation (2).

L'équation (2) est *plus générale* que l'équation (1), car elle a deux racines, tandis que l'équation (1) n'en a qu'une. La racine 3 est une racine *étrangère* introduite par la multiplication.

Lors donc qu'on aura été obligé de multiplier les deux membres d'un équation par une quantité contenant les inconnues, on devra, après avoir résolu l'équation résultante, vérifier les solutions obtenues, et rejeter comme étrangères celles qui annuleraient le multiplicateur employé sans satisfaire à l'équation proposée.

De même, *si l'on divise les deux membres d'une équation par une quantité contenant les inconnues, on peut supprimer des solutions, mais ces solutions sont celles qu'on obtient en égalant à zéro le diviseur.*

Par exemple, si l'on divise les deux membres de l'équation (2) par $x-3$, on obtient l'équation (1) qui n'a plus qu'une solution. La solution supprimée se trouve en égalant le diviseur à zéro. On a donc l'équation

$$x-3=0\,;$$

d'où

$$x=3.$$

Lors donc qu'on aura été obligé de diviser les deux membres d'une équation par une quantité contenant les inconnues, on devra, après avoir résolu l'équation résultante, résoudre encore l'équation obtenue en égalant le diviseur à zéro, et vérifier les solutions de cette dernière équation, afin de savoir s'il n'en est pas qui satisfont à l'équation proposée.

Il résulte encore de ce qui précède que si on élève au carré *les 2 membres d'une équation, on introduit en général des solutions étrangères à l'équation proposée.*

RÉSOLUTION DES ÉQUATIONS DU 1er DEGRÉ A UNE INCONNUE.

125. La méthode qu'on emploie est entièrement basée sur les théorèmes qui précèdent.

Règle. *Pour résoudre une équation du premier degré à une inconnue, 1° on chasse les dénominateurs; 2° on fait passer les termes inconnus dans le premier membre et les termes connus dans le second; on réduit les termes inconnus en un seul, et les termes connus aussi en un seul; 3° enfin on divise les deux membres par le coefficient de l'inconnue.*

Exemple I. Soit l'équation.

$$\frac{7x}{3}+14=x+18. \qquad (1)$$

Chassant le dénominateur 3, il vient

$$7x+42=3x+54. \qquad (2)$$

Faisant passer $3x$ dans le premier membre et 42 dans le second, on a

$$7x-3x=54-42. \qquad (3)$$

Réduisant les termes inconnus en un seul et les termes connus également en un seul, on obtient

$$4x=12. \qquad (4)$$

Enfin, divisant les deux membres par le coefficient de x, on a

$$x=\frac{12}{4},\ \text{ou}\ x=3. \qquad (5)$$

D'après la marche qui a été suivie, les équations (1), (2), (3) et (4) sont toutes équivalentes à l'équation (5).

Or, cette dernière équation est évidemment vérifiée, quand on donne à x la valeur 3; elle n'a d'ailleurs aucune autre solution. Donc l'équation (1) admet la solution 3, et n'en admet pas d'autre.

Pour vérifier la solution, il suffit de remplacer dans l'équation (1) x par 3; les deux membres deviennent égaux à 21.

Exemple II. Soit l'équation

$$\frac{4x}{3}-\frac{x}{2}+15=27-\frac{7x}{6}.$$

Comme il est bon d'abréger les calculs chaque fois que l'occasion s'en présente, avant d'appliquer la règle précédente, on commence par retrancher 15 à chaque membre, ce qui donne la nouvelle équation

$$\frac{4x}{3}-\frac{x}{2}=12-\frac{7x}{6}.$$

Multipliant tous les termes par le dénominateur commun 6, il vient

$$8x-3x=72-7x.$$

Faisant passer $-7x$ dans le 1er membre, on a

$$8x-3x+7x=72,$$

ou

$$12x=72,$$

d'où

$$x=6.$$

Exemple III. Soit l'équation

$$\frac{x+4}{3}-\frac{3x-18}{5}+5,6=5x+4.$$

Si l'on retranche 4 à chaque membre, on a

$$\frac{x+4}{3}-\frac{3x-18}{5}+1,6=3x.$$

Multipliant tous les termes par le dénominateur commun 15, et remarquant que le second terme doit être soustrait, ce qu'on fera en changeant les signes des quantités qui le composent, il vient

$$5x+20-9x+54+24=45x.$$

Faisant passer $45x$ dans le 1er membre et les termes connus dans le second, on obtient

$$5x-9x-45x=-20-54-24.$$

Après réduction faite, on trouve

$$-49x=-98,$$

ou, en changeant les signes (**121**),

$$49x=98,$$

d'où

$$x=2.$$

Exemple IV. Résoudre l'équation littérale

$$ax + bc = d.$$

Transposant le terme $+ bc$, il vient

$$ax = d - bc.$$

Divisant les deux membres par le coefficient de x, on a

$$x = \frac{d - bc}{a}.$$

L'équation proposée est satisfaite par cette valeur ; car, après substitution, on obtient

$$a\frac{(d - bc)}{a} + bc = d,$$

ou

$$d - bc + bc = d,$$

ou enfin

$$d = d.$$

Exemple V. Soit l'équation

$$\frac{x}{a} + \frac{x}{b} = c.$$

Après réduction des fractions au même dénominateur, on a

$$\frac{bx}{ab} + \frac{ax}{ab} = c.$$

Multipliant les deux membres par ab, il vient

$$bx + ax = abc.$$

Si l'on met x en facteur commun, on obtient

$$x(a + b) = abc ;$$

d'où, en divisant les deux membres par $a + b$,

$$x = \frac{abc}{a + b}.$$

ÉQUATIONS DU 1er DEGRÉ A PLUSIEURS INCONNUES.

THÉORÈMES RELATIFS AUX ÉQUATIONS SIMULTANÉES.

126. Systèmes d'équations simultanées. On appelle systèmes *d'équations simultanées* l'ensemble de plusieurs équations qui doivent être satisfaites en attribuant une valeur unique à la même inconnue dans toutes les équations.

127. Systèmes équivalents. On dit que deux systèmes d'équations simultanées sont équivalents, lorsque l'un d'eux admet toutes les solutions de l'autre et réciproquement.

128. Théorème I. *Une équation à deux inconnues admet une infinité de solutions.*

Soit en effet l'équation

$$2x+4y=12.$$

Faisant passer $4y$ dans le second membre et divisant les deux membres par 2, on obtient l'équation équivalente

$$x=\frac{12-4y}{2},$$

qui donne x en *fonction* de y, c'est-à-dire x exprimé au moyen de y.

Or, il est évident que dans cette équation on peut donner à y une valeur quelconque, et qu'à chaque valeur de y l'inconnue x prendra une valeur *correspondante* : l'équation admet donc une infinité de solutions. Si l'on fait, par exemple, $y=\frac{1}{3}$, il vient

$$x=\frac{12-4\times\frac{1}{3}}{2},$$

ou

$$x=\frac{32}{6}=5\frac{1}{3}.$$

Si l'on fait $y=-2$, on trouve

$$x=\frac{12-3\times-2}{2}=\frac{12+6}{2},$$

ou

$$x=9.$$

Ainsi de suite.

Une telle équation est dite *indéterminée* (*).

Remarque. Il est clair que si dans l'équation

$$2x+4y=12$$

les valeurs de x et de y étaient astreintes à être entières et positives, le nombre des solutions serait très-limité. On comprend, en effet, que dans bien peu de cas on doive trouver 12 pour la somme $2x+4y$, x et y devant être entiers et positifs. On voit que dans l'équation

$$x=\frac{12-4y}{2}$$

y peut prendre les seules valeurs 1 et 2, et les valeurs correspondantes de x sont 4 et 2.

Ainsi, pour x et y entiers et positifs, l'équation proposée n'a plus que deux solutions.

Mais une équation telle que

$$ax-by=c$$

admet une infinité de solutions, même pour x et y entiers et positifs. Il est facile de concevoir, en effet, que, dans une infinité de

(*) Voir, à la fin de l'ouvrage, la note sur *l'analyse indéterminée du* 1er *degré*.

cas, la différence de deux nombres $ax - by$ puisse être un nombre c.

129. Théorème II. *Étant donné un système d'équations simultanées, on obtient un système équivalent au premier, si l'on remplace l'une des équations données par une autre formée en combinant par addition ou par soustraction cette équation avec d'autres du premier système.*

Ainsi les deux systèmes

$$(1)\quad \begin{aligned} A &= A' \\ B &= B' \\ C &= C' \end{aligned} \qquad\qquad (2)\quad \begin{aligned} A + B - C &= A' + B' - C' \\ B &= B' \\ C &= C' \end{aligned}$$

sont équivalents.

En effet, toute solution du système (1) rend les membres de chacune des équations identiques : A est identique à A′, B à B′, C à C′ : par suite, les expressions $A + B - C$ et $A' + B' - C'$ sont aussi identiques. Donc toute solution du système (1) satisfait au système (2).

Réciproquement, toute solution du système (2) rend les membres de chacune des équations identiques : $A + B - C$ est identique à $A' + B' - C'$; B à B′, C à C′ : mais si, dans les expressions $A + B - C$ et $A' + B' - C'$, les quantités B et C sont respectivement identiques à B′ et à C′, il en résulte que A est aussi identique à A′ : donc toute solution du système (2) satisfait au système (1). Donc enfin les deux systèmes sont équivalents. C. Q. F. D.

130. Théorème III. *Lorsqu'on résout l'une des équations par rapport à une inconnue, comme si les autres étaient connues, on peut remplacer cette inconnue par sa valeur dans les autres équations, et on forme ainsi un second système équivalent au premier.*

Soit le système :

$$\begin{aligned} 3x + 12y - 6z &= 9, \\ 4x - 32y + 48z &= 84, \\ 2x + y + 3z &= 13. \end{aligned}$$

Si l'on tire de l'une des équations, de la première, par exemple, la valeur de x comme si y et z étaient connus, et qu'on remplace x par cette valeur dans les deux autres équations, on a le système suivant, qui est équivalent au proposé :

$$x = \frac{9 - 12y + 6z}{3},$$

$$4 \times \frac{9 - 12y + 6z}{3} - 32y + 48z = 84,$$

$$2 \times \frac{9 - 12y + 6z}{3} + y + 3z = 13.$$

Au lieu de donner la démonstration du théorème sur ce système particulier, soit, d'une manière plus générale, le système

$$\begin{aligned} x &= \mathrm{A}, \\ \mathrm{B} &= \mathrm{B}', \qquad (1) \\ \mathrm{C} &= \mathrm{C}', \end{aligned}$$

dans lequel A peut renfermer toutes les inconnues à l'exception de x, et où B, B', C, C', contiennent toutes les autres inconnues. Il s'agit de démontrer que ce système équivaut au suivant :

$$\begin{aligned} x &= \mathrm{A}, \\ \mathrm{B}_1 &= \mathrm{B}'_1, \qquad (2) \\ \mathrm{C}_1 &= \mathrm{C}'_1, \end{aligned}$$

système dans lequel B_1, B'_1, C_1, C'_1 sont des expressions obtenues en remplaçant x par A dans B, B', C, C'.

En effet, toute solution du système (1) rend x et A identiques; on peut donc remplacer x par A dans les équations suivantes; mais alors on obtient les équations du système (2) : donc toute solution du système (1) satisfait au système (2).

Réciproquement, toute solution du système (2) rend x et A identiques. On peut donc remplacer A par x dans les équations suivantes; mais alors on revient au système (1) ; donc toute solution du système (2) satisfait au système (1). Donc enfin ces deux systèmes sont équivalents. C. Q. F. D.

ÉLIMINATION.

131. *Éliminer* une inconnue, c'est remplacer un système d'équations par un autre équivalent, et dans lequel cette inconnue ne se trouve plus que dans une seule équation.

Parmi les diverses méthodes d'élimination, l'une des meilleures, et la plus employée, est la méthode de *substitution :* nous allons en faire usage.

RÉSOLUTION DE DEUX ÉQUATIONS DU PREMIER DEGRÉ A DEUX INCONNUES.

132. Règle. *Pour résoudre un système de deux équations du premier degré à deux inconnues, on tire de l'une des équations la valeur d'une inconnue, comme si l'autre était connue, et l'on substitue cette valeur dans la seconde; on obtient ainsi une équation à une inconnue que l'on résout; puis on porte la valeur trouvée dans l'expression de la première inconnue, ce qui en donne la valeur.*

Cette règle est une conséquence du théorème III, n° **130.**

Démonstration. Soient, en effet, les deux équations

$$\left.\begin{aligned} (1) \qquad 2x + 3y &= 9 \\ (2) \qquad 3x + 7y &= 16 \end{aligned}\right\} \quad (a)$$

Si l'on tire de l'équation (1) la valeur de x, comme si y était connu, on obtient l'équation équivalente (**119** et **122**).

$$x = \frac{9-3y}{2},$$

de sorte que le système (a) peut être remplacé par le suivant :

$$\left.\begin{array}{lr} (3) & x = \dfrac{9-3y}{2} \\ (4) & 3x + 7y = 16 \end{array}\right\} (b)$$

Mais on peut (**130**), dans l'équation (4), *substituer* à x sa valeur $\frac{9-3y}{2}$, et on a le système équivalent

$$\left.\begin{array}{lr} (5) & x = \dfrac{9-3y}{2} \\ (6) & 3 \times \dfrac{9-3y}{2} + 7y = 16 \end{array}\right\} (c)$$

L'équation (6) ne renferme plus que l'inconnue y. Résolvant cette équation, on a successivement

$$\frac{27-9y}{2} + 7y = 16,$$
$$27 - 9y + 14y = 32,$$
$$5y = 5,$$
$$y = 1.$$

La valeur de y *substituée* dans l'équation (5) donne

$$x = \frac{9 - 3 \times 1}{2},$$

ou

$$x = 3.$$

Le système (c) équivaut donc au système

$$x = 3 \text{ et } y = 1.$$

Le système proposé qui lui est équivalent admet donc aussi la solution $x = 3$, $y = 1$, et n'en admet aucune autre.

133. Remarque. Dans la pratique, on se dispense d'écrire chaque fois les premières équations. Si nous avons agi autrement pour le système qui vient d'être traité et, si nous le faisons encore plus loin, c'est afin que le lecteur se rende bien compte de l'équivalence des différents systèmes exprimés. On abrége encore les opérations, lorsqu'on dirige convenablement les calculs.

Exemple I. Résoudre les équations

$$(1) \qquad 5x + 4y = 22;$$
$$(2) \qquad 3x + y = 9.$$

L'inconnue y ayant, dans l'équation (2), 1 pour coefficient, on tire y de cette équation ; on a

(3) $$y = 9 - 3x.$$

Cette valeur portée dans (1) donne successivement

$$\begin{aligned} 5x + 4(9 - 3x) &= 22, \\ 5x + 36 - 12x &= 22, \\ -7x &= -14, \\ 7x &= 14, \\ x &= 2. \end{aligned}$$

Substituant cette valeur dans l'expression (3) de y, il vient

$$y = 9 - 3 \times 2,$$

ou

$$y = 3.$$

Les équations proposées admettent donc la solution unique

$$x = 2, \; y = 3.$$

Exemple II. Résoudre les équations

(1) $$7x + 3y = 33;$$

(2) $$7x - 2y = 13.$$

Le coefficient de x étant le même dans les deux équations, on résout la première par rapport à x; on a

(3) $$x = \frac{33 - 3y}{7}.$$

Si, dans (2), on remplace x par $\frac{33 - 3y}{7}$, il vient

$$7 \times \frac{33 - 3y}{7} - 2y = 13.$$

Le dénominateur 7 disparaissant, on a successivement

$$\begin{aligned} 33 - 3y - 2y &= 13, \\ -5y &= -20, \\ 5y &= 20, \\ y &= 4. \end{aligned}$$

Cette valeur portée dans l'équation (3) donne

$$x = \frac{33 - 3 \times 4}{7},$$

ou

$$x = 3.$$

Les équations données admettent donc la seule solution

$$x = 3, \; y = 4.$$

Exemple III. Résoudre les équations

$$\begin{aligned} 6x - 4y &= 10; \\ 18x + 8y &= 70. \end{aligned}$$

Si l'on divise les deux membres de chaque équation par 2, on obtient le système équivalent

(1) $$9x - 2y = 5,$$
(2) $$9x + 4y = 35.$$

Le coefficient de y dans la première de ces équations étant diviseur du coefficient 4 de la même inconnue dans la seconde, on tire y de la première; on a

(3) $$y = \frac{3x - 5}{2},$$

et, en substituant dans l'équation (2), on obtient successivement

$$9x + 4 \times \frac{3x - 5}{2} = 35,$$
$$9x + 2(3x - 5) = 35,$$
$$9x + 6x - 10 = 35,$$
$$15x = 45,$$
$$x = 3.$$

Remplaçant dans l'équation (3) x par sa valeur, on a

$$y = \frac{3 \times 5 - 5}{2},$$

ou

$$y = 2.$$

La solution des équations proposées est

$$x = 3, y = 2.$$

ÉLIMINATION PAR COMPARAISON.

134. Règle. *Pour résoudre un système de deux équations par la méthode de comparaison, on résout chaque équation par rapport à la même inconnue, et on exprime l'égalité de ces deux valeurs obtenues; on a ainsi une équation à une inconnue, on la résout, et le résultat trouvé pour cette inconnue étant porté dans l'une des équations proposées fait connaître la valeur de l'autre inconnue.*

Démonstration. Il est facile de vérifier l'exactitude de cette règle. Soit, en effet, résoudre les deux équations suivantes :

(1) $$5x - 8y = 16;$$
(2) $$3x + 2y = 30.$$

On déduit de la première équation

$$x = \frac{16 + 8y}{5},$$

et de la seconde

$$x = \frac{30 - 2y}{3}.$$

Mais x a la même valeur dans l'une et l'autre équation; ces deux valeurs de x donnent donc l'équation

$$\frac{16 + 8y}{5} = \frac{30 - 2y}{3}$$

qui provient de ce qu'on a *comparé* les 2 valeurs de x. En la résolvant, on a successivement

$$3 \times (16 + 8y) = 5(30 - 2y),$$
$$48 + 24y = 150 - 10y,$$
$$34y = 102,$$
$$y = 3.$$

La valeur de y, portée dans l'équation (1), donne

$$5x - 8 \times 3 = 16,$$

ou

$$x = 8.$$

La solution des équations données est par conséquent

$$x = 8 \quad , \quad y = 3.$$

La méthode d'élimination par comparaison est très-peu usitée.

ÉLIMINATION PAR RÉDUCTION OU PAR ADDITION ET SOUSTRACTION.

135. Règle. *Pour résoudre un système de deux équations par la méthode de réduction, il se présente deux cas : 1° l'inconnue à éliminer a des coefficients égaux dans les deux équations. Dans ce cas, on ajoute ou on retranche ces équations membre à membre, suivant que les termes contenant l'inconnue à éliminer sont de signes contraires ou de mêmes signes; 2° les coefficients de l'inconnue ne sont pas égaux. Dans ce cas, on multiplie tous les termes de la première par le coefficient de cette inconnue dans la seconde, et réciproquement tous les termes de celle-ci par le coefficient de la même inconnue dans la première; puis on opère comme dans le premier cas.*

On trouve fréquemment occasion de modifier la dernière partie de cette règle.

Démonstration. Soit à résoudre les équations

$$x + y = 22;$$
$$x - y = 8,$$

On peut (**119**) les ajouter membre à membre; on a

$$2x = 30,$$

d'où

$$x = 15.$$

On peut de même les retrancher membre à membre, on a alors

$$2y = 22 - 8;$$

d'où

$$y = 7.$$

Soit pour second exemple à résoudre le système

$$7x + 2y = 31;$$
$$5x + 3y = 30.$$

Multipliant, pour éliminer y, tous les termes de la première par 3 et ceux de la seconde par 2, ce qui est permis (**123**), il vient

$$21x + 6y = 93;$$
$$10x + 6y = 60.$$

Retranchant membre à membre, on obtient

$$11x = 33,$$

d'où

$$x = 3.$$

De cette valeur de x, on déduit

$$y = 5.$$

Soit enfin, pour dernier exemple, à résoudre le système

$$3x + 2y = 16;$$
$$7x + 8y = 44.$$

On voit immédiatement que, pour rendre égaux les coefficients de y dans les deux équations, il suffit de multiplier tous les termes de la première par 4, et on a le système équivalent

$$12x + 8y = 64,$$
$$7x + 8y = 44.$$

Retranchant membre à membre, il vient

$$5x = 20,$$
$$x = 4.$$

Cette valeur de x donne

$$y = 2.$$

Ces exemples justifient suffisamment la règle.

Remarque. Cette méthode est d'un fréquent usage; elle permet généralement de résoudre très-promptement un système de deux équations, et n'a pas l'inconvénient, comme les deux méthodes précédentes, d'introduire des dénominateurs qu'on est ensuite obligé de faire disparaître.

RÉSOLUTION D'UN SYSTÈME DE n ÉQUATIONS A n INCONNUES.

136. Règle générale. *Pour résoudre, par la méthode de substitution, un système de* n *équations à* n *inconnues, on tire de l'une des équations la valeur d'une inconnue* x, *en fonction de toutes les autres, et l'on substitue cette valeur de* x *dans les* n — 1 *autres équations. On a ainsi un système équivalent au proposé et renfermant :* 1° *une équation à* n *inconnues;* 2° n — 1 *équations à* n — 1 *inconnues. De l'une de ces* n — 1 *équations, on tire la valeur d'une seconde inconnue* y, *en fonction des autres, et l'on substitue cette valeur de* y *dans les* n — 2 *autres équations. On a un troisième système équivalent au premier et renfermant :* 1° *une équation à* n *inconnues;* 2° *une équation à* n — 1 *inconnues;* 3° n — 2 *équations à* n — 2 *inconnues.*

On continue ainsi jusqu'à ce que l'on parvienne à ne plus avoir qu'une équation à une inconnue. Le système donné se trouve alors remplacé par un autre dont la première équation contient toutes les inconnues; la seconde, toutes les inconnues à l'exception de x; *la troisième, toutes les inconnues à l'exception de* x *et de* y.....; *l'avant-dernière n'en contient plus que deux, et la dernière une. En résolvant cette dernière équation, on a la valeur de la dernière inconnue. En portant cette valeur dans l'avant-dernière équation, on obtient l'avant-dernière inconnue, et en remontant ainsi de proche en proche, on parvient à déterminer les valeurs de toutes les inconnues, jusqu'à la première,* x.

Démonstration. Deux exemples suffiront pour justifier complétement cette règle.

Exemple I. Résoudre le système

$$\left.\begin{aligned} 4x - 2y + 5z &= 9 \\ 3x + 4y - 2z &= 5 \\ 5x - 3y + 5z &= 14 \end{aligned}\right\} (1)$$

De la première équation, on tire la valeur de x en fonction de y et de z; on a alors l'équation équivalente

$$x = \frac{9 + 2y - 3z}{4}.$$

Si donc on substitue cette valeur de x dans les deux autres, le système proposé peut être remplacé par cet autre équivalent :

$$\left.\begin{aligned} x &= \frac{9+2y-3z}{4} \\ 3 \times \frac{9+2y-3z}{4} + 4y - 2z &= 5 \\ 5 \times \frac{9+2y-3z}{4} - 3y + 5z &= 14 \end{aligned}\right\} (2)$$

On voit que la première équation du système (2) renferme les trois inconnues x, y, z et que les deux dernières ne renferment plus que les inconnues y et z. Si l'on y chasse les dénominateurs et qu'on fasse la réduction, il vient

$$x = \frac{9+2y-3z}{4},$$
$$22y - 17z = -7,$$
$$-2y + 5z = 11.$$

Tirant y de la seconde équation en fonction de z, on

$$y = \frac{-7+17z}{22}.$$

Substituant dans la dernière, on obtient cet autre système équivalent :

$$\left.\begin{aligned} x &= \frac{9+2y-3z}{4} \\ y &= \frac{-7+17z}{22} \\ -2 \times \frac{-7+17z}{22} + 5z &= 11 \end{aligned}\right\} (3)$$

La dernière équation ne renfermant plus que l'inconnue z, on la ésout. Il vient successivement

$$\frac{14-34z}{22} + 5z = 11,$$
$$14 - 34z + 110z = 242,$$
$$76z = 228,$$
$$z = 3;$$

et, en remontant à la seconde équation, puis à la première, on a

$$y = \frac{-7 + 17 \times 3}{22} = 2,$$
$$x = \frac{9 + 2 \times 2 - 3 \times 3}{4} = 1.$$

Le système proposé est donc équivalent, en dernier lieu, au système

$$x=1,$$
$$y=2,$$
$$z=3.$$

lequel n'admet que la seule solution $x=1$, $y=2$, $z=3$.

Il en est par conséquent de même du système proposé.

Exemple II. Résoudre le système

$$\left.\begin{array}{l} 2x+3y+5z-4t=2 \\ 3x-6y+2z+5t=10 \\ 5x+2y-8z+2t=16 \\ 4x+3y+3z-3t=8 \end{array}\right\} (1)$$

La valeur de x tirée de la première équation, et substituée dans les trois autres, transforme le système proposé en ce système équivalent :

$$\left.\begin{array}{l} x=\dfrac{2-3y-5z+4t}{2} \\ 3\times\dfrac{2-3y-5z+4t}{2}-6y+2z+5t=10 \\ 5\times\dfrac{2-3y-5z+4t}{2}+2y-8z+2t=16 \\ 4\times\dfrac{2-3y-5z+4t}{2}+3y+3z-3t=8 \end{array}\right\} (2)$$

Chassant les dénominateurs, et faisant les réductions, il vient

$$x=\frac{2-3y-5z+4t}{2},$$
$$-21y-11z+22t=14,$$
$$-11y-41z+24t=22,$$
$$-6y-14z+10t=8.$$

Pour plus de facilité, on change les signes des trois dernières équations, et, pour abréger les calculs, on divise tous les termes de la dernière équation par 2 ; on a alors

$$x=\frac{2-3y-5z+4t}{2},$$
$$21y+11z-22t=-14,$$
$$11y+41z-24t=-22,$$
$$3y+7z-5t=-4.$$

Si, de la seconde équation, on tire la valeur de y et qu'on la substitue dans les deux dernières, on obtient

$$\left.\begin{aligned} x&=\frac{2-3y-5z+4t}{2}\\ y&=\frac{-14-11z+22t}{21}\\ 11\times\frac{-14-11z+22t}{21}&+41z-24t=-22\\ 3\times\frac{-14-11z+22t}{21}&+\ 7z-\ 5t=-\ 4 \end{aligned}\right\}(3)$$

Après avoir chassé les dénominateurs, réduit et simplifié, on a

$$\begin{aligned} x&=\frac{2-3y-5z+4t}{2},\\ y&=\frac{-14-11z+22t}{21},\\ 740z&-262t=-308,\\ 38z&-\ 13t=-\ 14. \end{aligned}$$

La valeur de z tirée de la troisième équation et portée dans la quatrième donne le système équivalent

$$\begin{aligned} x&=\frac{2-3y-5z+4t}{2},\\ y&=\frac{-14-11z+22t}{21},\\ z&=\frac{-308+262t}{740},\\ 38\times\frac{-308+262t}{740}&-13t=-14. \end{aligned}$$

Cette dernière équation, qui ne contient plus que l'inconnue t, donne en la résolvant

$$t=4;$$

et, en remontant à la troisième équation, puis à la deuxième, et enfin à la première, on trouve

$$\begin{aligned} z&=\frac{-308+262\times4}{740}=1,\\ y&=\frac{-14-11\times1+22\times4}{21}=3,\\ x&=\frac{2-3\times3-5\times1+4\times4}{2}=2. \end{aligned}$$

Le système ci-dessous

$$x=2,$$
$$y=3,$$
$$z=1,$$
$$t=4,$$

qui est équivalent au système (1), n'admet que la seule solution $x=2, y=3, z=1, t=4$, il en est donc de même du système (1).

SYSTÈMES PARTICULIERS. — SIMPLIFICATION DANS LES CALCULS D'ÉLIMINATION.

137. Système où chaque équation ne contient pas toutes les inconnues. Assez souvent, on a à résoudre des systèmes où chaque équation ne contient pas toutes les inconnues. Cette circonstance permet d'abréger les calculs d'élimination; car on peut considérer comme éliminée d'une équation toute inconnue que cette équation ne contient pas. Pour avoir moins de substitutions à faire, on commence par éliminer l'inconnue qui entre dans le plus petit nombre d'équations.

Soit à résoudre le système

$$x+y+z-t=2, \qquad (1)$$
$$x+y+2t=16, \qquad (2)$$
$$2x+y=8, \qquad (3)$$
$$5x+v=13, \qquad (4)$$
$$3y+2v=18. \qquad (5)$$

On voit que v n'entre que dans (4) et (5). L'équation (4) donne

$$v=13-5x.$$

Substituant cette valeur dans (5), cette équation devient

$$3y+2(13-5x)=18,$$

ou

$$3y-10x=-8,$$

ou encore

$$10x-3y=8.$$

Rapprochant cette équation de l'équation (3), on a

$$2x+y=8,$$
$$10x-3y=8.$$

On déduit de ces équations

$$x=2 \text{ et } y=4.$$

La valeur de y portée dans (5) fait connaître que

$$v=3.$$

Les valeurs de x et de y substituées dans (2) donnent

$$t=5.$$

Enfin les valeurs de x, de y et de t, dans l'équation (1), donnent

$$z=1.$$

138. Systèmes où les équations ont une certaine symétrie. On rencontre bien souvent des systèmes où la symétrie des équations permet de les résoudre très-promptement. Il est impossible de donner à cet égard une règle générale, car, dans chacun des cas, la marche à suivre est suggérée par la forme des équations.

Exemple I. Résoudre les équations

$$\frac{x}{a}=\frac{y}{b}.$$
$$x+y=c.$$

La première équation donne (**109**)

$$\frac{x}{a}=\frac{y}{b}=\frac{x+y}{a+b}.$$

Si l'on remplace $x+y$ par sa valeur c, il vient

$$\frac{x}{a}=\frac{y}{b}=\frac{c}{a+b},$$

d'où l'on déduit

$$x=\frac{ac}{a+b}$$

et $$y=\frac{bc}{a+b}.$$

Exemple II. Résoudre le système

$$y+z+t=a,$$
$$z+t+x=b,$$
$$t+x+y=c,$$
$$x+y+z=d.$$

Ajoutant ces équations, on a

$$3x+3y+3z+3t=a+b+c+d:$$

d'où, en divisant les 2 membres par 3,

$$x+y+z+t=\frac{a+b+c+d}{3}.$$

Si de cette dernière équation on retranche successivement chacune des proposées, on obtiendra immédiatement les inconnues

$$x=\frac{a+b+c+d}{3}-a=\frac{b+c+d-2a}{3},$$
$$y=\frac{a+b+c+d}{3}-b=\frac{a+c+d-2b}{3},$$
$$z=\frac{a+b+c+d}{3}-c=\frac{a+b+d-2c}{3},$$
$$t=\frac{a+b+c+d}{3}-d=\frac{a+b+c-2d}{3}.$$

Exemple III. Résoudre le système

$$\frac{1}{y}+\frac{1}{z}=a,$$
$$\frac{1}{z}+\frac{1}{x}=b,$$
$$\frac{1}{x}+\frac{1}{y}=c.$$

Ajoutant ces équations, on a

$$\frac{2}{x}+\frac{2}{y}+\frac{2}{z}=a+b+c,$$

d'où, en divisant les deux membres par 2,

$$\frac{1}{x}+\frac{1}{y}+\frac{1}{z}=\frac{a+b+c}{2},$$

Si de cette dernière équation on retranche successivement chacune des proposées, il vient

$$\frac{1}{x}=\frac{a+b+c}{2}-a=\frac{b+c-a}{2} \quad : \text{ d'où } \quad x=\frac{2}{b+c-a}$$

$$\frac{1}{y}=\frac{a+b+c}{2}-b=\frac{a+c-b}{2} \quad : \text{ d'où } \quad y=\frac{2}{a+c-b},$$

$$\frac{1}{z}=\frac{a+b+c}{2}-c=\frac{a+b-c}{2} \quad : \text{ d'où } \quad z=\frac{2}{a+b-c}.$$

SYSTEMES OU LE NOMBRE DES ÉQUATIONS EST DIFFÉRENT DE CELUI DES INCONNUES : DEUX CAS PEUVENT SE PRÉSENTER.

139. 1er Cas. Il y a plus d'inconnues que d'équations. Dans ce cas, le système est généralement *indéterminé*, c'est-à-dire qu'il admet une infinité de solutions (**128**).

En effet, soit, par exemple, un système de trois équations renfermant 5 inconnues x, y, z, t, u. Si l'on résout le système par rapport à 3 d'entre elles, x, y et z, comme si les 2 autres t et u étaient connues, il est clair que les formules qui expriment les valeurs de x, de y et de z, contiendront t et u; on pourra, par conséquent, donner à ces lettres telles valeurs qu'on voudra; il en résultera pour x, y et z des valeurs correspondantes; par suite, il y aura une infinité de solutions.

Ainsi, soit le système

$$2x-4y+3z+5t=18,$$
$$3x+4y-4z-2t=1x,$$

qui renferme quatre inconnues et seulement deux équations.

En faisant passer dans le second membre les termes en z et en t, on trouve

$$2x-4y=18-3z-5t,$$
$$3x+4y=\ 1+4z+2t.$$

Ces équations résolues par rapport à x et à y donnent

$$x=\frac{19+z-3t}{5},$$

$$y=\frac{17z+19t-52}{20}.$$

Si l'on donne *arbitrairement* à z et à t les valeurs respectives 2 et 1, on a

$$x=\frac{19+2-3}{5}=\frac{18}{5},$$

$$y=\frac{17\times 2+19-52}{20}=\frac{1}{20}.$$

On peut donner à z et à t telles valeurs qu'on voudra, il en résultera pour x et y des valeurs correspondantes.

Le système proposé admet donc une infinité de solutions.

140. 2e Cas. Il y a plus d'équations que d'inconnues. Dans ce cas, le système est généralement impossible, c'est-à-dire qu'il n'admet pas de valeurs qui puissent vérifier simultanément toutes les équations.

En effet, soit, par exemple, un système de cinq équations renfermant trois inconnues seulement. Les trois premières équations suffisent pour déterminer les trois inconnues x, y et z. Or, si les valeurs trouvées vérifient aussi les deux équations restantes, c'est qu'elles sont identiques aux premières; elles étaient donc inutiles; si, au contraire, les valeurs trouvées ne les vérifient pas, c'est qu'elles sont *incompatibles* avec les premières, et le système est impossible.

Ces équations en excès sont des *équations de condition* : pour la possibilité du système, la *condition* est, en effet, que ces équations soient satisfaites par les valeurs trouvées pour les autres.

Soit le système

$$2x + 3y = 19,$$
$$3x - y = 1,$$
$$6x - 2y = 5,$$

contenant trois équations et deux inconnues. Les deux premières équations donnent

$$x = 2 \text{ et } y = 5.$$

Si l'on substitue ces valeurs dans la 3e, on trouve l'impossibilité

$$6 \times 2 - 2 \times 5 = 5,$$

ou

$$2 = 5.$$

CAS D'IMPOSSIBILITÉ ET D'INDÉTERMINATION DE CERTAINS SYSTÈMES.

141. Cas d'impossibilité. Bien que le nombre des inconnues soit égal au nombre des équations, on arrive quelquefois, en résolvant le système, à des résultats *contradictoires*.

Exemple. Soient les équations

$$12x + 20y = 77$$
$$15x + 25y = 95.$$

Si l'on veut éliminer x par la méthode d'addition et de soustraction, on multipliera la première équation par 5, et la seconde par 4, ce qui donnera

$$60x + 100y = 385,$$
$$60x + 100y = 380.$$

Ces équations sont évidemment incompatibles; car, en les retranchant l'une de l'autre, on arrive au résultat absurde

$$0 = 5.$$

Le système proposé est par conséquent impossible, et l'impossibilité devient évidente par cette particularité, que l'élimination d'une inconnue fait disparaître l'autre, et qu'il ne reste plus qu'une égalité entre deux nombres inégaux.

142. Cas d'indétermination. On est conduit quelquefois, en résolvant des équations, à des égalités qui subsistent quelles que soient les valeurs attribuées aux inconnues.

Exemple. Soient les équations

$$9x - 6y = 15$$
$$15x - 10y = 25.$$

Si l'on veut éliminer y, en multipliant la première équation par 5 et la seconde par 3, on trouvera les 2 équations identiques

$$45x - 30y = 75,$$
$$45x - 30y = 75.$$

Les équations données rentrent donc l'une dans l'autre, et en réalité on n'a qu'une seule équation; par conséquent le nombre des solutions est infini. L'indétermination du système proposé devient évidente par cette particularité, que l'élimination d'une inconnue fait disparaître l'autre, et qu'il ne reste plus que l'identité

$$0 = 0.$$

EXERCICES

SUR LA RÉSOLUTION DES ÉQUATIONS DU 1er DEGRÉ.

ÉQUATIONS A UNE INCONNUE.

Résoudre les équations suivantes :

197. $5x - 18 = 54.$

198. $4x - 5 = 45 - 6x.$

199. $12x - 26 = \frac{5x - 6}{3} + 7.$

200. $\frac{6x - 3}{7} + 4 = 2x - \frac{x}{4}.$

201. $\frac{2x}{3} - \frac{x}{2} + \frac{4x}{5} = 29.$

202. $\frac{5x}{3} + \frac{3x}{4} - 36,25 = 0.$

203. $\frac{2x - 3}{4x - 5} = \frac{3}{7}.$

204. $\frac{7x - \frac{1}{3}}{9x - \frac{3}{4}} = \frac{8}{5}.$

205. $\frac{2(3x - 2)}{3(2x - 3)} = \frac{14}{9}.$

206. $\frac{5x(x - 3)}{4(2x - 1)} + \frac{3}{14} = \frac{11}{28}.$

207. $\frac{5x + 3}{19} + \frac{41 - 3x}{5} = \frac{5x - 11}{4}.$

208. $\frac{15}{2x - 3} = \frac{39}{5x - 7}.$

209. $\frac{x - 5}{3} = 4\left(\frac{x}{5} - 2\right) - 3.$

210. $x + 4 - \frac{9x - 54}{5} + 4,8 = 9x.$

211. $\frac{3000 + x}{7} = 1000 + \frac{x - 1000}{7} - \frac{3000 + x}{49}.$

212. $(x - 1)^2 + x^2 = (x + 1)^2.$

213. $ax - b = c.$

214. $ax - bx = a^2 - b^2.$

215. $\frac{x}{a} + \frac{x}{b} = 1.$

216. $\frac{x}{a} + \frac{x}{b} - \frac{x}{c} = 1.$

217. $\frac{ax - b}{c} = bx.$

218. $\frac{ax - bx}{a + b} = a - b.$

219. $\frac{a + b}{x} = \frac{1}{a^2 - ab + b^2}.$

223. $(x + a)(x + b) - b(a + b) = x^2 + \frac{2bc}{a}.$

224. $\frac{an + x - a}{n} = 2a + \frac{x - 2a}{n} - \frac{an + x - a}{n^2}.$

ÉQUATIONS A DEUX INCONNUES.

225. $x + y = 7.$
$x - y = 1.$

226. $2x + y = 7.$
$5x - 3y = 12.$

227. $y = 2x.$
$x + y = 3.$

228. $3x + 2y = 14.$
$5x - 8y = 12.$

229. $3x - 7y = 6.$
$5x + 2y = 51.$

230. $\frac{x}{y} = 2.$
$x + 2y = 12.$

231. $4x - \frac{2}{3}y = 8.$
$5x + 2y = 27.$

232. $\frac{3}{4}x - \frac{2}{5}y = 1.$
$2y + 3x = 22.$

233. $2x - \frac{7}{3}y = -29.$
$\frac{1}{3}x + \frac{1}{4}y = 4{,}75.$

234. $\frac{x}{2} - \frac{y}{5} = 2.$
$\frac{3x}{4} - \frac{2y}{5} = 2.$

235. $0{,}5x + 0{,}1y = 1{,}9.$
$\frac{2x}{3} - \frac{3}{4}y = -1.$

236. $\frac{3x + 5y}{2} - \frac{2x - y}{3} = \frac{71}{6}.$
$\frac{3(x - y)}{3} + \frac{2x + 3y}{5} = \frac{22}{6}.$

237. $5x - 4y = 0.$
$\frac{2x}{5} + \frac{y}{2} = 4{,}1.$

238. $\frac{5}{x} - \frac{4}{y} = \frac{13}{15}.$
$\frac{8}{x} + \frac{5}{y} = \frac{11}{3}.$

239. $\dfrac{\frac{x}{3} + \frac{y}{2}}{x - y} = 2.$
$\dfrac{x + y}{\frac{x}{2} - \frac{2y}{5}} = 7 + \frac{1}{7}.$

240. $\frac{3x}{100} + \frac{5y}{100} = 1262{,}45.$
$\frac{x}{y} = \frac{5}{4}.$

241. $x - y = 6.$
$x^2 - y^2 = 480.$

242. $\dfrac{\frac{x}{2} - \frac{y}{3}}{\frac{3x}{4} - \frac{7y}{8}} = \frac{8}{3}.$
$0{,}2x - 0{,}3y = 0{,}2.$

243. $\frac{x + y}{x - y} \times \frac{1}{x + y} - 2 = 10.$
$\frac{x}{y} = \frac{9}{8}.$

244. $\frac{5x - 2}{4x - 3y} = \frac{1}{2}.$
$\frac{3x + 5}{y - 1} = \frac{2}{3}.$

245. $3x + 2y + 6\,\frac{3x + y - 11}{2} = 30.$
$4x - 5y - 4\,\frac{3x + y - 11}{2} = -7.$

246. $2x + y = a.$
$\frac{x}{y} = b.$

247. $x + ay = b.$
$x - by = c.$

248. $b = \frac{x}{y - h}.$
$ay = d + x.$

249. $\frac{x}{b} = \frac{a - y}{a}.$
$\frac{x}{y} = \frac{m}{n}.$

250. $x + y = a.$
$\dfrac{1}{\frac{x}{a} + \frac{y}{b}} = c.$

ÉQUATIONS A PLUS DE DEUX INCONNUES.

254. $x + 4y - 2z = 3.$
$x - 8y + 12z = 21.$
$2x + y + 3z = 13.$

255. $2x + 5y + 3z = 17.$
$3x + 2y - z = 12.$
$5x + 3y - 2z = 18.$

256. $5x + 3y - 2z = 25.$
$3x - y + 4z = 55.$
$2x + 7y + 5z = 73.$

257. $5x - 3y + 2z = 19.$
$4x + 5y - 3z = 31.$
$3x + 7y - 4z = 31.$

258. $2x - 3y - z = 1.$
$3x + 2y - 2z = 13.$
$5x - 4y - 2z = 11.$

259. $23x - 35y + 52z = 118.$
$24x + 75y - 42z = 53.$
$-51x + 67y + 32z = 183.$

260. $x + y + 3z + v = 14.$
$4x + 2y + z + v = 25.$
$2x + y + 3z - v = 16.$
$5x - 4y - z + v = 7.$

261. $x + y - z + 2v = 8.$
$x - y + 2z + v = 9.$
$-x + 2y + z - v = 2.$
$2x + y + z + v = 1.$

262. $x + y + 2v + 3z = 18.$
$x + 2y + v + z = 17.$
$y + 3v - 4z = 9.$
$v - z = 2.$

263. $3z + 2u - 5y = 18.$
$3x + y - 4u = 9.$
$x + 7y - 6u = 33.$
$5z - 2x - 8y + 2u = 15.$

264. $x + y = 8.$
$y + v = 7.$
$v - 2t = 2.$
$t + z = 3.$
$z + u = 9.$
$u - x = 2.$

265. $x + y = 8.$
$x + v = 11.$
$x + t = 6.$
$x + u = 12.$
$u + z = 9.$
$v - 2t = 4.$

266. $\frac{2x}{3} + \frac{5y}{2} + 2z = 15.$
$x - 3y + z = 1.$
$\frac{5(3x - y)}{2} + 2{,}5 - 4z = 4.$

267. $\frac{x}{3} + \frac{y}{5} + \frac{2z}{7} = 58.$
$\frac{5x}{4} + \frac{y}{6} + \frac{z}{3} = 76.$
$\frac{x}{2} - \frac{y}{5} + \frac{7z}{40} = \frac{147}{5}.$

268. $\frac{1}{x} + \frac{3}{y} + \frac{2}{z} = 2.$
$\frac{4}{x} - \frac{6}{y} + \frac{8}{z} = 2.$
$\frac{5}{z} - \frac{3}{y} + \frac{2}{z} = 2.$

269. $\frac{2x - y}{2} + 12 = \frac{3(2t - z)}{5} + 10{,}8.$
$\frac{7x - 3z}{2} + y - \frac{t}{3} = 0{,}5.$
$x + y - \frac{2t}{3} + z = 2.$
$\frac{z}{2} + y + x - t = 0.$

270. $x + y = d.$
$ax = y.$
$bx = z.$

271. $x + 3(y + z + t) = 26.$
$2y + 3(x + z + t) = 29.$
$z + 3(x + y + t) = 24.$
$t + 3(x + y + z) = 22.$

CAS D'IMPOSSIBILITÉ OU D'INDÉTERMINATION DES ÉQUATIONS DU 1er DEGRÉ.

283. $3x - \frac{13}{7} = \frac{63x+3}{21} - 2.$ **284.** $\frac{x}{3} + 2 + \frac{5x}{12} = \frac{3x-7}{4}.$

285. $\frac{3(x+1)}{2} + \frac{5-x}{2} - 5 = x + 1.$

286. $3(2x+1) - \frac{2(5x+3)}{3} + \frac{4(x+1)}{3} = 4x + \frac{7}{3}.$

287. $\frac{5x-3}{2} - \frac{4}{5} + \frac{2x}{3} = \frac{19x-8}{6} - \frac{1}{2}.$

288. $\frac{21x}{5} + 6y = 141 - 3x + y.$

$\frac{87x}{5} - \frac{2y}{5} = 159 + \frac{3x}{5} - \frac{37y}{5}.$

289. $\frac{x}{6} = \frac{y}{9} + \frac{5}{3}.$

$\frac{x}{16} = \frac{y}{24} + \frac{5}{8}.$

CHAPITRE II

DISCUSSION DES FORMULES GÉNÉRALES POUR LA RÉSOLUTION DES ÉQUATIONS DU 1er DEGRÉ A UNE ET DEUX INCONNUES.

ÉQUATIONS DU PREMIER DEGRÉ A UNE INCONNUE.

143. Formule générale. Une équation du premier degré à une seule inconnue peut toujours se ramener à la forme

$$ax = b; \quad (1)$$

car, quelle que soit l'équation proposée, on peut : 1° chasser les dénominateurs; 2° faire passer tous les termes inconnus dans le premier membre et tous les termes connus dans le second; 3° mettre x en facteur commun. Les quantités a et b, représentant des monômes ou des polynômes, sont alors des quantités *connues*.

144. Discussion de la formule. 1° a *et* b *différents de zéro. Une solution.* On peut, dans ce cas, diviser les deux membres de l'équation (1) par a (**122**), et il vient

$$x = \frac{b}{a}. \quad (2)$$

L'équation (2) est équivalente à l'équation (1). Or l'équation (2) ne peut être vérifiée qu'en remplaçant x par $\frac{b}{a}$. Il en est donc de même de l'équation (1) : d'où il résulte que toute équation du premier degré à une inconnue admet en général *une solution* et n'en admet *qu'une*.

2° $a = 0$ *et* b *différent de zéro. Symbole d'impossibilité.* Si a est nul, la division de b par a ne peut plus se faire, et la formule (2) qui devient

$$x = \frac{b}{0}$$

n'a plus de sens. Il est cependant possible d'interpréter ce résultat; car si, dans l'équation (1), on fait a égal à zéro, il vient

$$0 \times x = b.$$

Or, b étant *différent de zéro*, cette équation est *impossible*, puisqu'un nombre quelconque multiplié par zéro donne zéro pour produit. Quelle que soit la valeur donnée à x, jamais le premier membre ne sera donc égal au second. L'expression $\frac{b}{0}$ peut donc être considérée comme le *symbole de l'impossibilité*.

Le symbole précédent est souvent désigné sous le nom de *symbole de l'infini*, et en voici le motif :

On sait que, si un dividende est *constant*, plus le diviseur devient petit et plus le quotient devient grand. Si donc le diviseur est infiniment petit, le quotient sera infiniment grand.

Ainsi, par exemple,

$$\frac{150}{1} = 150\,; \quad \frac{150}{0,1} = 1500\,; \quad \frac{150}{0,01} = 15000\,; \quad \frac{150}{0,001} = 150000, \text{ etc.}$$

Or, quelque petit que soit un nombre positif, il est toujours plus grand que zéro : donc $\frac{150}{0}$ donne l'infini pour quotient, ce qu'on exprime en écrivant

$$\frac{150}{0} = \infty.$$

L'expression $\frac{b}{0}$, ou toute autre semblable, prend plus généralement la forme $\frac{m}{0}$. Ainsi $\frac{m}{0}$ est le *symbole de l'impossibilité, de l'infini.*

3° $a = 0$ *et* $b = 0$. *Symbole d'indétermination.* Si b est nul en même temps que a, la formule (2) prend la forme

$$x = \frac{0}{0}.$$

Si nous portons nos hypothèses dans l'équation (1), elle devient

$$0 \times x = 0.$$

Or cette équation est évidemment satisfaite pour *toute* valeur de x. L'expression $\frac{0}{0}$ peut donc être considérée comme *le symbole de l'indétermination.*

TABLEAU RÉSUMANT LA DISCUSSION.

$$a \gtrless 0 : \textit{une solution} \dots\dots\dots x = \frac{b}{a}.$$

$$a = 0 \begin{cases} b \gtrless 0 : \textit{impossibilité} \dots\dots\dots x = \frac{b}{0}. \\ b = 0 : \textit{indétermination} \dots\dots x = \frac{0}{0}. \end{cases}$$

145. Remarque I. Si l'on représente par a et b des nombres quelconques on a l'identité

$$\frac{1}{a} : \frac{1}{b} = \frac{b}{a}.$$

Or, pour $a = 0$, $b = 0$, cette identité devient

$$\frac{1}{0} : \frac{1}{0} = \frac{0}{0}$$

ou

$$\frac{\infty}{\infty} = \frac{0}{0}$$

On doit donc considérer le symbole $\frac{\infty}{\infty}$ comme étant aussi un symbole d'indétermination.

146. Remarque II. Une expression algébrique prend quelquefois la forme $\frac{0}{0}$, pour une certaine hypothèse faite sur les lettres, sans être pour cela indéterminée. Ce cas se présente chaque fois que les deux termes de l'expression ont un facteur commun, et que ce facteur devient nul pour l'hypothèse qui a été faite. L'indétermination n'est alors qu'*apparente*. Pour trouver la vraie valeur que prend l'expression dans l'hypothèse, on commence par supprimer le facteur commun, puis on introduit l'hypothèse.

Soit, par exemple, l'expression

$$\frac{(a^2 - b^2)\,c}{a - b}.$$

Si l'on y fait $a = b$, elle prend la forme $\frac{0}{0}$.

Mais

$$a^2 - b^2 = (a + b)(a - b);$$

de sorte que le facteur $a - b$ est commun aux deux termes de l'expression proposée. Si donc, avant de faire $a = b$, on supprime le facteur commun $a - b$, qui devient nul pour $a = b$, on trouve pour l'expression

$$(a + b)\,c,$$

et si l'on fait alors $a = b$, elle prend la valeur

$$2ac.$$

Soit encore l'expression

$$\frac{a^2 - 2a - 15}{a^2 - 4a - 5}.$$

Si l'on y fait $a = 5$, elle devient $\frac{0}{0}$. Mais chaque terme s'annulant pour $a = 5$ est divisible par $a - 5$ (**92**). Si donc, avant de faire $a = 5$, on supprime le facteur commun $a - 5$ qui devient nul pour $a = 5$, on a pour l'expression

$$\frac{a+3}{a+1}$$

et si l'on fait alors $a = 5$, elle prend la valeur déterminée

$$\frac{8}{6} \text{ ou } \frac{4}{3}.$$

147. Remarque III. Par suite de certaines hypothèses, une expression algébrique peut prendre aussi la forme $\frac{\infty}{\infty}$, sans qu'il y ait pour cela indétermination.

Soit, par exemple, à trouver la limite vers laquelle tend l'expression

$$\frac{5a^2 + 3a - 4}{2a^2 + 7a + 1},$$

lorsque a tend vers l'infini. Si l'on conserve l'expression sous sa forme actuelle, elle prend, d'après l'hypothèse, la valeur indéterminée $\frac{\infty}{\infty}$. Mais si, avant d'introduire l'hypothèse dans l'expression, on commence par diviser ses 2 termes par a^2, on trouve

$$\frac{5 + \frac{3}{a} - \frac{4}{a^2}}{2 + \frac{7}{a} + \frac{1}{a^2}}$$

et l'on voit alors que, si a tend vers l'infini, les fractions $\frac{3}{a}$, $\frac{4}{a^2}$, $\frac{7}{a}$, $\frac{1}{a^2}$ tendent vers zéro, et, par conséquent, la limite vers laquelle tend l'expression proposée est $\frac{5}{2}$.

SYSTÈME DE DEUX ÉQUATIONS DU PREMIER DEGRÉ A DEUX INCONNUES.

148. Formules générales. Un système de deux équations du premier degré à deux inconnues peut toujours être mis sous la forme

$$\text{(A)} \quad \begin{cases} ax + by = c. & (1) \\ a'x + b'y = c'. & (2) \end{cases}$$

Car, quelles que soient les équations proposées, on peut toujours : 1° chasser les dénominateurs ; 2° faire passer tous les termes inconnus dans le premier membre et tous les termes connus dans le second ; 3° enfin mettre x en facteur commun dans les termes en x, et y en facteur commun dans les termes en y.

Les quantités a, b, c, a', b', c' représentent des quantités connues positives ou négatives.

Employons, pour résoudre ce système, la méthode de réduction.

Pour éliminer y, multiplions la première équation par b' et la seconde par b, puis retranchons le second résultat du premier, nous aurons

$$(ab' - ba')x = cb' - bc';$$

d'où

$$x = \frac{cb' - bc'}{ab' - ba'}.$$

Pour éliminer x, multiplions la première par a' et la seconde par a, puis retranchons, au contraire, le premier résultat du second, nous aurons

$$(ab' - ba')\,y = ac' - ca'\,;$$

d'où

$$y = \frac{ac' - ca'}{ab' - ba'}.$$

Le système proposé peut donc être remplacé par le suivant :

$$(\mathrm{B})\quad \begin{cases} x = \dfrac{cb' - bc'}{ab' - ba'}\,; & (3) \\[2ex] y = \dfrac{ac' - ca'}{ab' - ba'}\,; & (4) \end{cases}$$

car tous les calculs que nous avons faits pour arriver à ce dernier sont permis. Or, le système (B) ne pouvant être vérifié qu'en remplaçant x et y, respectivement, par les fractions

$$\frac{cb' - bc'}{ab' - ba'},\quad \frac{ac' - ca'}{ab' - ba'},$$

il en est de même du système (A), qui n'admet par conséquent que la solution unique du système (B).

Il est évident que, pour obtenir les formules (3) et (4), nous avons supposé $ab' - ba'$ différent de zéro ; car autrement la division par ce dénominateur n'eût pas été permise. On voit d'ailleurs que les deux inconnues ont le même dénominateur. *Pour le former, il suffit de multiplier en croix les coefficients des inconnues dans les équations, et de faire la différence des produits, ce qui donne*

$$ab' - ba'.$$

Quant au numérateur, il s'obtient en remplaçant, dans le dénominateur commun, les coefficients de l'inconnue que l'on cherche par le terme connu correspondant.

Ainsi, pour avoir le numérateur de x, on remplace, dans $ab' - ba'$, les coefficients a et a' de cette inconnue par c et c', et l'on a bien

$$cb' - bc'.$$

Application des formules. Soient les équations

$$3x - 2y = 5.$$
$$7x + 3y = 31.$$

Dans ce cas,

$$a = 3,\ b = -2,\ c = 5\ ;\ a' = 7,\ b' = 3,\ c' = 31.$$

On a donc immédiatement

$$x = \frac{5 \times 3 - (-2 \times 31)}{3 \times 3 - (-2 \times 7)} = \frac{15 + 62}{9 + 14} = \frac{87}{29} = 3.$$

$$y = \frac{3 \times 31 - 5 \times 7}{29} = \frac{93 - 35}{29} = \frac{58}{29} = 2.$$

149. Discussion. Il y a trois cas à considérer. Car, si dans la valeur de x, on remplace les lettres par les nombres qu'elles représentent, on peut avoir :

$$1^\circ \left\{ \begin{array}{l} ab' - ba' \gtrless o, \\ cb' - bc' \gtrless o. \end{array} \right. \quad 2^\circ \left\{ \begin{array}{l} ab' - ba' = o, \\ cb' - bc' \gtrless o. \end{array} \right. \quad 3^\circ \left\{ \begin{array}{l} ab' - ba' = o, \\ cb' - bc' = o. \end{array} \right.$$

150. 1er Cas. $ab' - ba' \gtrless o$ et $cb' - bc' \gtrless o$. Le dénominateur $ab' - ba'$ étant différent de zéro, les formules (B) donnent pour x et y des valeurs finies et déterminées. Le système (A) admet donc une solution et une seule.

151. 2e Cas. $ab' - ab' = o$ *et* $cb' - bc' \gtrless o$: *on aura* $x = \frac{m}{o}$ *et* $y = \frac{n}{o}$, *cas d'impossibilité.*

Il est d'abord évident (**144**) que x se présente sous la forme $\frac{m}{o}$, puisque son dénominateur est zéro et son numérateur différent de zéro. Il est facile de démontrer que y se présente sous une forme analogue ; car

$$ab' - ba' = o$$

donne

$$ab' = ba' :$$

d'où

$$\frac{a}{a'} = \frac{b}{b'}.$$

De même, de l'inégalité

$$cb' - bc' \gtrless o$$

on déduit

$$\frac{b}{b'} \gtrless \frac{c}{c'};$$

et, puisque $\frac{a}{a'} = \frac{b}{b'}$, on a donc

$$\frac{a}{a'} \gtrless \frac{c}{c'}:$$

d'où

$$ac' - ca' \gtrless o.$$

Donc aussi le numérateur $ac' - ca'$ de y est différent de zéro, et la valeur de cette inconnue se présente également sous une forme telle que $\frac{m}{o}$.

Pour connaître quelle est ici la signification de ce symbole, introduisons nos hypothèses dans les équations proposées. Si nous représentons par k la valeur des rapports $\frac{a}{a'}$, $\frac{b}{b'}$, nous aurons

$$a = ka',$$
$$b = kb',$$
$$c \gtrless kc'.$$

Portons ces valeurs de a et b dans la première équation, et multiplions la seconde par k; il viendra

$$\begin{aligned} ka'x + kb'y &= c, \\ ka'x + kb'y &= kc'. \end{aligned}$$

Or ces équations sont évidemment *incompatibles*, puisque les deux premiers membres sont identiques; tandis que pour les seconds il y a inégalité entre c et kc'. Il y a donc *impossibilité*.

132. 3ème Cas. $ab' - bc'$; $cb' - bc' = 0$: *on aura* $x = \frac{0}{0}$, $y = \frac{0}{0}$, *cas d'indétermination.*

Il est évident que x se présente sous la forme $\frac{0}{0}$, puisque son numérateur est égal à zéro, de même que son dénominateur. Il est facile de démontrer que y se présente également sous cette forme car de

$$ab' - ba' = 0;\ cb' - bc' = 0,$$

on déduit $$ab' = ba';\ cb' = bc';$$

et, par suite, $$\frac{a}{a'} = \frac{b}{b'};\ \frac{c}{c'} = \frac{b}{b'};$$

donc on a

$$\frac{a}{a'} = \frac{c}{c'}:$$

d'où $$ac' = ca',$$

et encore $$ac' - ca' = 0.$$

Donc aussi le numérateur $ac' - ca'$ de y est égal à zéro, et la valeur de cette inconnue se présente également sous la forme $\frac{0}{0}$.

Afin de connaître quelle est ici la signification de ce symbole, introduisons nos hypothèses dans les équations proposées. Si nous représentons encore par k la valeur des trois rapports égaux $\frac{a}{a'}$, $\frac{b}{b'}$, $\frac{c}{c'}$, nous aurons

$$\begin{aligned} a &= ka', \\ b &= kb', \\ c &= kc'. \end{aligned}$$

Portons ces valeurs dans la première équation et multiplions la seconde par k, il viendra

$$\begin{aligned} ka'x + kb'y &= kc', \\ ka'x + kb'y &= kc'. \end{aligned}$$

Ces deux équations *rentrent l'une dans l'autre* : il y a donc *indétermination*.

TABLEAU RÉSUMANT LA DISCUSSION.

1er **Cas.**	$ab'-ba' \gtrless 0$ $cb'-bc' \gtrless 0$	$x=\frac{cb'-bc'}{ab'-ba'}$, $y=\frac{ac'-ca'}{ab'-ba'}$: *une solution déterminée.*
2e —	$ab'-ba'=0$ $cb'-bc' \gtrless 0$	$x=\frac{m}{0}$, $y=\frac{m}{0}$: *impossibilité.*
3e —	$ab'-ba'=0$ $cb'-bc'=0$	$x=\frac{0}{0}$, $y=\frac{0}{0}$: *indétermination.*

CHAPITRE III

PROBLÈMES DU 1er DEGRÉ.

153. On désigne sous le nom de *problèmes du 1er degré* les problèmes dont la solution dépend d'équations du 1er degré.

154. Pour être à même de résoudre complétement un problème par l'algèbre, il faut savoir :

1° *Mettre le problème en équation*, c'est-à-dire savoir traduire par l'algèbre les relations que l'énoncé établit entre les quantités données et les quantités à trouver, ou, autrement dit, entre les données et les inconnues;

2° *Résoudre les équations*, c'est-à-dire, comme on le sait déjà, savoir trouver toutes les valeurs qui vérifient ces équations;

3° *Discuter le problème*, c'est-à-dire chercher, lorsqu'un problème a été généralisé (8), les limites entre lesquelles les données peuvent varier pour qu'il soit possible, et examiner les particularités qui peuvent se présenter entre ces limites. La résolution des équations ayant été traitée, nous allons d'abord nous occuper de la mise des problèmes en équation, en réservant la discussion pour plus tard.

155. Mise des problèmes en équation. Il arrive souvent qu'on n'éprouve aucune difficulté pour mettre un problème en équation, l'énoncé étant en quelque sorte une équation ou un ensemble d'équations. Mais d'autres fois on n'y parvient qu'après avoir longtemps réfléchi et soigneusement examiné toutes les relations qui existent entre les données et les inconnues.

Il n'y a pas de règle précise pour la mise d'un problème en équation. Voici ce qu'on peut exprimer de plus général :

Après avoir représenté les inconnues par les lettres x, y, z, *on indique ensuite, à l'aide des signes algébriques, sur ces lettres et sur les données du problème, tous les calculs, toutes les opérations qu'on ferait si, après avoir trouvé les valeurs des inconnues, on voulait vérifier si elles satisfont réellement aux conditions de l'énoncé.*

On comprendra mieux l'utilité de ce précepte en l'appliquant à quelques exemples.

156. Problème I. *Trouver un nombre tel qu'en augmentant son tiers de 9 et son cinquième de 3 on ait pour somme les deux tiers de ce nombre.*

Si l'on désigne le nombre cherché par x, le $\frac{1}{3}$ de ce nombre augmenté de 9 sera : $\frac{x}{3}+9$; et le $\frac{1}{5}$ augmenté de 3 sera : $\frac{x}{5}+3$; les $\frac{2}{3}$ du nombre sont d'ailleurs $\frac{2x}{3}$; on aura, par conséquent, l'équation

$$\frac{x}{3}+9+\frac{x}{5}+3=\frac{2x}{3};$$

en supprimant $\frac{x}{3}$ de part et d'autre, il vient

$$\frac{x}{5}+12=\frac{x}{3},$$

d'où

$$x=90$$

Le nombre cherché est 90.

Vérification. Le $\frac{1}{3}$ de 90 augmenté de 9 est $30+9$ ou 39. Le $\frac{1}{5}$ de 90 augmenté de 3 est $18+3$ ou 21. Or $39+21$ ou 60 représentent bien les $\frac{2}{3}$ de 90.

157. Problème II. *Deux trains express partent en même temps, l'un de Paris et l'autre de Marseille : on demande combien d'heures il s'écoulera avant leur rencontre, sachant que le convoi qui part de Paris fait en moyenne $44^{km},2$ par heure, et celui qui part de Marseille 42^{km}. La distance de ces deux villes est 862^{km}.*

Soit x le temps demandé. Le train qui part de Paris faisant $44^{km},2$ à l'heure parcourra en x heures une distance exprimée par $44,2x$, et dans le même temps la distance parcourue par le train de Marseille sera $42x$. Mais la somme des deux chemins parcourus dans le temps x, par l'un et l'autre convoi, égale la distance entre les deux villes : donc on a

$$44,2x+42x=862,$$

d'où

$$x=10.$$

Ainsi les trains se rencontrent 10 heures après leur départ.

Vérification. Le convoi de Paris aura fait 10 fois 44^{Km}, 2 ou 442; celui de Marseille 10 fois 42^{Km} ou 420, et ensemble $442 + 420$ ou 862^{Km}, distance entre les deux villes.

158. Problème III. *Deux fontaines coulent dans un même bassin; en coulant seule, la première le remplirait en 5^h, et la seconde en 7^h : on demande le temps que mettent ces deux fontaines pour remplir le bassin, si elles coulent ensemble.*

Soit x le temps cherché, et 1 la capacité du bassin. La première fontaine remplissant une capacité 1 en 5 heures, remplirait en 1 heure $\frac{1}{5}$, et en x heures $\frac{x}{5}$. De même, la deuxième fontaine remplira $\frac{1}{7}$ par heure, et en x heures $\frac{x}{7}$. Mais les deux fontaines coulant ensemble remplissent le bassin dans le temps x : donc on a l'équation

$$\frac{x}{5}+\frac{x}{7}=1,$$

d'où

$$x=2^h, 55'.$$

Le temps cherché est $2^h, 55'$. La vérification est facile.

159. Problème IV. *Deux personnes ont l'une 45 ans, et l'autre 15 : on demande combien il y a d'années que l'âge de la seconde n'était que le $\frac{1}{4}$ de l'âge de la 1re.*

Soit x ce nombre d'années. La 1re personne avait alors $45-x$ et la seconde $15-x$; mais quand cela avait lieu, l'âge de la seconde égalait seulement le $\frac{1}{4}$ de l'âge de la 1re, ce qu'on peut exprimer par l'équation

$$\frac{45-x}{4}=15-x,$$

d'où

$$x=5.$$

Le nombre d'années demandé est 5. La personne la plus âgée avait alors 40 ans, et la plus jeune 10 ans : or 10 est bien le quart de 40.

160. Problème V. *Une pendule marque 4 heures : on demande le temps que mettra la grande aiguille pour atteindre la petite.*

A 4 heures précises, la grande aiguille est sur midi et la petite sur 4 heures; par conséquent, la petite aiguille a 20 minutes ou divisions d'avance sur la grande, et pendant que la petite parcourt seulement 5 divisions, la grande en parcourt 60. Cela étant posé, soit x le temps cherché.

La grande aiguille parcourant 60 divisions dans 1 heure parcourra $60x$ dans un temps x; et, pendant ce même temps, la petite fera $5x$. Mais le nombre de divisions parcourues par la grande aiguille devant égaler les 20 divisions que la petite a d'avance, plus ce qu'elle fera dans le temps x, on a l'équation

$$60x = 5x + 20,$$

d'où
$$x = \frac{20}{55} = 21' \frac{9}{11}.$$

Ainsi, c'est dans $21' \frac{9}{11}$, et par conséquent à $4^h\ 21' \frac{9}{11}$, que la grande aiguille atteindra la petite.

161. Problème VI. *Une personne laisse en mourant son bien à ses neveux. D'après le testament, l'aîné doit avoir* 500f *plus le* $\frac{1}{7}$ *du reste, le* 2e, 1 000f *plus le* $\frac{1}{7}$ *du nouveau reste; le* 3e, 1 500f *plus le* $\frac{1}{7}$ *du* 3e *reste, et ainsi des autres. Ce partage effectué, il se trouve que tous les neveux ont la même somme. On demande :* 1° *le bien au défunt;* 2° *le nombre des neveux;* 3° *la portion de chacun.*

De prime abord, ce problème paraît renfermer plusieurs inconnues; mais en réfléchissant on ne tarde pas à voir qu'il suffit seulement de déterminer la somme à partager, car celle-ci une fois connue, il n'existera plus aucune difficulté pour trouver le nombre des neveux, ainsi que la part de chacun.

Soit x le bien du défunt. D'après l'énoncé, l'aîné doit avoir 500f, plus le $\frac{1}{7}$ de ce qui reste. Or, quand il aura prélevé 500f, il restera la somme entière moins 500f, ou $x - 500$, dont le $\frac{1}{7}$ est $\frac{x-500}{7}$.

La portion du premier sera donc $500 + \frac{x-500}{7}$,

ou $\frac{3500 + x - 500}{7}$, ou encore $\frac{3000 + x}{7}$,

Comme le deuxième doit prendre 1 000f plus le $\frac{1}{7}$ de ce qui reste, sa portion sera

$$1000 + \frac{x - 1000}{7} - \frac{3000 + x}{49};$$

car, si de x on retranche la part de l'aîné et en outre 1000f, on a

$$x - \frac{3000 + x}{7} - 1000,$$

dont le $\frac{1}{7}$ est
$$\frac{x}{7} - \frac{3000 + x}{49} - \frac{1000}{7},$$

et si à cette expression on ajoute les 1000f qui ont d'abord été prélevés, on obtient pour la portion du second

$$1000 + \frac{x}{7} - \frac{3000 + x}{49} - \frac{1000}{7} \text{ ou } 1000 + \frac{x - 1000}{7} - \frac{3000 + x}{49}.$$

Toutes les portions étant égales, les 2 premières donnent l'équation

$$\frac{3000+x}{7}=1000+\frac{x-1000}{7}-\frac{3000+x}{49}.$$

Multipliant tous les termes par 49, il vient

$$21000+7x=49000+7x-7000-3000-x;$$

d'où $$x=18000^{f}.$$

La somme à partager est 18 000ᶠ : l'aîné des neveux, ayant 500 plus le $\frac{1}{7}$ du reste, aura 3000ᶠ. Comme les autres ont hérité de la même somme, ils sont 6 en tout. En se conformant à l'énoncé, on trouverait successivement toutes les parts égales à 3000ᶠ.

Ainsi le défunt laisse 18 000ᶠ à ses neveux, et chacun d'eux a 3 000ᶠ.

162. Problème VII. *Un rentier a les $\frac{4}{5}$ de ses fonds placés à 4 °/₀ et le reste à 5 °/₀; il retire en tout 2940ᶠ d'intérêt annuel. On demande sa fortune et la somme placée à chaque taux.*

Soit x la fortune du rentier. La somme placée à 4 °/₀ est, d'après l'énoncé, $\frac{4x}{5}$, et la somme placée à 5 °/₀ est $\frac{x}{5}$. Or l'intérêt à 4 °/₀, et pour un an, du capital $\frac{4x}{5}$ est

$$\frac{4x}{5}\times\frac{4}{100} \quad \text{ou} \quad \frac{16x}{500}.$$

De même, l'intérêt à 5 °/₀ du capital $\frac{x}{5}$ est

$$\frac{x}{5}\times\frac{5}{100} \quad \text{ou} \quad \frac{5x}{500}.$$

Mais la somme de ces deux intérêts est 2940ᶠ; donc on a

$$\frac{16x}{500}+\frac{5x}{500}=2940,$$

d'où $$x=70000^{f}.$$

La fortune du rentier est donc de 70000ᶠ : la somme placée à 4°/₀ est

$$70000\times\frac{4}{5}=56000^{f}.$$

La somme placée à 5 °/₀ est

$$70000\times\frac{1}{5}=14000^{f}.$$

163. Problème VIII. *Un renard a 36 sauts d'avance sur un lévrier, et pendant que celui-ci fait 4 sauts, le renard en fait 5; mais*

7 sauts du lévrier en valent 11 du renard : combien ce dernier fera-t-il encore de sauts avant d'être atteint par le lévrier ?

Soit x le nombre de sauts que doit encore faire le renard. Puisqu'il en a déjà 36 de faits lorsque le lévrier commence à le poursuivre, il en fera en tout $36+x$. Le lévrier devra en faire un nombre dont la longueur soit égale à celle de $36+x$ sauts du renard.

Pendant le temps que le renard fait 5 sauts, le lévrier en fait 4 ; donc, lorsque le renard fera 1 saut, le lévrier fera seulement $\frac{4}{5}$ de saut ; et quand le premier fera x sauts, le second fera par conséquent $\frac{4x}{5}$. Si maintenant on représente la longueur d'un saut du renard par 1, celle d'un saut du lévrier sera représentée, d'après l'énoncé, par $\frac{11}{7}$.

Les longueurs des sauts du renard et du lévrier étant 1 et $\frac{11}{7}$, et le nombre de leurs sauts étant $36+x$ et $\frac{4x}{5}$, la distance parcourue par le premier sera

$$1\times(36+x) \text{ ou } 36+x,$$

et celle parcourue par le second

$$\frac{11}{7}\times\frac{4x}{5} \text{ ou } \frac{44x}{35};$$

mais comme ces distances sont égales, on a l'équation

$$36+x=\frac{44x}{35},$$

d'où

$$x=140.$$

Vérification. Le renard faisant encore 140 sauts avant d'être atteint, en aura fait en tout $140+36$ ou 176. Le nombre des sauts du lévrier ne sera que les $\frac{4}{5}$ de 140 ou 112, puisque le renard n'est poursuivi que pendant le temps qu'il fait 140 sauts. Quant à la longueur des 112 sauts du lévrier, elle doit égaler celle des 176 sauts du renard. Or on sait que, si la longueur d'un saut du renard est 1, celle d'un saut du lévrier est $\frac{11}{7}$; on doit donc avoir

$$176\times 1=112\times\frac{11}{7};$$

c'est en effet ce qui a lieu.

164. Problème IX. *On a employé* 35 000^{Kg}, *tant de betterave* *blanche de Silésie que de betterave ordinaire, et on a obtenu* 2050^{Kg} *de sucre : on demande le poids de chaque espèce de betterave, la première rendant 7 °/₀ en sucre et la seconde 5 °/₀.*

Si l'on désigne par x et y le poids de betterave blanche et de betterave ordinaire, on a cette première équation :

(1) $$x + y = 35000.$$

D'autre part, 1^{Kg} de la première espèce rendant en sucre 0,07, les x^{Kg} de cette espèce rendront $0{,}07x$. De même, les y^{Kg} de la seconde espèce rendront en sucre $0{,}05y$. Mais le rendement total ayant été de 2050^{Kg}, on aura cette seconde équation :

(2) $$0{,}07x + 0{,}05y = 2050.$$

Multipliant les deux membres de cette dernière par 100, il vient

(3) $$7x + 5y = 205000$$

Résolvant (1) et (3), on a

$$x = 15000^{Kg} \text{ et } y = 20000^{Kg}.$$

165. Problème XI. *Un lingot, alliage d'or et d'argent, pèse 1000 grammes dans l'air et 942 grammes dans l'eau : on demande combien ce lingot contient de grammes de chaque métal, la densité de l'or étant 19,25 et celle de l'argent 10,47.*

Si l'on désigne par x et y le nombre de grammes d'or et d'argent contenus dans le lingot, on a cette première équation

(1) $$x + y = 1000.$$

Il est facile d'en trouver une seconde; car dire que la densité de l'or est 19, 25, c'est faire connaître, d'après le principe bien connu d'Archimède, que $19^{gr},25$ d'or plongés dans l'eau pure perdent 1^{gr}; par suite 1^{gr} d'or perd dans l'eau pure $\frac{1}{19,25}$, et x^{gr} perdent $\frac{x}{19,25}$.

De même y^{gr} d'argent perdent dans l'eau pure $\frac{y}{10,47}$.

Mais la perte totale est 1000 — 942 ou 58 grammes. On a donc cette autre équation

(2) $$\frac{x}{19,25} + \frac{y}{10,47} = 58.$$

Résolvant (1) et (2), on trouve

$$x = 861^{gr},075,$$
$$y = 138^{gr},925,$$
$$\text{Total égal } \overline{1000^{gr}.}$$

CHAPITRE III

INÉGALITÉS

166. Lorsqu'on dit de deux quantités que l'une est plus grande que l'autre, on exprime qu'il y a *inégalité entre elles.* On sait déjà que si a est plus grand que b, on indique cette inégalité en écrivant

$$a > b.$$

167. Deux inégalités sont *équivalentes* ou de *même sens*, lorsque l'une n'est qu'une conséquence de l'autre, et réciproquement.

Ainsi, par exemple, si a est plus grand que b, la différence $a-b$ est positive, et réciproquement, si la différence $a-b$ est positive, a est plus grand que b.

Les inégalités suivantes sont donc équivalentes :

$$a > b \; ; \; a - b > 0.$$

L'inconnue d'un problème, d'après la nature même de la question, doit quelquefois être comprise entre certaines limites, et doit par conséquent satisfaire à certaines inégalités.

Pour diriger convenablement la discussion d'un problème, il importe donc de connaître les principes qui permettent de transformer une inégalité en une autre équivalente. Sauf quelques restrictions, les théorèmes établis sur les égalités s'appliquent aussi aux inégalités.

168. Théorème I. *Si aux deux membres d'une inégalité on ajoute ou on retranche une même quantité, on la transforme en une autre équivalente.*

Ainsi les inégalités

$$a > b \text{ et } a + m > b + m$$

sont équivalentes.

En effet, la première équivaut à

$$a - b > 0,$$

et la seconde à

$$a + m - b - m > 0,$$

ou aussi à

$$a - b > 0. \qquad \text{C. Q. F. D.}$$

Il est évident que la démonstration eût été la même, si au lieu d'ajouter la quantité m on l'avait retranchée.

169. Corollaire. *On peut faire passer un terme quelconque d'une inégalité d'un membre dans l'autre, pourvu qu'on change le signe de ce terme.* Cela revient, en effet, à augmenter ou à diminuer d'une même quantité les deux membres d'une inégalité.

Ainsi l'inégalité

$$8x - 2 > 7x + 6$$

équivaut à

$$8x - 7x > 6 + 2,$$

et cette dernière à

$$x > 8.$$

170. Théorème II. *Si l'on multiplie ou si l'on divise les deux membres d'une inégalité par une même quantité* m, *il en résulte une inégalité de même sens, si* m *est positif, et de sens contraire, si* m *est négatif.*

En effet, soit l'inégalité

$$a > b,$$

qui peut s'écrire

$$a - b > 0.$$

1° On a donc, pour $m > 0$,

$$(a - b)\, m > 0,$$

ou

$$am - bm > 0,$$

ou enfin

$$am > bm.$$

2° On a, pour $m < 0$,

$$(a - b)\, m < 0$$

ou

$$am - bm < 0,$$

ou enfin

$$am < bm.$$

C. Q. F. D.

171. Corollaire I. *On peut chasser un dénominateur d'une inégalité, comme s'il s'agissait d'une équation, mais quand le dénominateur est négatif, on doit changer le sens de l'inégalité.*

172. Corollaire II. *On peut changer tous les signes d'une inégalité, pourvu qu'on change le sens de l'inégalité;* car changer les signes revient à multiplier par le nombre négatif -1. Or on vient de voir que, si l'on multiplie les deux membres d'une inégalité par un nombre négatif, on obtient une inégalité de sens contraire.

173. Corollaire III. *On peut élever à la même puissance les deux membres d'une inégalité, ou, réciproquement, extraire des deux membres une même racine, et il y a toujours inégalité dans le même sens, si les deux membres de l'inégalité donnée sont positifs.*

RÉSOLUTION DES INÉGALITÉS DU 1er DEGRÉ.

174. Il est facile, à l'aide des théorèmes précédents, de résoudre une inégalité du premier degré.

Ainsi l'inégalité

$$4x-\frac{5}{2}>\frac{6x}{5}+2 \qquad (1)$$

donne successivement

$$40x-15>12x+20,$$
$$40-12x>20+15,$$
$$28x>35,$$
$$x>\frac{35}{28},$$

ou

$$x>\frac{5}{4}.$$

L'inégalité (1) est donc vérifiée pour toute valeur de x supérieure à $\frac{5}{4}$.

CHAPITRE IV

SOLUTIONS NÉGATIVES. INTERPRÉTATION DES SOLUTIONS NÉGATIVES. INTRODUCTION DES QUANTITÉS NÉGATIVES DANS L'ÉNONCÉ D'UN PROBLÈME. CAS D'IMPOSSIBILITÉ ET D'INDÉTERMINATION DANS LES PROBLÈMES. DISCUSSION DES PROBLÈMES.

175. En algèbre, la réponse à une question est toujours une conséquence de l'énoncé. Si donc l'énoncé contient implicitement une impossibilité ou une indétermination, la réponse le fait connaître.

176. Solutions négatives. Il arrive assez fréquemment qu'une équation qui est la traduction algébrique d'un problème a sa solution négative; or cette solution négative n'a par elle-même aucun sens, et par conséquent le problème *doit être considéré comme impossible*. Toutefois cette impossibilité est très-souvent plus apparente que réelle; elle peut tenir simplement à la manière dont la question a été posée, et une légère modification dans l'énoncé le rend très-souvent possible.

L'utilité qu'on peut tirer des solutions négatives repose sur la considération suivante :

177. *On peut changer* x *en* —x *dans toute équation d'un problème qui conduit à une valeur négative pour l'inconnue* x; *puis chercher de quel problème cette seconde équation est la traduction algébrique.*

En général, le nouvel énoncé sera peu différent du 1er, et admettra pour solution la valeur absolue de la solution déjà trouvée.

178. On appelle *interprétation des solutions négatives dans les problèmes* la recherche de ce nouvel énoncé.

179. Problème I. *Un père a 50 ans et son fils 20 : dans combien d'années l'âge du père sera-t-il le triple de l'âge du fils?*

Soit x le temps demandé. Le père aura alors $50 + x$ et le fils $20 + x$: d'où l'équation

$$50 + x = 3(20 + x), \qquad (1)$$

qui donne la seule valeur

$$x = -5.$$

On trouve ainsi que l'époque demandée arrivera dans — 5 ans; or ce résultat n'a évidemment aucune signification par lui-même. Par conséquent, tel qu'il a été posé, le problème est impossible, et jamais dans l'*avenir* l'âge du père ne sera le triple de l'âge du fils.

Si dans l'équation (1) on change x en $-x$, il vient

$$50 - x = 3(20 - x), \qquad (2)$$

équation qui répond à cette modification dans le 1er énoncé : *combien y a-t-il d'années que l'âge du père était le triple de l'âge du fils?*

L'équation (2) qui est la traduction de ce nouvel énoncé donne

$$x = 5.$$

Ainsi il y a 5 ans que l'âge du père était le triple de l'âge du fils. Le fait demandé, dans le premier énoncé, s'était accompli dans le *passé*, et cette circonstance était révélée par la valeur de l'inconnue

$$x = -5.$$

Voici un énoncé plus général de ce problème. *L'âge d'un père est* a, *celui de son fils* b : *on demande à quelle époque l'âge du père est triple de l'âge du fils.*

Soit x l'époque demandée. Si le fait se produit dans l'*avenir*, il faut *ajouter* un certain nombre d'années aux âges actuels, ou x, puisque x représente ce nombre d'années; on a alors l'équation

$$a + x = 3(b + x). \qquad (1)$$

Mais si, au contraire, le fait se produit dans le *passé*, il faut *retrancher* un certain nombre d'années aux âges actuels, ou x, puisque x représente ce nombre d'années; on a alors l'équation

$$a - x = 3(b - x). \qquad (2)$$

Or l'équation (2) n'est que l'équation (1) dans laquelle on a changé x en $-x$; réciproquement, l'équation (1) n'est que l'équation (2) dans laquelle on a changé $-x$ en $+x$.

Il résulte de là qu'une seule de ces équations donne la solution du problème proposé, dans tous les cas qu'il peut présenter.

En effet, de l'équation (1) on tire

$$x = \frac{a - 3b}{2}.$$

Si la racine que donne cette équation est positive, c'est-à-dire si l'on a $3b < a$, le temps demandé doit se compter dans l'*avenir :* c'est la racine qui répond à l'équation (1). Si au contraire la racine de cette équation est négative, c'est-à-dire si l'on a $3b > a$, le temps demandé doit se prendre dans le *passé :* c'est alors la racine qui répond à l'équation (2), puisqu'on en déduit

$$x = \frac{3b - a}{2}.$$

Donc la 1re équation, obtenue en supposant le temps à venir, donne la solution du problème dans tous les cas. Et l'on voit que la *valeur absolue* de la racine de cette équation représente toujours le temps cherché : seulement il suffit de se rappeler que si la racine est *positive*, ce temps doit se compter dans l'*avenir*, et dans le *passé* lorsque la racine est *négative*.

Si, par exemple, on suppose que le père a 56 ans et le fils 16, on a

$$x = \frac{56 - 3 \times 16}{2} = 4.$$

Ainsi dans 4 ans l'âge du père sera 3 fois l'âge du fils : on a bien, en effet,

$$56 + 4 = 3(16 + 4), \text{ ou } 60 = 60.$$

Si dans la même formule on fait $a = 56$ et $b = 20$, on trouve

$$x = \frac{56 - 3 \times 20}{2} = -2.$$

Ainsi, dans ce cas, il y a 2 ans que l'âge du père était le triple de l'âge du fils : on a bien, en effet,

$$56 - 2 = 3(20 - 2), \text{ ou } 54 = 54.$$

180. Problème II. *Un triangle* ABC *étant donné, trouver sur* BA *un point* D *tel, qu'en menant la droite* DE *parallèle à* BC, *on ait* DE *égale à une ligne donnée* l.

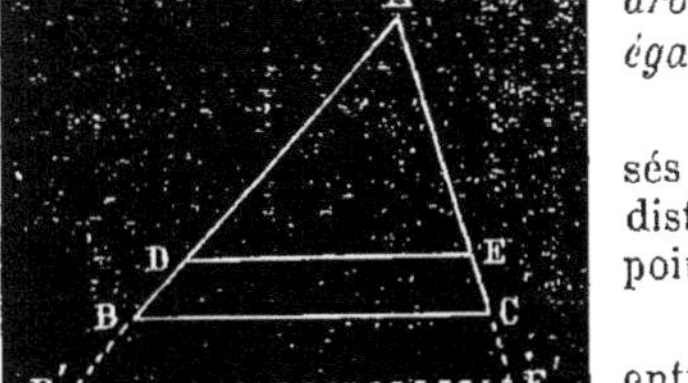

fig. 1.

Soient a, b, c les côtés opposés aux angles A, B, C, et x la distance inconnue du point B au point D.

Supposons d'abord ce point D entre B et A.

Les triangles semblables ADE, ABC donnent

$$\frac{AD}{AB} = \frac{DE}{BC},$$

ou

$$\frac{c - x}{c} = \frac{l}{a}. \qquad (2)$$

ou

Si nous supposons maintenant le point cherché sur le prolongement de AB en D′, nous aurons encore BD′ $= x$, et, par suite des triangles semblables AD′E′, ABC, il vient

$$\frac{AD'}{AB} = \frac{D'E'}{BC},$$

ou

$$\frac{c + x}{c} = \frac{l}{a}. \qquad (2)$$

Or l'équation (2) n'est que l'équation (1) dans laquelle x a été changé en $-x$.

Il résulte de là qu'une seule de ces équation donne la solution du problème dans tous les cas qu'il peut présenter.

En effet, résolvant l'équation (1), il vient

$$x = \frac{c(a - l)}{a}.$$

Si, dans cette formule, on a $l < a$, la valeur de x est positive et le point D se trouve entre B et A. Pour l'obtenir, il suffit de porter, à partir de B, une longueur égale à

$$\frac{c(a - l)}{a}.$$

Mais si, au contraire, on a $l > a$, la valeur de x est négative et le point D se trouve en D′, sur le prolongement de BA. Pour l'obtenir, il suffit de porter à partir de B une longueur égale, *en valeur absolue*, à

$$\frac{c(a - l)}{a}.$$

Donc la 1re équation, obtenue en supposant le point D entre B et A, donne la solution du problème dans tous les cas. Et l'on voit que la *valeur absolue* de la racine de cette équation représente toujours la longueur cherchée ; seulement il suffit de convenir que, si la racine est *positive*, la longueur doit être prise dans le *sens* BA, à partir de B, et dans le *sens opposé*, c'est-à-dire sur le prolongement de BA, à partir de B, si la racine est négative.

181. Corollaire. On voit, d'après ces problèmes, que si, *en général, l'inconnue est une grandeur susceptible d'être comptée dans deux sens opposés, il suffit, pour interpréter une racine négative, de prendre la valeur absolue de cette racine pour la grandeur cherchée, et de compter cette grandeur en sens opposé de celui qui a été adopté pour mettre le problème en équation.*

Ainsi, par exemple, si en mettant un problème en équation, on a en vue de trouver soit l'*actif* d'un négociant, soit une température *au-dessus de zéro*, soit une distance à compter à *droite* d'un point fixe, etc., et que, dans chacun de ces cas, on obtienne une racine négative, il suffit, pour l'interprétation de ces racines, de considérer la valeur absolue de la 1re comme étant le *passif* du négociant, celle de la 2e une température *au-dessous de zéro*, et celle de la 3e une distance à compter à *gauche* du point fixe.

182. Remarque. Il ne faudrait pas croire que dans tous les problèmes il soit possible, comme dans les deux exemples précédents, d'interpréter une racine négative. Pour qu'une pareille interprétation soit permise, il faut que les équations obtenues, en supposant l'inconnue comptée dans un sens et dans un sens opposé, se déduisent l'une de l'autre en y changeant x en $-x$. S'il n'en est pas ainsi, il est impossible d'interpréter la solution négative. Voici un exemple dans ces conditions.

183. Problème. *On paye à une compagnie de chemin de fer* 0f,05, *par tonne et par kilomètre, pour faire transporter des marchandises ; on donne ensuite* 1f,40 *par tonne pour frais de chargement : à quelle distance pourra-t-on faire transporter* 50 *tonnes pour* 65 fr.

Soit x la distance cherchée. Les frais de chargement s'élèvent à

$$1,40 \times 50;$$

les frais de transport pour xKm seront

$$0,05 \times 50 \times x.$$

On a donc l'équation

$$1,40 \times 50 + 0,05 \times 50 \times x = 65.$$

Résolvant, on trouve

$$x = -2.$$

Il est facile de voir que cette racine négative ne peut recevoir ici aucune interprétation; car un changement de sens, dans la direction à parcourir, ne modifiera en rien le prix du transport; elle accuse donc l'impossibilité absolue du problème.

Il est d'ailleurs facile de voir d'où provient cette impossibilité : on voit, en effet, que les frais de chargement des 50 tonnes s'élèvent à

$$1,40 \times 50 = 70\text{f}.$$

Ainsi les frais de chargement des 50 tonnes dépassent, à eux seuls, la somme dont on dispose pour les faire charger et les faire transporter à une distance x.

INTRODUCTION DES NOMBRES NÉGATIFS DANS LES DONNÉES D'UNE QUESTION.

184. Nous venons de voir, dans l'interprétation des solutions négatives, que si une grandeur est susceptible d'être comptée dans deux sens différents, on distingue ces deux sens en mettant le signe + ou le signe — devant le nombre qui exprime la mesure de cette grandeur. Or on peut étendre avec avantage cette convention, due à Descartes, non-seulement aux inconnues, mais aux données mêmes d'une question. On arrive ainsi à comprendre dans une *seule formule* tous les différents cas que peut présenter un problème.

185. Problème I. *Un mobile* M *part d'un point* O, *donné sur une droite* XY, *et parcourt des longueurs connues : on demande de trouver une formule générale qui fasse connaître la position finale* M *du mobile sur la droite* XY.

Ce problème présente différents cas, suivant que les longueurs sont parcourues dans un sens ou dans l'autre. Soit x la distance finale OM du mobile au point O. Convenons d'affecter du signe $+$ ou du signe $-$ la distance finale OM, selon que le point M est à droite ou à gauche du point O. Enfin, si nous supposons que toutes les longueurs parcourues par le mobile sont dans le même sens, elles s'ajouteront évidemment, et en représentant ces longueurs par a, b, c, d, nous aurons

$$x = a + b + c + d.$$

Il est facile de démontrer que cette seule formule comprend tous les cas; il suffit, pour cela, de convenir de regarder les distances parcourues par le mobile comme *positives*, quand il se meut de *gauche à droite;* et comme *négatives*, quand il se meut de *droite à gauche.*

En effet, soit O′ un point situé sur la droite XY à gauche du point O′, et à une distance l assez grande pour que le mobile reste à droite de ce point.

Si nous supposons que le mobile part de O, il se trouve d'abord

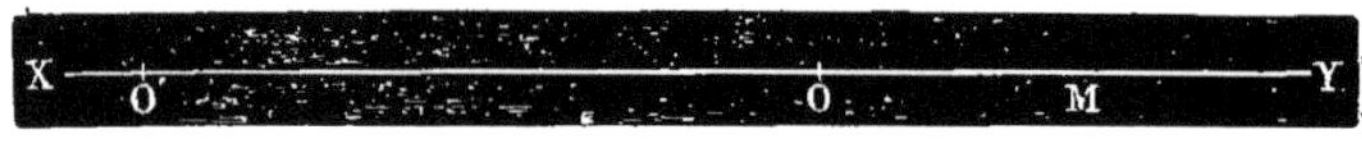

Fig. 2.

à une distance l de O′; puis il parcourt diverses longueurs dans un sens ou dans l'autre; or les longueurs parcourues de *gauche à droite*, l'éloignant encore de O′, doivent être ajoutées à la longueur l; les longueurs parcourues de *droite à gauche*, le rapprochant au contraire de O′, doivent être retranchées.

Si donc on représente par a, b, c, d les diverses longueurs parcourues, et qu'on affecte du signe $+$ les longueurs parcourues *de gauche à droite*, et du signe $-$ les longueurs parcourues de droite à gauche, la distance du mobile au point O′ sera

$$l + a + b + c + d \qquad (*)$$

La distance finale du mobile au point O ayant été désignée par x, la distance du mobile au point O′ est donc aussi

$$l + x,$$

de sorte qu'il vient

$$l + x = l + a + b + c + d,$$

ou, *dans tous les cas*,

$$x = a + b + c + d.$$

Application. Le mobile parcourt, par exemple, 18^{m} de gauche à droite, puis 6^{m} dans le sens contraire; ensuite 5^{m} de gauche

(*) Bien que le signe $+$ se trouve devant chacune des quantités a, b, c, d, il faut bien comprendre que ces quantités peuvent représenter soit des nombres positifs, soit des nombres négatifs.

à droite, et enfin 7^m en sens inverse. Si l'on substitue ces valeurs dans la formule, on a

$$x = 18 - 6 + 5 - 7,$$

ou

$$x = 10.$$

Ainsi le mobile se trouve à 10^m à droite du point O.

186. Problème II. *Un mobile* M *se meut uniformément sur une droite* XY, *avec une vitesse donnée, et passe en un point* O *à un moment donné : on demande de trouver sa position à un autre moment.*

Ce problème présente quatre cas différents ; car le mobile peut se mouvoir de *gauche à droite*, ou en *sens contraire*, et on peut d'ailleurs demander sa position *après* ou *avant* son passage au point O.

Soit v la vitesse du mobile, ou le nombre de mètres qu'il parcourt par seconde.

Supposons d'abord qu'il se meuve de gauche à droite (*fig.* 3) et qu'on demande sa position t secondes après son passage au point O. Le mobile, parcourant v mètres par secondes, parcourt en t secondes vt mètres ; de sorte que, si l'on désigne par x la distance parcourue dans le temps t, on a

$$x = vt. \qquad (1)$$

On peut facilement établir que cette formule comprend tous les cas ; il suffit pour cela de faire les conventions suivantes :

1° La distance OM, représentée par x, est positive *à droite* du point O et négative *à gauche*.

2° La vitesse v est positive si le mobile va de gauche à droite et négative dans le cas contraire.

3° Enfin t est positif lorsqu'il représente le temps *écoulé* après le passage du mobile en O, et négatif lorsqu'il désigne le temps *avant* le passage du mobile en O.

Ces trois conventions étant posées, nous allons maintenant démontrer que la formule (1) convient à tous les cas.

1er Cas. v et t sont *positifs*. Le produit de ces quantités sera $+vt$; il faut par conséquent que OM ou x soit aussi positif. Or, v étant positif, le mobile se meut de gauche à droite ; si d'ailleurs t est positif aussi, il représente le temps écoulé *après* le passage du mobile en O : donc le mobile *est à droite* de O ; et, d'après la 1re convention, OM ou x est positif. La formule (1) convient déjà à ce cas.

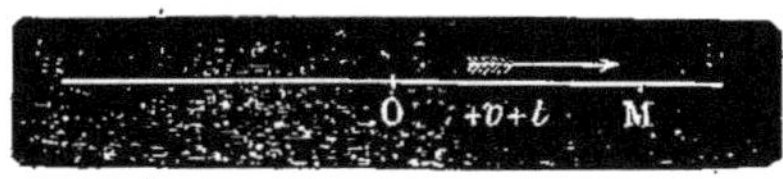

Fig. 3.

2e Cas. v est *positif* et t *négatif*. Le produit de ces quantités sera

$-vt$; il faut, par suite, que x soit aussi négatif. Or, v étant positif, le mobile va de gauche à droite; mais t étant négatif, il désigne le temps *avant* le passage du mobile en O : donc le mobile *est à gauche* du point O, et OM ou x est négatif. La formule (1) s'étend donc aussi à ce cas.

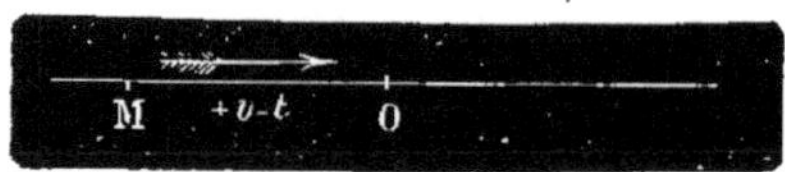

Fig. 4.

3° **Cas.** v est *négatif* et t *positif*. Le produit sera $-vt$; il faut par conséquent que x soit aussi négatif. Or, v étant négatif, le mobile va de droite à gauche; d'ailleurs, t étant positif, il représente le temps écoulé *après* le passage du mobile en O : donc le mobile est à *gauche* du point O, et OM ou x est négatif. La formule (1) s'applique donc également à ce cas.

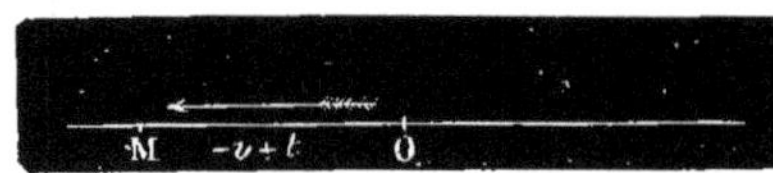

Fig. 5.

4° **Cas.** v et x sont *négatifs*. Le produit sera $+vt$; il faut, par suite, que x soit aussi positif. Or, v étant négatif, le mobile va de droite à gauche; mais t étant aussi négatif, il représente le temps *avant* le passage du mobile en O : donc le mobile est à *droite* du point O, et OM ou x est positif. Donc la formule (1) convient encore à ce cas. Convenant à tous les cas, elle est générale.

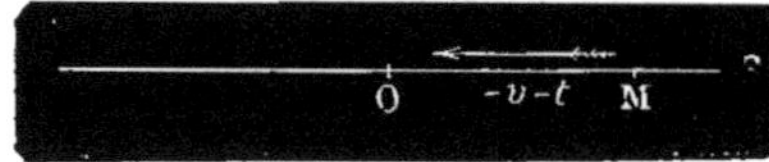

Fig. 6.

Applications de la formule

$$x = vt.$$

1° Soit $v = 16^m$, $t = 5^m$. On a

$$x = 16 \times 5 = 80.$$

Le mobile se trouve à 80^m *à droite* du point O.

En effet, puisque v et t sont positifs, le mobile marche de *gauche à droite*, et on demande la distance *après* son passage en O : donc, 5 secondes *après* son passage en O, il se trouve à 80^m à droite du point O.

2° Soit $v = 16$, $t = -5$. On a

$$x = 16 \times -5 = -80.$$

Le mobile se trouve à 80^m à gauche du point O.

En effet, puisque v est positif et t négatif, le mobile marche de *gauche à droite*, et on demande la distance *avant* son passage en O : donc 5 secondes *avant* son passage au point O, il se trouve à 80^{m} *à gauche* de ce point.

3° Soit $v = -16$, $t = 5$. On a

$$x = -16 \times 5 = -80.$$

Le mobile est à 80^{m} à gauche du point O.

En effet, puisque v est négatif et t positif, le mobile marche de *droite à gauche*, et on demande la distance *après* son passage en O : donc, 5 secondes *après* son passage au point O, il se trouve à 80^{m} *à gauche* de ce point.

4° Soit $v = -16$, $t = -5$; on a

$$x = -16 \times -5 = 80.$$

Le mobile se trouve à 80^{m} *à droite* du point O.

En effet, puisque v et t sont négatifs, le mobile marche de droite *à gauche*, et on demande la distance *avant* son passage en O : donc, 5 secondes *avant* son passage au point O, il se trouve à 80^{m} *à droite* de ce point.

187. Problème III. *Deux mobiles se meuvent uniformément sur une droite* XY, *avec des vitesses données; ils passent au même instant, le premier en un point* A, *et le second en un point* A′ : *trouver sur la droite* XY *le point de rencontre des deux mobiles.*

Ce problème présente différents cas à examiner, suivant la posision des points A et A′ sur la droite XY, les vitesses des deux mobile et le sens de ces vitesses.

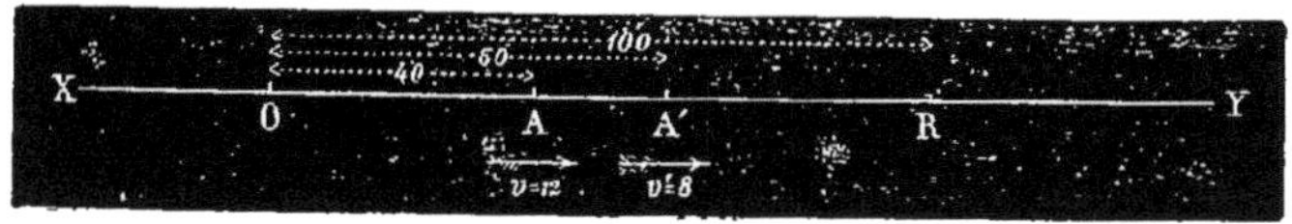

Fig. 7.

Supposons d'abord que les points A et A′ sont à droite d'un point fixe O, et A′ plus éloigné que A. Représentons par a et a' les distances OA, OA′. Si nous supposons que les deux mobiles vont dans le même sens, de *gauche à droite*, le premier avec une vitesse v, et le second avec une vitesse v' plus petite que v, il est évident que les deux mobiles se rencontreront à la droite de A′, en un certain point R. Désignons par x la distance OR. Pour arriver en R, le premier mobile aura parcouru une distance égale à $x - a$; et si l'on représente par t le temps qu'il a mis pour parcourir cette distance, on a (problème précédent)

$$x - a = vt,$$

d'où

$$t = \frac{x - a}{v}. \qquad (1)$$

De même, le second mobile, pour arriver en R, aura parcouru, dans le même temps t, la distance $x - a'$.

Donc on a cette seconde équation :

$$x - a' = v't,$$

d'où
$$t = \frac{x - a'}{v'}. \qquad (2)$$

Les deux valeurs de t donnent

$$\frac{x - a}{v} = \frac{x - a'}{v'},$$

d'où
$$x = \frac{va' - av'}{v - v'}. \qquad (3)$$

On verrait, comme dans le problème précédent, que cette formule comprend tous les cas :

1° Si l'on considère les distances OA, OA', OR comme *positives, à droite du point* O, et comme *négatives à gauche;*

2° Si l'on regarde la vitesse de chaque mobile comme *positive* ou *négative*, selon que ce mobile va de *gauche à droite* ou *de droite à gauche ;*

3° Si enfin on considère le temps comme *positif* ou *négatif*, suivant que la rencontre a lieu *après* ou *avant* le passage des mobiles en A et A'.

Applications de la formule

$$x = \frac{va' - av'}{v - v'}.$$

Soit $a = 40^{m}$, $a' = 60^{m}$, $v = 12^{m}$, $v' = 8^{m}$. On a

$$x = \frac{12 \times 60 - 40 \times 8}{12 - 8} = 100^{m}.$$

La rencontre des deux mobiles a donc lieu à 100^{m} à droite de O.

Si l'on porte la valeur de x dans l'une des formules (1) et (2), on trouve $t = 5$ secondes. Ainsi la rencontre des deux mobiles a lieu à 100^{m} *à droite* du point O, et 5 secondes *après* le passage des mobiles en A et en A'.

Cette solution répond au cas examiné dans le problème.

Il est évident qu'on pourrait faire bien d'autres hypothèses. (Voir nos autres ouvrages d'algèbre.)

CAS D'IMPOSSIBILITÉ ET D'INDÉTERMINATION DANS LES PROBLÈMES.

188. Cas d'impossibilité. L'impossibilité d'un problème peut se manifester de différentes manières :

1° Un problème est impossible, lorsqu'on est conduit à une

solution négative qui ne peut recevoir aucune interprétation (185);

2° Un problème est impossible, lorsque les valeurs des inconnues ne peuvent satisfaire à certaines restrictions de l'énoncé qu'il n'était pas possible d'introduire dans les équations.

Ainsi un problème est impossible, si l'inconnue, qui représente soit un nombre d'hommes, d'arbres, de vases, etc., a une valeur fractionnaire au lieu d'avoir une valeur entière. Voici un exemple.

Une personne a acheté 12 vases pour 120 francs; elle a payé les uns 15 francs et les autres 6. Combien a-t-elle acheté de vases de chaque espèce?

Soit x le nombre des vases à 15 francs; le nombre des vases à 6 francs sera $12 - x$; on aura, par suite, l'équation

$$15x + (12 - x)6 = 120,$$

d'où l'on tire

$$x = \frac{16}{3}.$$

Le nombre des vases à 15ᶠ étant $\frac{16}{3}$, celui des vases à 6 sera $12 - \frac{16}{3}$ ou $\frac{20}{3}$. Mais la valeur de x devant par sa nature être entière, la valeur fractionnaire qu'on trouve indique que le problème est impossible.

3° Un problème est, en général, encore impossible lorsque sa traduction algébrique conduit à plus d'équations qu'il n'y a d'inconnues (144).

4° Enfin, le plus souvent, l'impossibilité d'un problème se manifeste parce qu'on arrive à une dernière équation de la forme

$$0 \times x = m, \text{ ou } x = \frac{m}{0}.$$

189. Cas d'indétermination. Un problème est dit indéterminé, quand il admet une infinité de solutions. Or cette indétermination peut se manifester de différentes manières :

1° Un problème est indéterminé lorsque sa traduction algébrique donne moins d'équations que d'inconnues (139).

Il arrive cependant quelquefois qu'un problème est déterminé, bien que l'énoncé donne lieu à moins d'équations qu'il ne renferme d'inconnues. Voici un problème de ce genre :

On a déjà placé, les unes à la suite des autres, un certain nombre de pièces de 1 franc et de 2 francs, et l'on trouve alors une longueur de $0^{m},227$: on demande ce qu'il y a de pièces de 1 franc et de 2 francs d'employées pour cette longueur. On sait d'ailleurs que les pièces de 1 franc ont 23^{mm} de diamètre et que les pièces de 2 francs en ont 27.

Si l'on désigne par x et y le nombre des pièces de 1 franc et de 2 francs, l'énoncé donne cette seule équation :

$$23x + 27y = 227.$$

Si l'on résout cette équation par rapport à x, comme si y était connu, il vient

$$x = \frac{227 - 27y}{23}.$$

Mais les valeurs de x et de y devant être entières et positives, cette condition ne se réalise, comme il est facile de s'en assurer, qu'en faisant y égal à 5, dans l'expression

$$\frac{227 - 27y}{23},$$

ce qui donne $$x = \frac{227 - 27 \times 5}{23} = 4.$$

Les seules valeurs des inconnues sont donc

$$x = 4 \text{ et } y = 5.$$

Ainsi, c'est cette condition, qu'on ne peut admettre pour x et y que des valeurs entières et positives, qui achève de déterminer le problème.

2° Un problème est indéterminé, lorsqu'il donne lieu à des équations qui rentrent les unes dans les autres (142); car il arrive, par ce fait, qu'on a moins d'équations que d'inconnues.

3° Enfin, le plus souvent, l'indétermination d'un problème se manifeste parce qu'on arrive à une dernière équation de la forme

$$0 \times x = 0.$$

DISCUSSION DES PROBLÈMES.

190. Problème. *Deux mobiles se meuvent uniformément sur une droite* XY, *avec des vitesses données; ils passent au même instant, le premier en un point* A, *le second en un point* A' : *trouver sur la droite* XY *le point de rencontre des deux mobiles.*

Ce problème, que le lecteur connaît déjà (187), donne lieu à la formule

$$x = \frac{va' - av'}{v - v'}.$$

Or, faire la discussion de ce problème, c'est examiner tous les cas qu'il peut présenter, eu égard aux différentes valeurs que les données peuvent y recevoir.

1° Si $v - v'$ est différent de zéro, x a une valeur finie et déterminée; les deux mobiles se rencontreront, et la rencontre a lieu à droite ou à gauche du point O, selon que

$$\frac{va' - av'}{v - v'}$$

est positif ou négatif.

2° Si $v - v'$ est nul et $va' - av'$ différent de zéro, la valeur de x se présente sous la forme $\frac{m}{0}$, symbole de l'infini ou de l'impossibilité. Les deux mobiles ne peuvent se rencontrer.

En effet, de $v = v'$ et de $va' - av' \gtrless 0$

on déduit $$a' \gtrless a.$$

Les deux mobiles, ayant même vitesse, marchent dans le même sens; d'ailleurs, ils sont au même instant en deux points différents A, A' : donc ils resteront constamment à la même distance, AA', et ne se rencontreront par conséquent jamais.

3° Si $v - v'$ est nul de même que $va' - av'$, la valeur de x se présente sous la forme $\frac{0}{0}$, symbole d'indétermination. Les deux mobiles resteront toujours ensemble.

En effet, de $v = v'$ et de $va' - av' = 0$,

on déduit $$a = a'.$$

Les points A et A' se confondent donc. Au même instant, les deux mobiles sont au même point A, marchent dans le même sens, avec la même vitesse : donc ils ne se séparent pas.

RÉSUMÉ DE LA DISCUSSION.

1° $v - v' \gtrless 0$: *les mobiles se rencontrent.*

2° $v - v' = 0$; $va' - av' \gtrless 0$: *les mobiles ne se rencontrent pas.*

3° $v - v' = 0$; $va' - av' = 0$: *les mobiles ne se séparent pas.*

PROBLÈMES A RÉSOUDRE.

293. Quel est le nombre dont la moitié et le quart valent 66 $\frac{3}{4}$?

294. Un nombre est les $\frac{3}{4}$ d'un autre, leur somme est 96. On demande ces deux nombres.

295. Quel est le nombre qui, divisé par 8, donne un quotient tel qu'en le retranchant de 104 on trouve 40 pour reste.

296. La différence de deux nombres est 493 et leur quotient 30. On demande ces deux nombres ?

297. Trouver deux nombres tels, qu'en ajoutant le double du second au premier, on trouve 20 pour somme, et que la différence entre le triple du premier et le quart du second soit 10?

298. En revendant une propriété 3 800 francs, on a perdu $\frac{1}{20}$ du prix d'achat. Combien l'avait-on achetée?

299. La différence des carrés de deux nombres consécutifs est 25 : trouver ces nombres ?

300. Partager 6000 francs entre trois personnes de manière que la 1re ait $\frac{1}{5}$ de plus que la 2e, et la 3e, $\frac{5}{12}$ de plus que la 2e.

301. Un père a 30 ans de plus que son fils, et dans 4 ans l'âge du père sera quadruple de l'âge du fils. Quel est l'âge du père et celui du fils ?

302. Un père a 41 ans, et son fils 5. Dans combien d'années l'âge du père ne sera-t-il plus que le triple de l'âge du fils ?

303. Partager le nombre 525 en deux parties, de manière qu'en divisant l'une par 25 et l'autre par 30, on trouve 20 pour la somme des quotients.

304. Trouver un nombre tel que son produit par 5 surpasse d'autant le nombre 20 qu'il est lui-même au-dessous de 20.

306. Deux voitures partent d'un même lieu ; l'une fait en moyenne 6 Km à l'heure et l'autre 10 Km. On demande à quelle distance du point de départ la seconde atteindra la première, celle-ci étant partie 2 heures avant la seconde.

307. Combien faut-il allier d'or et de cuivre pour obtenir un lingot au titre de 0,900 et pesant 1 250 grammes ?

308. Une pièce d'orfèvrerie pèse 458 grammes ; son titre est 0,79. Combien faudra-t-il lui enlever de grammes pour faire de l'argent au titre 0,900 ?

309. Une personne paye 103 francs avec 29 pièces, tant de 2 francs que de 5 francs : combien donne-t-elle de pièces de chaque espèce ?

310. On coule dans une usine 480 pièces en fonte ; les unes pèsent 12 Kg et les autres 20 Kg ; le poids total des 480 pièces est 7520 Kg. On demande le nombre de pièces de chaque espèce.

311. La distance de Paris à Lyon est de 512 Km. L'express parti de Lyon à 11 heures du matin fait 40 Km par heure. Un train omnibus sorti de Paris à 1 heure du soir, se rendant à Lyon, fait 32 Km à l'heure. A quelle heure et à quelle distance de chaque ville la rencontre aura-t-elle lieu ?

312. Le quotient de deux nombres est 4, le reste de leur division est 76. Trouver chacun de ces deux nombres, leur différence étant 430.

313. Trouver une fraction équivalente à $\frac{7}{4}$, et telle, que la somme de ses termes soit 135.

314. Trouver une fraction équivalente à $\frac{5}{7}$, et telle, que la différence de ses termes soit 24.

316. On a partagé une somme inconnue entre deux personnes : la part de la première égale les $\frac{3}{4}$ de celle de la seconde ; on sait de plus qu'en ajoutant le $\frac{1}{10}$ de la première part aux $\frac{4}{5}$ de la seconde, on obtient 100 francs. Trouver la somme entière et chacune des parts.

317. Un domestique gagne 300 francs par an et doit, en outre, recevoir une certaine gratification ; 10 mois après son entrée en maison, il sort et reçoit 240 francs et la gratification entière. On demande la valeur de la gratification.

318. Un fermier a destiné 32000 Kg de foin à la nourriture de 25 têtes de bétail pendant 160 jours d'hiver; après 45 jours de consommation, son bétail augmente de 4 têtes. Combien lui faudra-t-il acheter de foin, s'il ne veut pas diminuer la ration?

319. Une personne place les $\frac{4}{5}$ de ses fonds à 4 % et le reste à 5 %; elle retire en tout 2940 francs d'intérêt annuel. Quelle est sa fortune, et quelle somme a-t-elle placée à chaque taux?

321. Deux sommes qui rapportent ensemble 1410 francs d'intérêt sont dans le rapport de 2 à 3. On demande ces deux sommes, sachant que la plus petite est placée à 5 % par an, et la plus grande à $4^f,50$ %.

322. Partager le nombre 257 en trois parties dont les carrés soient proportionnels aux nombres 3, 5, 7. On évaluera chacune des trois parties demandées à 0,001 près.

323. Partager une somme A en parties proportionnelles à quatre nombres donnés a, b, c, d.

324 Combien faut-il revendre ce qui a coûté 140 francs pour gagner 20 % sur le prix de vente?

325. Un orfèvre a deux lingots d'argent : le premier est au titre 0,900 et le second au titre 0,750. Combien doit-il prendre de chaque lingot pour obtenir un troisième lingot du poids de 4 Kg et au titre 0,840?

326. Un père a aujourd'hui le triple de l'âge de son fils, et il y a 12 ans l'âge du père était le sextuple de l'âge du fils. Quel est l'âge de ce dernier?

328. Un négociant a vendu une première fois 75 doubles-décalitres de blé et 32 d'orge pour 564 francs; une seconde fois il en a vendu au même prix 100 de blé et 82 d'orge pour 560 francs. On demande le prix du double-décalitre de blé et d'orge.

329. Partager 5556 en trois parties réciproquement proportionnelles aux trois nombres 20, 30 et 40.

331. 8 litres d'une première espèce de vin et 12 litres d'une autre produisent un mélange dont le prix moyen est de $0^f,29$ le litre. On sait en outre que 15 litres de la première espèce et 6 litres de la seconde produisent un mélange du prix moyen de $0^f,34\frac{2}{7}$ le litre. On demande le prix du litre de chacune de ces deux espèces de vins.

332. Deux fontaines coulent dans un même bassin : la première le remplirait seule en 3 heures, et les deux emploieraient ensemble 1 h. $\frac{1}{5}$. On demande le temps que la seconde emploierait pour remplir le bassin.

333. Trois terrassiers creusent un fossé : le 1er et le 2e le creuseraient en 1 jour $\frac{5}{7}$, le 2e et le 3e le creuseraient en 2 jours $\frac{2}{3}$, et le 1e et le 3e le creuseraient en 1 jour $\frac{7}{8}$. Combien de temps chaque terrassier seul mettrait-il pour creuser le fossé?

334. La somme des deux chiffres d'un nombre est 10; si l'on intervertit l'ordre de ces chiffres, on obtient un nouveau nombre qui renferme 54 unités de plus que le premier. Quel est ce premier nombre?

335. Quelle est la distance parcourue par une voiture dont les petites roues ont $0^m,80$ de diamètre, et les grandes $1^m,40$? On sait d'ailleurs que les premières ont fait 2000 tours de plus que les secondes.

336. On a du vin de deux qualités : si on mélange 4^{Hl} de la première espèce à 2^{Hl} de la seconde, on obtient du vin qui vaut 24 fr. l'hectolitre; mais si on mélange 2^{Hl} de la première espèce à 3^{Hl} de la seconde, on a du vin qui vaut 26^{f}, 40 l'hectolitre. On demande le prix de l'hectolitre de chaque espèce de vin.

337. Deux nombres diffèrent de 4 unités, la différence de leurs carrés est 144 : trouver ces deux nombres.

339. On demande de partager 9246 fr. entre 4 personnes, de manière que, quand la 1re prendra 2 francs, la 2e en prendra 3, et quand celle-ci en prendra 5, la 3e en prendra 6; enfin, lorsque la 4e prendra 4 francs, la 3e en prendra 3.

340. On a de l'eau-de-vie à 41° et à 65°. On prend 5 litres de la première qu'on mélange avec une certaine quantité de la seconde; on a ainsi de l'eau-de-vie à 50°. Combien le mélange contient-il de litres?

341. On demande la quantité d'eau qui a été ajoutée à 50 litres de vin à 35 centimes et à 60 litres à 40 centimes pour obtenir un mélange qui vaut 30 centimes le litre.

342. Le colza d'hiver rend en moyenne 32 % de son poids d'huile, et la navette d'été 30 %. Dans une fabrique, on a obtenu, avec 4700^{Kg} de graine des deux espèces, 1468^{Kg} d'huile. 1° Combien a-t-on employé de kilogrammes de graines de chaque espèce? 2° Combien a-t-on obtenu d'huile de chaque espèce?

343. On fond ensemble 200 grammes d'un lingot d'or au titre de 0,750 et un lingot d'or pur; on obtient ainsi un lingot au titre 0,840. On demande le poids du lingot d'or pur et le poids du lingot au titre 0,840.

344. Un négociant a vendu 12 hectolitres de vin à raison de 24 francs l'hectolitre; mais il n'a que du vin qu'il peut donner à 0^{f}, 30 le litre et à 0^{f}, 20 le litre. Combien devra-t-il prendre de litres de chaque espèce pour livrer les 12 hectolitres à 24 fr. l'un?

345. Une personne laisse 134000 francs à partager entre 4 héritiers : la part du 1er est à celle du 2e comme 2 est à 3; celle du 2e au 3e comme 5 est à 6, et enfin celle du 3e au 4e comme 3 est à 4. Quelle est la part de chaque héritier? On sait que divers frais s'élèvent à 10 % de l'héritage.

346. Trouver deux nombres qui soient dans le rapport de m à n, et tels, qu'en ajoutant a à chacun d'eux, les sommes soient dans le rapport de p à q.

347. Quel nombre faut-il ajouter aux deux termes de la fraction $\frac{a}{b}$ pour qu'elle prenne une valeur double? (Discussion.)

349. Un orfèvre a deux lingots : le premier est composé de 2^{Kg}, 160 d'or et de 240^{gr} de cuivre; le second est formé de 1^{Kg},200 d'or et de 400^{gr} de cuivre. Combien doit-il prendre de chaque lingot pour en obtenir un troisième qui contienne 3^{Kg}, 360 d'or et 640^{gr} de cuivre?

350. Les deux aiguilles d'une montre sont sur midi; à quelle heure aura lieu la prochaine rencontre? Combien y aura-t-il de rencontres des deux aiguilles de midi à minuit?

351. On a 36^{Kg} d'eau qui contiennent 200^{gr} de sel en dissolution :

combien faut-il ajouter d'eau ordinaire pour que 20^{Kg} du nouveau mélange ne contiennent plus que 80 gr de sel?

352. 3 robinets servent à alimenter un bassin; un 4e sert à le vider. Le 1er robinet, s'il était seul ouvert, remplirait le bassin en 4^h $\frac{1}{2}$, le 2e en 5^h $\frac{3}{4}$ et le 3e en 8^h. Le 4e robinet le viderait en 5^h $\frac{1}{2}$. On ouvre les 4 robinets : au bout de combien de temps le bassin sera-t-il rempli?

353. 3 robinets servent à alimenter un bassin; un 4e sert à le vider. Le 1er robinet, s'il était seul ouvert, remplirait le bassin en a heures, le 2e en b heures, le 3e en c heures. Le 4e robinet le viderait en d heures. On ouvre les 4 robinets : au bout de combien de temps le bassin sera-t-il rempli? (Discussion.)

354. Un employé peut disposer de 2 heures pour faire une promenade; il part dans une voiture qui fait ^{Km}12 à l'heure. A quelle distance du point de départ l'employé doit-il quitter la voiture pour être de retour à l'heure fixée? Il ne compte faire que 4^{Km} à l'heure en revenant.

355. On a deux points A et B distants de 225^{Km} Les 100^{kg} de charbon de terre coûtent 2^f,40 en A et 2^f,80 en B. On demande le point de la ligne AB où le charbon coûte le même prix, soit qu'il vienne de A ou de B. On sait d'ailleurs qu'on paie pour le transport 0^f,0073 par kilomètre et par 100^{Kg} pour le charbon venant de A, et 0^f,0064 pour le charbon venant de B.

356. 3 joueurs conviennent qu'à chaque partie le perdant doublera l'argent des deux autres; ils perdent chacun une partie, puis ils se retirent avec 120 francs chacun. Quelles étaient les mises?

357. On a 3 lingots d'or pesant ensemble 5^{Kg} et aux titres 920, 850, 800 millièmes. En alliant les deux premiers, on obtiendrait de l'or au titre 0,900, et en alliant les deux derniers de l'or au titre 0,820. On demande le poids de chaque lingot.

358. Deux fûts contiennent, l'un a litres de bordeaux, l'autre b litres de bourgogne. On propose de tirer simultanément de chaque fût une même quantité de vin qui soit telle que, en mettant dans chaque fût le liquide extrait de l'autre, les deux mélanges soient identiques. On appliquera la formule au cas où $a = 100$ et $b = 60$.

360. Une personne laisse en mourant sa fortune à ses neveux. D'après les dispositions du testament, l'aîné doit avoir a fr., plus le $\frac{1}{9}$ du reste; le 2e, 2a plus le $\frac{1}{9}$ du nouveau reste; le 3e, 3a plus le $\frac{1}{9}$ du 3e reste, et ainsi des autres. Ce partage effectué, il se trouve que tous les héritiers possèdent la même somme. On demande : 1° le bien du défunt; 2° le nombre des héritiers; 3° la portion de chacun.

362. On a 3 lingots d'argent : le 1er au titre 0,950; le 2e au titre 0,700 et le 3e au titre 0,920. En fondant ensemble ces 3 lingots, on obtient 3^{Kg},240 d'un nouveau lingot, au titre 0,900. On demande comment l'alliage a été fait, sachant qu'on a d'abord pris 2^{Kg},10 au titre 0,950.

363. Un commerçant vend un mélange de café à raison de 4 francs le kilogramme; il fait ainsi un gain brut de 25 %. Comment le mélange s'est-il fait? On sait que le commerçant gagne autant sur 10 kilogrammes de la première espèce que sur 16 de la seconde. Combien le commerçant a-t-il payé chaque espèce de café?

QUESTIONS DE GÉOMÉTRIE.

367. La différence entre les deux côtés d'un triangle est d, la bissectrice de l'angle compris par ces côtés détermine sur le 3ᵉ côté deux segments m et n. On demande le périmètre du triangle.

368. Trouver, sur l'un des côtés d'un angle A, un point O également distant du second côté et d'un point D situé sur le 1ᵉʳ côté.

369. Décrire une circonférence tangente à une autre circonférence donnée C, et qui touche, en un point donné A, une droite donnée MN. (Discussion.)

370. Trouver, sur la base BC d'un triangle, un point tel, que la somme de ses distances aux deux autres côtés soit égale à une ligne donnée l.

371. On connaît une corde a, inscrite dans une circonférence, et la flèche b de l'arc qu'elle sous-tend. Trouver le rayon de la circonférence.

372. On donne les trois côtés a, b, c d'un triangle. Trouver les deux segments déterminés par la hauteur correspondante au côté b.

373. On donne une triangle isocèle dont la base est $2a$ et la hauteur h. On y inscrit une circonférence, et l'on mène à cette circonférence une tangente parallèle à la base du triangle. Trouver la longueur de cette parallèle et le rayon du cercle. On appliquera la formule à $2a = 6^{m}$ et à $h = 8^{m}$.

374. Inscrire dans un triangle donné un rectangle semblable à un rectangle donné.

375. Inscrire dans un triangle dont la base est b et la hauteur h un rectangle dont le périmètre est $2p$. (Discussion.)

376. On demande d'inscrire dans un triangle dont la base est b et la hauteur h un rectangle appuyé sur la base b et dont la différence de ses dimensions soit d.

377. Inscrire dans un rectangle donné un rectangle semblable à un rectangle donné.

378. Inscrire un carré dans un triangle, et dire sur quel côté s'appuie le plus grand carré.

379. Calculer le périmètre d'un octogone régulier en fonction du rayon du cercle circonscrit. $R = 5^{m},50$.

381. Trouver le rayon d'un cercle équivalent en surface à 3 cercles donnés.

382. On demande les dimensions d'un rectangle dont le périmètre a 520 mètres. On sait d'ailleurs qu'il est semblable à un autre rectangle ayant 25 mètres de base et 15 mètres de hauteur.

383. On donne le périmètre et la hauteur d'un triangle rectangle. Trouver la surface de ce triangle.

384. Trouver le rayon de la circonférence inscrite à un triangle rectangle, connaissant l'hypothénuse a et les côtés b et c de l'angle droit.

385. Trouver l'aire d'un hexagone régulier en fonction de son apothème.

386. Trouver les dimensions d'un rectangle tel, que si on augmente sa largeur de 2 mètres et qu'on diminue sa longueur de $2^m,50$, sa superficie ne change pas ; mais si, au contraire, on augmente sa longueur de 2 mètres et qu'on diminue sa largeur de $2^m,50$, sa superficie diminue de 45 mètres carrés.

387. Décrire, des sommets d'un triangle comme centres, trois circonférences qui se touchent mutuellement.

388. Trouver l'aire d'un triangle en fonction de ses côtés. Cas du triangle équilatéral.

389. Déterminer l'aire d'un trapèze en fonction de ses côtés. Cas du trapèze isocèle.

391. Déterminer l'aire d'un triangle en fonction de ses hauteurs. Cas du triangle équilatéral.

392. Les côtés d'un triangle et sa surface sont exprimés par quatre nombres entiers consécutifs. Trouver ces nombres.

393. La surface d'un triangle rectangle est de 150 mètres carrés, l'hypothénuse a 25 mètres : on demande les deux côtés de l'angle droit.

394. On donne les bases B et b d'un trapèze, et sa hauteur h : calculer la hauteur du triangle formé par les prolongements des côtés non parallèles du trapèze. On interprètera la solution négative.

396. On a un trapèze dont les bases ont 80 mètres et 60 mètres, la hauteur a 24 mètres ; à 6 mètres de la grande base, on mène une parallèle qui détermine deux trapèzes : on demande la surface de chacun d'eux.

397. On a un trapèze dont les bases ont 60 mètres et 40 mètres, et la hauteur 20 mètres. Une parallèle aux bases divise la surface de ce trapèze en deux parties qui sont dans le rapport de 3 à 4. On demande la longueur de la parallèle.

398. Les bases d'un trapèze ont 80 mètres et 70 mètres, la hauteur a 40 mètres. On veut détacher de ce trapèze, par une parallèle aux bases, une surface de 4 ares. On demande à quelle distance de la petite base se trouve cette parallèle.

400. On donne un point D, où se trouve un puits, sur l'un des côtés d'un triangle ABC : mener par ce point une ligne qui partage le triangle en 2 parties équivalentes.

402. Un tronc de pyramide, dont la hauteur est de 5 mètres, a pour bases deux hexagones réguliers dont les côtés ont 3 mètres et 2 mètres ; en menant un plan parallèle à la base, on obtient un hexagone dont le côté a $2^m,60$: 1° à quelle distance de la base supérieure la section a-t-elle été menée, et 2° quel est le rapport des deux troncs de pyramide ?

403. Calculer le volume engendré par un triangle dont les côtés ont respectivement 2 mètres, 3 mètres, 4 mètres, et qui fait une révolution entière autour du côté de 4 mètres.

404. Le côté d'un hexagone régulier égale 1 mètre. On demande de calculer à 0,001 près le volume engendré par l'hexagone régulier tournant autour d'un de ses côtés.

405. Un cône de 8 mètres de hauteur a pour base un cercle de 2 mètres de rayon. On coupe ce cône à 3 mètres du sommet par un plan parallèle à la base. Quel est le volume du tronc de cône ainsi obtenu ?

QUESTIONS DE PHYSIQUE, DE MÉCANIQUE ET DE COSMOGRAPHIE.

407. Un litre d'air pèse $1^{gr},293$: trouver le poids du mètre cube d'hydrogène, la densité de ce gaz étant 0,0692.

408. On a dans un premier vase de l'eau à 12°, et dans un second de l'eau à 62° : combien faut-il prendre de kilogrammes d'eau dans chacun d'eux pour former un bain de 280 kilogrammes à 28° ?

409. Un parallélipipède de glace dont les dimensions sont $4^m,50$, $12^m,40$ et $16^m,20$ plonge dans l'eau de mer ; la densité de la glace est 0,950, et celle de l'eau de mer 1,026. On demande quelle sera la hauteur du parallélipipède au-dessus de la surface de la mer.

410. Un cône en fer ayant $0^m,06$ de rayon et $0^m,20$ de hauteur plonge dans le mercure par son sommet. On demande le rapport de la hauteur du cône immergé à la hauteur totale du cône, la densité du fer étant 7,79 et celle du mercure 13,596.

411. Une sphère en bois s'enfonce des $\frac{3}{5}$ de son rayon dans l'eau pure : calculer la densité de ce bois.

412. Déterminer les volumes de deux liquides dont la densité est pour l'un 1,3, et pour l'autre 0,7 ; on sait d'ailleurs qu'en les mélangeant le volume est égal à 5 litres et la densité à 0,9.

414. On a un lingot d'argent au titre t et pesant a grammes. Quel poids d'un second lingot au titre t' faut-il lui ajouter pour obtenir un troisième lingot au titre t'' ? (Discussion.)

418. D'après Vitruve, la couronne de Hiéron, roi de Syracuse, pesait 20 livres. Archimède trouva qu'elle perdait 1 livre $\frac{1}{4}$ dans l'eau. En la supposant formée d'or et d'argent, on demande ce qu'elle contenait de chacun de ces métaux, la densité de l'or étant 19,25 et celle de l'argent 10,47.

419. On veut lester un cylindre de bois, ayant 1^m de longueur, de manière qu'il affleure dans l'eau jusqu'à sa partie supérieure. On prend pour lest un cylindre de platine de même section droite que le cylindre de bois, et l'on fixe ce cylindre de platine à la partie inférieure du cylindre de bois, de façon qu'il en soit le prolongement. La densité du bois est 0,5 et celle du platine 21,5. On demande la longueur à donner au cylindre de platine pour satisfaire à la condition énoncée.

423. Le coefficient de dilatation linéaire du fer est 0,0000118, ce qui veut dire qu'une barre de fer se dilate des 0,0000118 de sa longueur, lorsque la température s'élève de 1° centigrade à partir de 0°. On demande la longueur d'une barre de fer à 85° ayant 3^m à 0°.

424. On donne la longueur l d'une barre à zéro, son coefficient de dilatation linéaire étant k : trouver sa longueur l' à la température t.

425. Le coefficient de dilatation cubique d'un corps est l'augmentation que subit l'unité de volume, lorsque la température s'élève de 0° à 1°.

On donne le volume V d'un corps à zéro : son coefficient de dilatation cubique étant D (*), trouver son volume V' à la température t.

426. Trouver : 1° le volume d'un corps solide à zéro ; 2° à 24°,7, sa-

(*) Le coefficient de dilatation cubique est *sensiblement* triple du coefficient de dilatation linéaire ; aussi fait-on souvent $D = 3k$.

chant que ce corps a 1^{dmc} à $15°,4$, et que son coefficient de dilatation cubique est $\frac{1}{8500}$.

427. La densité d'un corps est d à la température t degrés : quelle est la densité d' de ce corps : 1° à zéro ; 2° à t' degrés, le coefficient de dilatation cubique de ce corps étant D?

428. La densité du fer est 7,788 à 0° : quel est à 100° le poids de 9^{dmc} de fer, le coefficient de dilatation cubique de ce métal étant 0,0000354?

447. L'eau est un composé d'oxygène et d'hydrogène, dans la proportion d'un volume d'oxygène et de deux volumes d'hydrogène. La densité de l'oxygène par rapport à l'air est 1,106 ; celle de l'hydrogène, 0,069, et celle de l'eau, 773,28. Trouver combien il entre de litres de chacun des deux gaz dans un litre d'eau pure.

448. Un mobile part d'un point A, avec une vitesse de 4^m par seconde ; 18 secondes après, il part du même point A un second mobile qui atteint le 1er au bout de 2 minutes. On demande la vitesse du second mobile.

449. Les espaces parcourus par un corps qui tombe librement sont proportionnels aux carrés des temps employés à les parcourir. Connaissant cette loi de la chute des corps, on demande combien de secondes mettrait une pierre pour arriver au fond d'un puits de mine qui a 180^m. On sait d'ailleurs qu'un corps qui tombe librement parcourt $4^m,9044$ dans la 1re seconde.

450. Deux mobiles M, M' partent d'un point A au même instant, et vont dans la même direction, le mobile M avec une vitesse de 4^m par seconde, le mobile M' avec une vitesse de 6^m par seconde ; un 3ᵉ mobile, M'', part d'un point B en même temps que les deux autres et s'avance à la rencontre des deux premiers. Le mobile M'' parcourt 7^m à la seconde, et la distance $AB = 120^m$: on demande au bout de combien de secondes le mobile M' sera à égale distance des deux autres.

451. Deux mobiles partent en même temps d'un même point, le 1er avec une vitesse de 4^m par seconde ; le second avec une vitesse de 7^m par seconde, et ils suivent la même droite dans le même sens. Un 3e mobile part du même point 5 secondes après les autres avec une vitesse de 6^m par seconde, et suit le même chemin que les 2 premiers. On demande après combien de secondes il se trouvera entre les deux mobiles, et à égale distance de chacun d'eux.

455. On pèse un corps dans l'un des plateaux d'une balance, et l'on constate que pour lui faire équilibre il faut placer dans l'autre plateau un poids de 1^{kg}. On met ensuite le corps dans le 2ᵉ plateau et l'on trouve qu'il faut placer $1^{kg},2$ dans le 1er pour qu'il y ait de nouveau équilibre On demande : 1° le rapport qui existe entre les longueurs des deux bras de cette balance ; 2° le poids réel du corps.

456. La durée des oscillations d'un pendule est proportionnelle à la racine carrée de la longueur de ce pendule. Le pendule qui bat la seconde à Paris a $0^m,99384$. On demande quelle longueur on devrait donner à un pendule pour que la durée d'une oscillation fût de $\frac{1}{4}$ de seconde.

457. Les carrés des temps des révolutions des planètes autour du soleil sont entre eux comme le cube de leur distance moyenne à cet astre (loi de Képler).

La distance moyenne de la planète Mars au soleil est 1,52369, en prenant pour unité la distance de la terre au soleil. Trouver en jours la durée de la révolution de cette planète, sachant que la terre effectue sa révolution sidérale en 365j,256.

CHAPITRE VI.

INTERPRÉTATION GÉOMÉTRIQUE D'UNE ÉQUATION DU 1er DEGRÉ.

NOTIONS PRÉLIMINAIRES (*).

191. Pour fixer la position d'un point M sur un plan, on mène par ce point des parallèles à deux droites fixes X'X, Y'Y tracées dans ce plan.

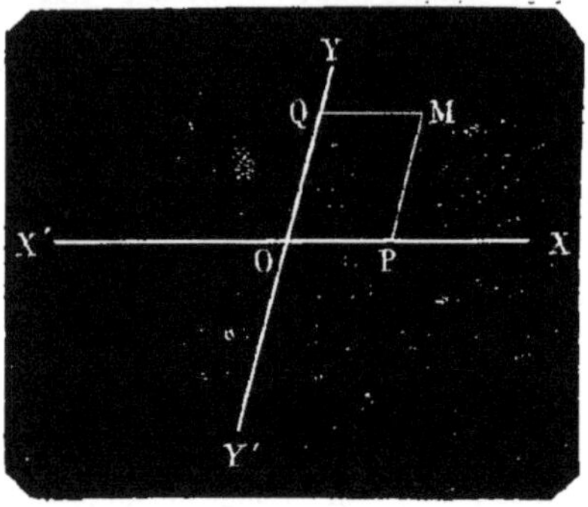

La distance OP est l'*abscisse* du point M; on la représente par x. La distance OQ est l'*ordonnée* du point M; on la représente par y. Considérées simultanément, l'abscisse et l'ordonnée d'un point M sont les *coordonnées* de ce point.

Les deux droites fixes X'X, Y'Y sont les *axes* des coordonnées. Le premier porte le nom d'*axe des* x, le second celui d'*axe des* y.

Fig. 8.

Le point O où se coupent les axes est pris pour *origine* des distances; et, par convention, on regarde comme *positives* les abscisses mesurées sur OX, et comme *négatives* celles mesurées sur OX'; de même, on regarde comme *positives* les ordonnées mesurées sur OY, et comme *négatives* celles mesurées sur OY'.

Selon que les axes sont obliques ou perpendiculaires l'un à l'autre, ils sont dits *obliques* ou *rectangulaires*.

192. Détermination d'un point par ses coordonnées.

1. *Trouver le point* M *pour lequel on a :* $x = 2$ *et* $y = 3$.

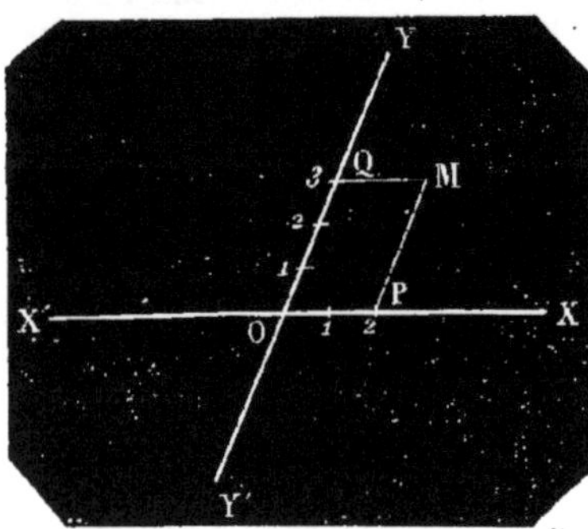

Fig. 9.

Puisque x et y sont positifs, on prend, à partir du point O, et dans le sens OX, une longueur OP égale à 2 fois l'unité de longueur adoptée (**); puis, dans le sens OY, une longueur OQ égale à 3 fois l'unité de longueur; enfin on tire parallèlement aux axes les droites PM, QM qui déterminent, par leur intersection, le point M, qui est le point demandé.

En effet, les points de la droite PM sont les seuls qui aient une abscisse égale à 2, et les points de la droite QM les seuls qui aient une ordonnée égale à 3, et comme ces droites n'ont que le point M de commun, il s'ensuit qu'il est le seul dont les coordonnées soient 2 et 3.

(*) Vu les questions déjà posées à des aspirants au baccalauréat, ces notions de géométrie analytique deviennent indispensables.

(**) Cette unité est évidemment arbitraire.

Remarque. Pour construire le point M, on pourrait encore déterminer le point P, comme on vient de le faire, puis mener par ce point une parallèle PM à Y'Y, et porter 3 fois l'unité de longueur sur PM; il est évident qu'on aurait ainsi le point M.

193. II. *Trouver un point* M' *pour lequel on a* $x = -2$ *et* $y = 3$.

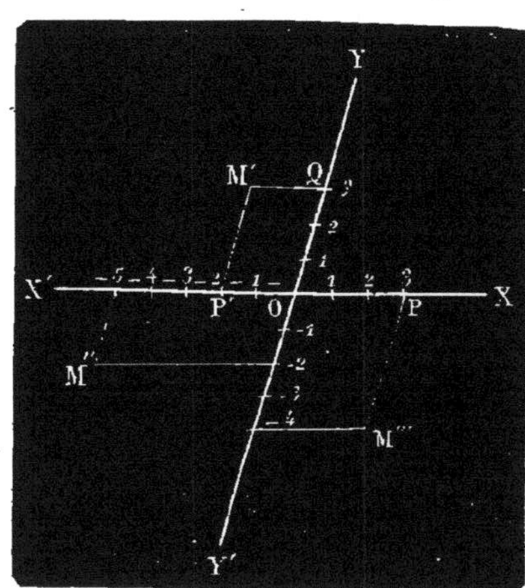

Fig. 10.

Puisque x est négatif, on prend, à partir du point O, et dans le sens OX', une longueur OP' égale à 2 fois l'unité de longueur; mais y étant positif, on prend dans le sens OY une longueur OQ égale à 3 fois l'unité de longueur; enfin on tire parallèlement aux axes les droites P'M', QM' qui déterminent, par leur intersection, le point M', qui est le point demandé.

Remarque. On voit avec la même facilité qu'un point dont les coordonnées sont $x = -5$, $y = -2$ se trouve en M'', et qu'un point dont les coordonnées sont $x = 3$, $y = -4$ se trouve en M'''.

D'ailleurs, il est évident que pour tout point situé sur l'axe des x on a $y = 0$, et que pour tout point situé sur l'axe des y on a $x = 0$. A l'origine, on a donc $x = 0$ et $y = 0$.

INTERPRÉTATION GÉOMÉTRIQUE D'UNE ÉQUATION DU 1er DEGRÉ A UNE INCONNUE.

194. *Une équation du 1er degré à une inconnue* x *ou* y *représente un lieu géométrique* (*), *et ce lieu est une droite parallèle à l'un des axes.*

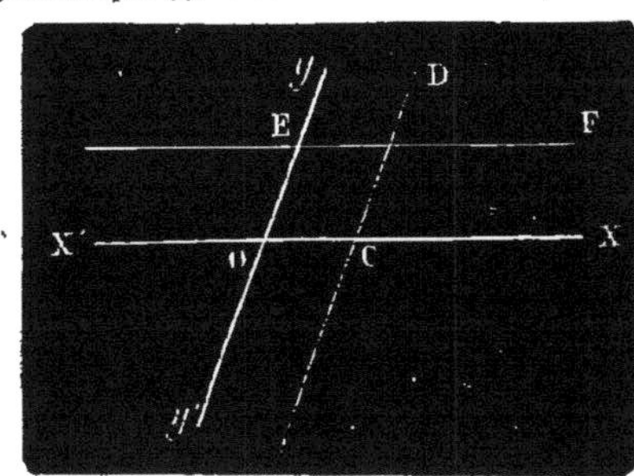

Fig. 11.

En effet, toute équation en x, résolue, peut toujours être ramenée à la forme

$$x = a.$$

Sur la droite OX, à partir du point O, dans le sens OX, si a est positif, et dans le sens OX', si a est négatif, portons une longueur OC égale à la valeur absolue de a, et par le point C menons la droite CD parallèle à l'axe Y'Y. Par suite de cette construction, tous les points de la droite CD ont des abscisses qui vérifient l'équation

$$x = a,$$

et tous les points du plan hors de cette droite ont des abscisses différentes de a. Donc le lieu des points représenté par l'équation

$$x = a$$

est une droite CD parallèle à l'axe des y.

(*) Voir *Nouveau Cours de Géométrie* (n° 78).

On voit de même que le lieu représenté par une équation en y,

$$y = b,$$

est une droite EF parallèle à l'axe des x, coupant OY en un point E obtenu en portant dans le sens OY si b est positif, et dans le sens OY' si b est négatif, une longueur OE égale à la valeur absolue de b.

Remarque. Si l'on fait croître a de $-\infty$ à $+\infty$, la droite CD se transporte parallèlement à elle-même et passe successivement par tous les points du plan. Il en est de même de EF, si y croît de $-\infty$ à $+\infty$.

195. Applications. I. *On demande de construire la droite représentée par l'équation*

$$x = 3.$$

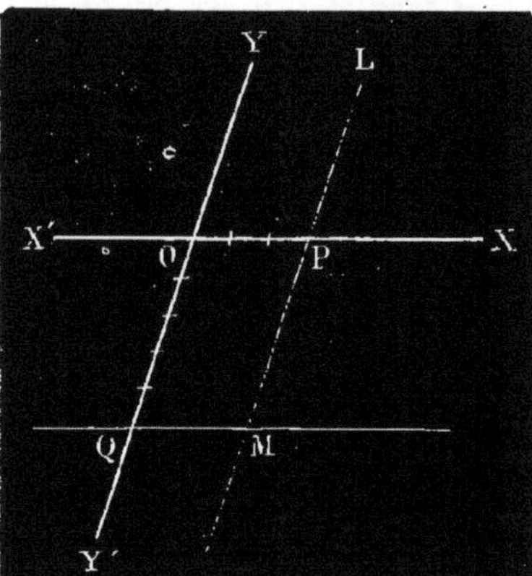

Fig. 12

Puisque x est positif, on prendra à partir de O, et dans le sens OX, une longueur OP ayant 3 fois l'unité de longueur; puis, par le point P, on tirera la droite indéfinie PL parallèlement à l'axe des y, et PL sera la droite demandée.

196. II. *Construire la droite représentée par l'équation*

$$y = -5.$$

Puisque y est négatif, on prendra à partir du point O, et dans le sens OY', une longueur OQ' égale à 5 fois l'unité de longueur; ensuite, par le point Q', on tirera la droite indéfinie Q'M parallèle à l'axe des x, et Q'M sera la droite demandée.

INTERPRÉTATION GÉOMÉTRIQUE D'UNE ÉQUATION DU 1er DEGRÉ A DEUX INCONNUES x ET y.

197. Une équation du 1er degré à deux inconnues x et y peut toujours être ramenée à la forme

$$Ax + By = C$$

et, si on résout cette équation par rapport à l'une des inconnues, y, par exemple, on a

$$y = -\frac{A}{B}x + \frac{C}{B}.$$

En posant, pour simplifier, $a = -\frac{A}{B}$ et $b = \frac{C}{B}$, il vient

$$y = ax + b.$$

Or, les lettres a et b représentant des nombres connus quelconques, il y a deux cas à considérer, car b peut être égal à zéro ou différent de zéro; dans le premier cas, l'équation précédente prend alors la forme

$$y = ax.$$

198. 1er Cas : $y = ax$. *Cette équation est le lieu d'une droite passant à l'origine des coordonnées.*

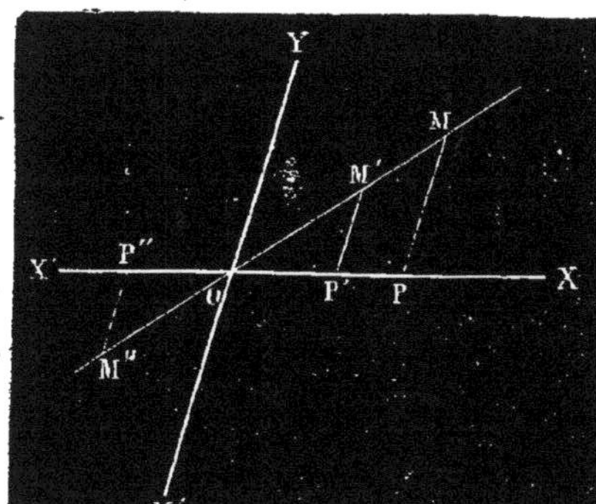

Fig. 13.

En effet, soit la droite MM'' passant par l'origine des coordonnées. De différents points M, M', M'',..., menons les ordonnées MP, M'P', M''P''...

Les triangles semblables MOP, M'OP', M''OP'',..., donnent

$$\frac{MP}{OP} = \frac{M'P'}{OP'} = \frac{-M''P''}{-OP''}.$$

Or les numérateurs de ces rapports sont les ordonnées des points considérés, et les dénominateurs sont les abscisses de ces mêmes points.

D'où il résulte que pour une droite passant par l'origine le rapport d'une ordonnée à son abscisse est constant, et en désignant ce rapport par a, on a toujours

$$\frac{y}{x} = a \text{ : d'où } y = ax.$$

Donc tout point de MM'' vérifie cette équation, qui est par conséquent le lieu de la droite MM''.

Si la droite n'était pas dans l'angle YOX, mais dans l'angle YOX', ou dans son opposé, on obtiendrait un résultat analogue; seulement a serait négatif. Car on aurait dans le 1er cas,

$$\frac{y}{-x} = a, \text{ ou } \frac{y}{x} = -a,$$

et dans le second

$$\frac{y}{-x} = a, \text{ ou } \frac{y}{x} = -a.$$

Pour construire la droite représentée par l'équation $y = ax$, *il suffit d'attribuer à* x *une valeur arbitraire; il en résulte une valeur pour* y. *On construit alors le point* M *dont les coordonnées sont* x *et* y; *ensuite on tire la droite* OM, *qui est la droite cherchée.*

199. Applications. I. *Trouver* (fig. 14) *la droite représentée par l'équation*

$$y = 3x.$$

Si l'on fait $x = 1$, on a $y = 3$;

et, M étant le point dont les coordonnées sont 1 et 3, la droite OM est la droite demandée.

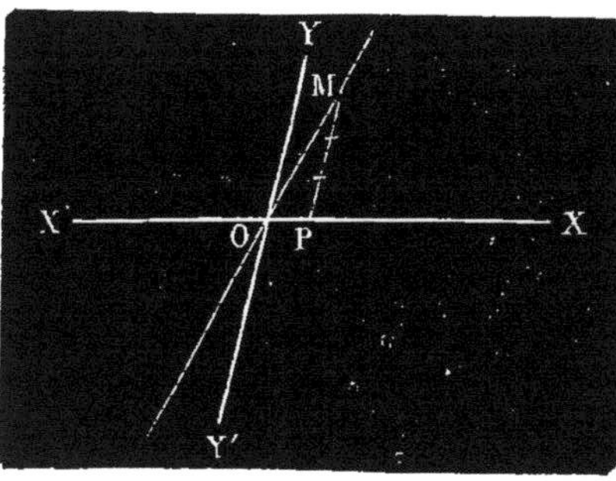

Fig. 14.

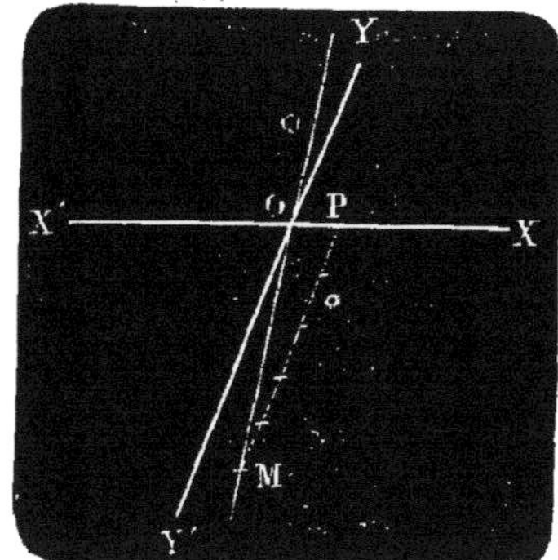

Fig. 15.

200. II. *Construire* (fig. 15) *la droite qui satisfait à l'équation*

$$y = -5x.$$

Si l'on fait $x = 1$, on a $y = -5$,

et, M' étant le point dont les coordonnées sont 1 et -5, la droite OM' est la droite cherchée.

201. 2e Cas : $y = ax + b$. *Cette équation est le lieu d'une droite qui coupe l'axe des* y *à une distance du point* O *égale à* b.

En effet, si l'on compare les deux équations $y = ax$ et $y = ax + b$, on voit que les ordonnées correspondantes à une même abscisse diffèrent de la quantité constante b.

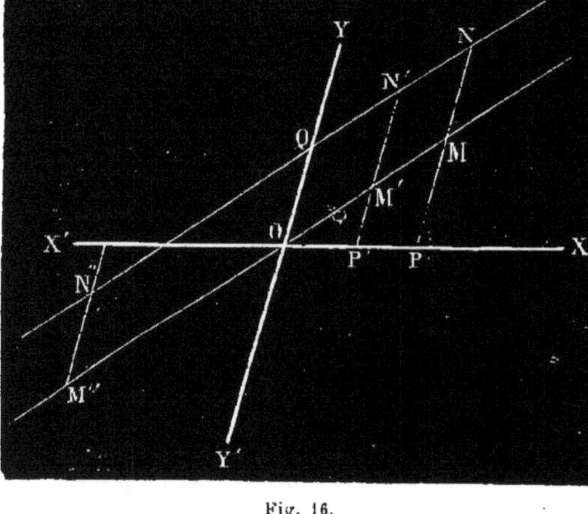

Fig. 16.

Pour trouver le lieu représenté par l'équation

$$y = ax + b,$$

il suffit donc, suivant le signe de b, d'augmenter ou de diminuer les ordonnées de la droite MM'' des longueurs MN, M'N', M''N'',....., égales à la valeur absolue de b. Le lieu des points N, N', N'',..... ainsi obtenu est évidemment une droite NN'', parallèle à la droite MM'', et coupant l'axe des y en un point Q, dont l'ordonnée QO est bien égale à b.

Donc une équation du premier degré entre deux variables x et y représente toujours une ligne droite.

Dans tous les cas, *pour construire cette droite, on déterminera d'abord la droite* MM'' (**198**), *et, puisque* b = QO = MN = M'N' =..., *on portera à partir de* O, *et suivant le signe de* b, *une distance* OQ *égale à* b ; *enfin, par le point* Q, *on mènera, parallèlement à* MM'', *la droite* NN'' *et* NN'' *sera la droite demandée.*

202. Applications. I. *Construire la droite représentée par l'équation*

$$y = 2x + 4.$$

On construira d'abord la droite représentée par l'équation

$$y = 2x.$$

Cette droite est MM'' (**198**). D'ailleurs, dans l'équation proposée, b étant égal à 4, on portera, à partir du point O, et dans le sens OY, 4 fois l'unité de longueur ; puis, par le point Q, on mènera une droite NN' parallèle à MM', et NN' sera la droite demandée.

Autre solution. Si, dans l'équation proposée, on fait $x = 0$, il vient

$$y = 4 ;$$

et, puisque y est positif, on porte de O en Y une longueur OQ égale à 4 fois l'unité de longueur; on a ainsi un point Q appartenant à la ligne NN'.

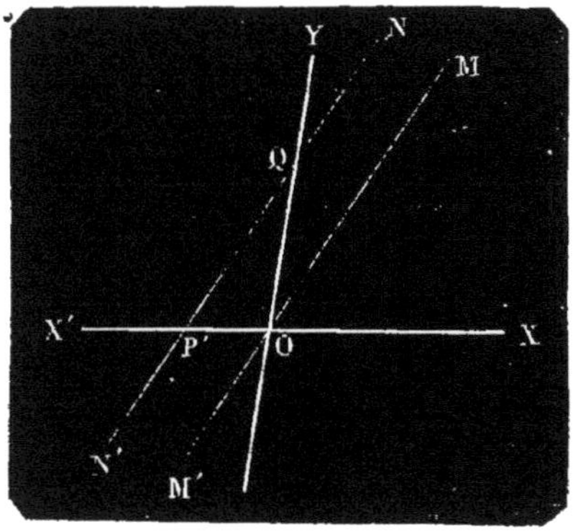

Pour avoir un second point de cette ligne, on fait dans l'équation proposée

$$y = 0,$$

ce qui donne

$$0 = 2x + 4,$$

d'où $$x = -2.$$

Puisque x est négatif, on porte de O en X' une longueur OP' égale à 2 fois l'unité de longueur; on obtient ainsi un second point de la droite NN', et, par conséquent, cette droite est déterminée.

Fig. 17.

203. II. *Trouver la droite représentée par l'équation*

$$4x - 3y = 12.$$

Cette équation peut aisément se ramener à la forme générale (*)

$$y = ax + b;$$

mais, pour construire la droite demandée, il est plus simple, comme dans l'exemple précédent (seconde solution), de faire, dans l'équation proposée, successivement $y = 0$ et $x = 0$.

Or, pour $y = 0$, on a $x = 3$, et pour $x = 0$, on a $y = -4$.

Puisque x est positif, portons dans le sens OX une longueur OP égale à 3; d'ailleurs, y étant négatif, portons dans le sens OY' une longueur OQ' égale à 4 : la droite NN', passant par les points P et Q', sera la droite demandée.

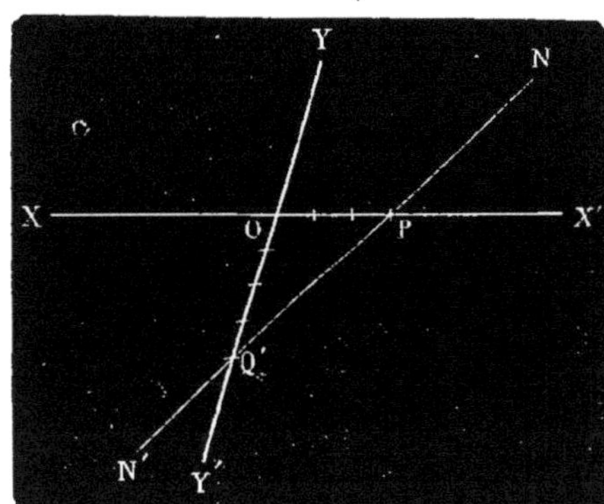

Fig. 18.

PROBLÈMES A RÉSOUDRE.

459. Trouver l'équation du cercle rapportée à son centre et à deux diamètres perpendiculaires.

460. Trouver l'équation de l'ellipse rapportée à son centre et à ses axes.

(*) On en déduit, en effet, $$3y = 4x - 12,$$

d'où $$y = \frac{4}{3}x - 4.$$

LIVRE III

ÉQUATIONS DU SECOND DEGRÉ

CHAPITRE PREMIER.

RADICAUX. — QUANTITÉS IMAGINAIRES. — TRANSFORMATION DES EXPRESSIONS IRRATIONNELLES.

204. Valeur arithmétique d'un radical. On appelle *valeur arithmétique* d'un radical le *nombre positif* qui élevé à une puissance marquée par l'indice du radical reproduit la quantité placée sous le radical. Ainsi la valeur arithmétique de $\sqrt[3]{64}$ est 4, car on a $4^3 = 64$.

205. Théorème I (*). *On élève un produit au carré en élevant au carré chacun de ses facteurs.*

En effet, on a

$$(abcd)^2 = abcd \times abcd = aa \times bb \times cc \times dd = a^2 b^2 c^2 d^2.$$

On a de même

$$(abcd)^3 = a^3 b^3 c^3 d^3;$$

et, en général,

$$(abcd)^m = a^m b^m c^m d^m.$$

206. Corollaire. *On élève un monôme au carré en élevant le coefficient au carré, et en doublant les exposants de tous les facteurs.*

En effet, on a

$$(5a^2 b^2 c)^2 = 5 \times 5 \times a^2 \times a^2 \times b^2 \times b^2 \times c \times c = 25 a^4 b^4 c^2.$$

On a de même

$$(5a^2 b^3 c)^3 = 125 a^6 b^9 c^3;$$

et, en général,

$$(5a^2 b^3 c)^m = 5^m a^{2m} b^{3m} c^m.$$

207. Théorème réciproque II. *On extrait la racine carrée d'un produit en extrayant la racine carrée de chaque facteur.*

(*) La plupart de ces théorèmes ont déjà été vus en arithmétique.

Soit le produit abc dont la racine carrée est $\sqrt{abc}$.
On a bien

$$\sqrt{abc} = \sqrt{a}\sqrt{b}\sqrt{c},$$

car le carré du premier membre ainsi que le carré du second (**205**) est abc.

On a de même

$$\sqrt[3]{abc} = \sqrt[3]{a}\sqrt[3]{b}\sqrt[3]{c};$$

et, en général

$$\sqrt[m]{abc} = \sqrt[m]{a}\sqrt[m]{b}\sqrt[m]{c}\cdot$$

208. Corollaire I. *On extrait la racine carrée d'un monôme en extrayant la racine carrée du coefficient et en divisant par 2 tous les exposants.*

On a en effet

$$\sqrt{25a^4b^6c^2} = a^2b^2c,$$

car le carré du 1er membre ainsi que le carré du second est

$$25a^4b^6c^2.$$

On a de même

$$\sqrt[3]{125a^6b^3c^3} = 5a^2bc;$$

et, en général,

$$\sqrt[m]{3a^{2m}b^{3m}c^m} = \sqrt[m]{3 \times a^2b^3c}.$$

209. Corollaire II. *On fait sortir du radical un facteur carré parfait en multipliant le radical par la racine carrée de ce facteur.*

En effet, on a, d'après le théorème,

$$\sqrt{a^2b} = \sqrt{a^2}\sqrt{b} = a\sqrt{b}.$$

On a de même

$$\sqrt[3]{a^3b} = a\sqrt[3]{b}$$

et, en général,

$$\sqrt[m]{a^mb} = a\sqrt[m]{b}.$$

Remarque. L'égalité

$$\sqrt{a^2b} = a\sqrt{b},$$

donne

$$a\sqrt{b} = \sqrt{a^2b}.$$

Donc *on introduit un facteur sous le radical en l'élevant au carré.*

210. Théorème III. *On élève une fraction au carré en élevant au carré chacun de ses termes.*

En effet, on a

$$\left(\frac{a}{b}\right)^2 = \frac{a}{b} \times \frac{a}{b} = \frac{a \times a}{b \times b} = \frac{a^2}{b^2}.$$

On a de même

$$\left(\frac{a}{b}\right)^3 = \frac{a^3}{b^3},$$

et, en général,

$$\frac{a^m}{b^m} = \frac{a^m}{b^m}.$$

211. Théorème réciproque IV. *On extrait la racine carrée d'une fraction en extrayant la racine carrée de chacun de ses termes.*

On a bien

$$\sqrt{\frac{a}{b}} = \frac{\sqrt{a}}{\sqrt{b}};$$

car le carré du premier membre ainsi que le carré du second est la fraction $\frac{a}{b}$.

On a de même

$$\sqrt[3]{\frac{a}{b}} = \frac{\sqrt[3]{a}}{\sqrt[3]{b}},$$

et, en général,

$$\sqrt[m]{\frac{a}{b}} = \frac{\sqrt[m]{a}}{\sqrt[m]{b}}.$$

212. Théorème V. *Tout nombre positif a deux racines carrées égales en valeur absolue et de signes contraires.*

En effet, soit le nombre positif 25 ; on a bien

$$\sqrt{25} = +5,$$

et

$$\sqrt{25} = -5,$$

car $+5 \times +5 = 25$ et $-5 \times -5 = 25$: donc on peut écrire

$$\sqrt{25} = \pm 5 \text{ (on lit } plus \text{ ou } moins \text{ 5)}.$$

D'ailleurs, si on élevait au carré un nombre positif ou négatif plus grand ou plus petit en valeur absolue que 5, on obtiendrait un résultat évidemment autre que 25 : par conséquent $+5$ et -5 sont les seules racines carrées de 25.

En général, si x est la racine carrée d'un nombre quelconque A, commensurable ou incommensurable, on aura donc

$$x = \pm\sqrt{A}.$$

213. Valeur algébrique d'un radical. Nous avons nommé *valeur* arithmétique d'un radical la valeur *positive* de ce radical; la valeur *négative* en est la *valeur algébrique*. Ainsi -5 représente la valeur algébrique de $\sqrt{25}$.

214. Quantités imaginaires. Le carré d'un nombre positif ou négatif étant toujours positif, il en résulte qu'un nombre négatif n'a pas de racine carrée : aussi des expressions telles que

$$\sqrt{-25} \quad , \quad \sqrt{-a^2},$$

qui ne peuvent représenter ni des nombres positifs ni des nombres négatifs, sont-elles appelées *quantités imaginaires;* par opposition, les quantités qui représentent des nombres positifs ou négatifs sont désignées sous le nom de *quantités réelles.*

215. Calcul sur les quantités imaginaires. On est *convenu* d'appliquer aux quantités imaginaires les règles ordinaires du calcul, de sorte qu'on a

$$\sqrt{-25} = \sqrt{25 \times -1} = 5\sqrt{-1}$$

et

$$\sqrt{-a^2} = \sqrt{a^2 \times -1} = a\sqrt{-1}.$$

On voit donc qu'on n'introduit, dans le calcul, que le symbole imaginaire $\sqrt{-1}$, représenté généralement par la lettre i. Par conséquent, si l'on réunit en un seul groupe tous les termes réels et en un autre tous les termes affectés du symbole $\sqrt{-1}$, une quantité imaginaire quelconque pourra se mettre sous la forme

$$a + b\sqrt{-1},$$

ou

$$a + bi.$$

216. En traitant dans le calcul les quantités imaginaires comme des quantités réelles, on remarque que les puissances de i peuvent toutes se ramener à quatre formes, car on a, en effet,

$$i = \sqrt{-1},$$
$$i^2 = \sqrt{-1} \times \sqrt{-1} = -1,$$
$$i^3 = i^2 \times i = -1 \times \sqrt{-1} = -\sqrt{-1},$$
$$i^4 = i^2 \times i^2 = -1 \times -1 = 1,$$
$$i^5 = i^4 \times i = 1 \times \sqrt{-1} = \sqrt{-1}.$$

Les puissances de $\sqrt{-1}$ se reproduisent donc périodiquement de 4 en 4, ce qui justifie ce que nous avons annoncé. Les quantités imaginaires jouent un rôle très-important dans les mathématiques supérieures.

217. Transformation des expressions irrationnelles. On a déjà vu en arithmétique qu'on simplifie le calcul d'une expression irrationnelle, ayant au dénominateur un ou plusieurs radicaux, en transformant cette expression en une autre équivalente, dont le dénominateur soit une quantité rationnelle. Ces transformations, fort usitées en algèbre, sont très-faciles à faire.

218. 1° *Si le dénominateur ne contient qu'un seul terme, il suffit de multiplier les 2 termes de l'expression par ce dénominateur.*

Ainsi il est évident qu'on a

I. $$\frac{3}{\sqrt{2}}=\frac{3\sqrt{2}}{\sqrt{2}\times\sqrt{2}}=\frac{3\sqrt{2}}{2}.$$

II. $$\frac{\sqrt{5}}{\sqrt{3}}=\frac{\sqrt{5}\times\sqrt{3}}{\sqrt{3}\times\sqrt{3}}=\frac{\sqrt{15}}{3}.$$

III. $$\frac{\sqrt{3}+\sqrt{5}}{\sqrt{3}}=\frac{(\sqrt{3}+\sqrt{5})\sqrt{3}}{\sqrt{3}\sqrt{3}}=\frac{3+\sqrt{15}}{3}.$$

IV. $$\frac{a}{\sqrt{b}}=\frac{a\sqrt{b}}{\sqrt{b}\sqrt{b}}=\frac{a\sqrt{b}}{b}.$$

219. 2° *Si le dénominateur contient plusieurs termes, on ramène ce dénominateur à être rationnel, en se basant sur ce principe connu :*

Quand on multiplie la somme de deux quantités par leur différence, on obtient pour produit la différence de leurs carrés.

Les égalités ci-dessous sont évidentes :

I. $$\frac{3}{\sqrt{5}+\sqrt{2}}=\frac{3(\sqrt{5}-\sqrt{2})}{(\sqrt{5}+\sqrt{2})(\sqrt{5}-\sqrt{2})}=\frac{3(\sqrt{5}-\sqrt{2})}{5-2}=\sqrt{5}-\sqrt{2}.$$

II. $$\frac{\sqrt{5}}{\sqrt{5}-\sqrt{3}}=\frac{\sqrt{5}(\sqrt{5}+\sqrt{3})}{(\sqrt{5}-\sqrt{3})(\sqrt{5}+\sqrt{3})}=\frac{5+\sqrt{5}\sqrt{3}}{5-3}=\frac{5+\sqrt{15}}{2}.$$

III. $$\frac{\sqrt{a}}{\sqrt{a}-\sqrt{b}}=\frac{\sqrt{a}(\sqrt{a}+\sqrt{b})}{a-b}=\frac{a+\sqrt{a}\sqrt{b}}{a-b}=\frac{a+\sqrt{ab}}{a-b}.$$

Exercices sur le calcul des radicaux.

Transformer les expressions suivantes en d'autres équivalentes :

463. 1° $\sqrt{4a^2b^2}$; 2° $2\sqrt{4a^2b^4}$.

464. 1° $5\sqrt{25a^4b^2c^2}$; 2° $6a\sqrt{a^2b^2c^4}$.

465. 1° $4\sqrt{3a^4b^2c}$; 2° $3\sqrt{8a^2bc}$.

466. 1° $\sqrt{24}+2\sqrt{6}$; 2° $3\sqrt{18}-\sqrt{2}$.

467. 1° $5\sqrt{12}+\sqrt{3}$; 2° $2\sqrt{27}-\frac{3}{4}\sqrt{3}$.

468. 1° $\sqrt{\frac{16a^3b^2c^4de}{9a^4b^3c^5d^2}}$; 2° $\sqrt{\frac{18a^3b^2c^3d^2c}{24a^4b^2c^2dc^2}}$.

469. $2\sqrt{5}+3\sqrt{49}-\frac{1}{4}\sqrt{80}$.

470. $\sqrt{63}+\frac{1}{2}\sqrt{112}-\frac{3}{8}\sqrt{28}$.

471. $\frac{\sqrt{16a^2b^2c}}{\sqrt{4a^2b^3}}+\frac{2ab\sqrt{4a^4c^3}}{3\sqrt{b^3c^2}}$.

472. $\frac{3a^2\sqrt{24a^2b^3c^2d^5x^4}}{2\sqrt{8a^3b^2c^3d^2x^3}}$.

473. $\sqrt{16a^4b^3c^2-12a^3b^2c^2+2a^2b^2c}$.

474. $\sqrt{36a^2b^2c^3-8a^2b^3c^2+4a^3b^2}$.

475. $\frac{\sqrt{5a^2c-10ac^2+5c^3}}{\sqrt{a^2-2ac+c^2}}$.

476. $\frac{3(a-b)\sqrt{8(a^2-b^2)(a+b)}}{(a+b)\sqrt{(a^2-b^2)(a-b)}}$.

477. $2\sqrt{-16}+8\sqrt{-4}-\sqrt{-25}$.

478. $4\sqrt{-8}+3\sqrt{-32}-2\sqrt{-2}$.

479. $2a+\sqrt{-b^2c^2}-a+\sqrt{-4b^2c^2}$.

480. $4ab+\sqrt{-3a^2b^2}+\sqrt{-12a^2b^2}$.

481. $(4+\sqrt{12})\times\sqrt{3}$.

482. $(14-\sqrt{8})\times\sqrt{2}$.

483. $(4+\sqrt{12})(5-\sqrt{2})$.

484. $(3-2\sqrt{3}+\sqrt{12})(4+\sqrt{18}-3\sqrt{2})$.

485. $(5-3ab\sqrt{12cd}+4\sqrt{3a^2b^2cd})(7-5ab\sqrt{18ab}+4\sqrt{2a^3b^3})$.

486. $(\sqrt{a}+\sqrt{b})(\sqrt{a}-\sqrt{b})(a+b)$.

487. $(\sqrt{a}+\sqrt{b}+\sqrt{c})(\sqrt{a}+\sqrt{b}-\sqrt{c})$.

490. $\left(\sqrt{2+\sqrt{3}}+\sqrt{2-\sqrt{3}}\right)^2$.

491. $\left(\sqrt{2a+\sqrt{2}}+\sqrt{2a-\sqrt{b}}\right)^2$.

492. $(3a+2b\sqrt{-1})(3a-2b\sqrt{-1})$.

493. $(2a-3+b\sqrt{-1})(2a-3-b\sqrt{-1})$.

494. $(5+3\sqrt{-1})(5-3\sqrt{-1})$.

495. $(7+\sqrt{-2})(7-\sqrt{-2})$.

Rendre rationnel le dénominateur des expressions suivantes :

500. 1° $\frac{5}{\sqrt{3}}$; 2° $\frac{4}{3\sqrt{2}}$.

501. 1° $\frac{3+\sqrt{3}}{\sqrt{5}}$; 2° $\frac{4-\sqrt{3}}{2\sqrt{3}}$.

502. $\frac{7-2\sqrt{5}}{4\sqrt{3}}$.

503. $\frac{8-2\sqrt{5}}{3-4\sqrt{20}}$.

504. $\frac{8+3\sqrt{2}-\sqrt{3}}{3\sqrt{2}+\sqrt{3}}$.

505. $\frac{5\sqrt{3}-3\sqrt{2}}{\sqrt{12}-2\sqrt{3}+\sqrt{2}}$.

506. $\frac{7\sqrt{18}-3\sqrt{2}}{6\sqrt{3}-2\sqrt{12}+\sqrt{2}}$.

507. $\frac{7\sqrt{3}}{7-\sqrt{3}}-\frac{3\sqrt{7}}{7+\sqrt{3}}$.

508. $\frac{1}{\sqrt{2}+\sqrt{3}-\sqrt{5}}$.

509. $\frac{4+\sqrt{2}-\sqrt{3}}{3-\sqrt{2}+\sqrt{3}}$.

510. $\frac{\sqrt{2a+b}+\sqrt{2a-b}}{\sqrt{2a+b}-\sqrt{2a-b}}$.

511. $\frac{m}{\sqrt{a}+\sqrt{b}-\sqrt{c}}$.

512. $\frac{a+b}{1+\frac{1}{\sqrt{a-b}}}$.

513. $\frac{3+2a+b\sqrt{-1}}{a-b\sqrt{-1}}$.

CHAPITRE II

RÉSOLUTION DES ÉQUATIONS DU SECOND DEGRÉ.

220. Formule générale d'une équation du second degré à une inconnue. Lorsque tous ses termes, par rapport à x, sont entiers, une équation du second degré à une inconnue ne peut contenir que 3 espèces de termes :

1° Des termes en x^2;
2° Des termes en x;
3° Des termes connus.

Si donc on réunit tous les termes de même espèce en un seul, et qu'on fasse tout passer dans le 1er membre, l'équation du second degré aura cette forme générale :

$$ax^2 + bx + c = 0. \qquad (1)$$

Les quantités connues a, b, c sont positives ou négatives, monômes ou polynômes.

Remarque. Il est bien évident que, parmi les quatre quantités a, b, c, x, il y en a au moins une de négative; car la somme de plusieurs quantités positives est évidemment plus grande que zéro. Ainsi, dans une équation telle que

$$x^2 + 8x + 12 = 0,$$

les valeurs de x seront *nécessairement* négatives.

221. Équation complète. Équation incomplète. L'équation du 2° degré est *complète*, si elle se présente sous la forme (1); elle est *incomplète*, si le terme en x manque ($b = 0$), ou si le terme connu manque ($c = 0$), ou enfin si ces deux termes manquent en même temps : alors elle a l'une de ces 3 formes :

$$ax^2 + c = 0 \quad ; \quad ax^2 + bx = 0 \quad ; \quad ax^2 = 0.$$

222. Autre forme de l'équation générale du second degré. Si a est différent de zéro, on peut diviser tous les termes de l'équation (1) par a, ce qui donne

$$x^2 + \frac{b}{a}x + \frac{c}{a} = 0;$$

et, en faisant

$$\frac{b}{a} = p \text{ et } \frac{c}{a} = q,$$

il vient

$$x^2 + px + q = 0. \qquad (2)$$

Si l'équation (2) est incomplète, elle a donc l'une de ces 3 formes:

$$x^2+q=0 \quad ; \quad x^2+px=0 \quad ; \quad x^2=0.$$

C'est sous la forme (2) que l'équation du second degré est le plus souvent traitée.

223. Résolution de l'équation incomplète du second degré. 1° $x^2+q=0$.

L'équation

$$x^2+q=0$$

donne

$$x^2=-q;$$

d'où (**212**)

$$x=\pm\sqrt{-q}.$$

En séparant les deux signes dont le radical est affecté, et en désignant les racines par x' et x'', il vient

$$x'=+\sqrt{-q};$$

$$x''=-\sqrt{-q}.$$

Si q est négatif, $-q$ est positif, et l'on a deux racines réelles et de signes contraires; mais si q est positif, $-q$ est négatif et les deux racines sont imaginaires. Ce résultat est évident *à priori;* car on ne conçoit pas, dans ce cas, que x^2+q puisse égaler zéro, pour aucune valeur de x.

Exemple. Soit l'équation.

$$x^2-16=0.$$

Dans ce cas $q=-16$;

on a donc

$$x^2=16,$$

d'où

$$x=\pm\sqrt{16}=\pm 4,$$

et (*)

$$x'=4,$$

$$x''=-4.$$

Ces deux racines vérifient l'équation proposée; car on a bien

$$4\times 4-16=0,$$

et

$$-4\times -4-16=0.$$

D'ailleurs, elle ne peut être vérifiée par aucun autre nombre.

224. 2° $x^2+px=0$.

L'équation

$$x^2+px=0$$

donne

$$x(x+p)=0.$$

Le 1er membre est donc le produit de 2 facteurs; or, on peut rendre ce produit nul de deux manières : soit en posant

$$x=0,$$

ou

$$x+p=0.$$

(*) On verra plus loin qu'on ne représente pas toujours la plus grande racine par x'.

On déduit de cette dernière équation

$$x = -p.$$

Ainsi l'équation $x^2 + px$ a encore deux racines qui sont :

$$x' = 0,$$

et

$$x'' = -p.$$

Exemple. Soit l'équation

$$x^2 + 5x = 0.$$

Dans ce cas, $p = 5$:

on a donc $$x(x+5) = 0,$$

d'où $$x' = 0,$$

et $$x'' = -5.$$

Il est facile de voir que l'équation proposée est vérifiée par ces deux racines, et ne l'est par aucune autre.

225. 3° $x^2 = 0$.

L'équation

$$x^2 = 0$$

donne

$$x \times x = 0,$$

équation qui n'est vérifiée que si l'on a

$$x' = 0,$$

ou

$$x'' = 0.$$

Ainsi *les deux racines de l'équation sont nulles*. On fait usage de cette locution pour indiquer que ces deux racines nulles peuvent être considérées comme les limites de deux racines qui demeurent constamment distinctes tant qu'elles ne sont pas nulles.

Résolution de l'équation complète du second degré sous la forme : $x^2 + px + q = 0$.

226. On a vu plus haut (**222**) que la forme générale

$$ax^2 + bx + c = 0$$

se ramène à cette autre :

$$x^2 + px + q = 0.$$

Afin de mieux faire comprendre le raisonnement, prenons d'abord un exemple numérique.

Soit l'équation

$$x^2 - 8x + 15 = 0;$$

si l'on fait passer 15 dans le second membre, cette équation peut s'écrire

$$x^2 - 8x = -15.$$

Mais il est facile de voir que $x^2 - 8x$ est le commencement du carré de $x - \frac{8}{2}$, ou de $x - 4$; car on a

$$(x-4)^2 = x^2 - 8x + 16.$$

Si donc on ajoute 16 aux deux membres de l'équation

$$x^2 - 8x = -15,$$

elle devient

$$x^2 - 8x + 16 = 16 - 15,$$

et le 1er membre est alors le carré de $x - 4$; de sorte qu'on peut écrire

$$(x-4)^2 = 16 - 15.$$

En extrayant la racine carrée de chaque membre, on a

$$x - 4 = \pm\sqrt{1},$$

d'où

$$x = 4 \pm 1.$$

Séparant les deux valeurs de x, on a pour les racines de l'équation proposée

$$x' = 4 + 1 = 5$$

et

$$x'' = 4 - 1 = 3.$$

Soit maintenant l'équation générale

$$x^2 + px + q = 0.$$

Si l'on fait passer q dans le second membre, cette équation peut s'écrire

$$x^2 + px = -q.$$

Mais il est facile de voir que $x^2 + px$ est le commencement du carré de $x + \frac{p}{2}$; car on a

$$\left(x + \frac{p}{2}\right)^2 = x^2 + px + \frac{p^2}{4}.$$

Si donc on ajoute $\frac{p^2}{4}$ aux deux membres de l'équation

$$x^2 + px = -q,$$

elle devient

$$x^2 + px + \frac{p^2}{4} = \frac{p^2}{4} - q,$$

et le 1er membre est alors le carré de $x + \frac{p}{2}$; de sorte qu'on peut écrire

$$\left(x + \frac{p}{2}\right)^2 = \frac{p^2}{4} - q.$$

Extrayant la racine carrée de chaque membre, on a

$$x + \frac{p}{2} = \pm\sqrt{\frac{p^2}{4} - q},$$

d'où

$$x = -\frac{p}{2} \pm \sqrt{\frac{p^2}{4} - q}.$$

Cette formule, qui renferme une double solution, à cause du double signe $\pm$ placé devant le radical, peut se traduire en langage ordinaire comme il suit :

L'inconnue d'une équation du second degré, mise sous la forme $x^2+px+q=0$, *est égale à la moitié du coefficient de* x *changé de signe, plus ou moins la racine carrée du carré de cette moitié, moins le terme tout connu.*

En séparant les signes, on a donc pour les racines x', x''

$$x'=-\frac{p}{2}+\sqrt{\frac{p^2}{4}-q};$$

$$x''=-\frac{p}{2}-\sqrt{\frac{p^2}{4}-q}.$$

Appliquons cette formule à quelques exemples.

Exemple I. Résoudre l'équation

$$x^2-6x+8=0.$$

La formule donne

$$x=3\pm\sqrt{9-8},$$

$$x=3\pm\sqrt{1},$$

$$x=3\pm 1.$$

Séparant les valeurs de x, on a

$$x'=3+1=4.$$

$$x''=3-1=2.$$

On peut aisément vérifier ces deux valeurs.

Vérification de x' : $4\times 4-6\times 4+8=0$, ou $24-24=0$.

Vérification de x'' : $2\times 2-6\times 2+8=0$, ou $12-12=0$.

Exemple II. Résoudre l'équation

$$x^2+8x+15=0.$$

La formule donne

$$x=-4\pm\sqrt{16-15},$$

$$x=-4\pm 1.$$

L'équation admet par conséquent les deux racines

$$x'=-4+1=-3,$$

$$x''=-4-1=-5.$$

Il est facile de vérifier ces deux racines.

Exemple III. Résoudre l'équation

$$9x-x^2-20=0.$$

En changeant les signes (**121**), on a

$$x^2-9x+20=0.$$

La formule donne

$$x=\frac{9}{2}\pm\sqrt{\frac{18}{4}-20},$$

$$x=\frac{9}{2}\pm\sqrt{\frac{1}{4}},$$

$$x=\frac{9}{2}\pm\frac{1}{2}.$$

Séparant les deux valeurs de x, il vient

$$x'=\frac{9}{2}+\frac{1}{2}=5,$$

$$x''=\frac{9}{2}-\frac{1}{2}=4.$$

Exemple IV. Résoudre l'équation

$$x^2+x-56=0.$$

Le coefficient de x étant l'unité, on a, d'après la formule,

$$x=-\frac{1}{2}\pm\sqrt{\frac{1}{4}+56},$$

$$x=-\frac{1}{2}\pm\sqrt{\frac{225}{4}},$$

$$x=-\frac{1}{2}\pm\frac{15}{2}.$$

L'équation admet donc les deux racines

$$x'=-\frac{1}{2}+\frac{15}{2}=7,$$

$$x''=-\frac{1}{2}-\frac{15}{2}=-8.$$

Exemple V. Résoudre l'équation

$$2x^2-12x+16=0.$$

Divisant tous les termes par 2, il vient

$$x^2-6x+8=0,$$

et la formule donne

$$x=3\pm\sqrt{9-8};$$

d'où $x'=3+1=4$

et $x''=3-1=2.$

227. Résolution de l'équation complète du second degré sous la forme : $ax^2+ba+c=0.$

L'équation générale du second degré

$$ax^2+bx+c=0$$

a été ramenée (**222**) à la forme

$$x^2+px+q=0;$$

or, cette dernière équation a pour racines

$$x=-\frac{p}{2}\pm\sqrt{\frac{p^2}{4}-q};$$

si donc on remplace dans cette formule p et q par leurs valeurs respectives $\frac{b}{a}$ et $\frac{c}{a}$, on aura les racines de la 1re équation, qui sont par conséquent comprises toutes les deux dans la formule

$$x=-\frac{b}{2a}\pm\sqrt{\frac{b^2}{4a^2}-\frac{c}{a}},$$

ou, successivement,

$$x=-\frac{b}{2a}\pm\sqrt{\frac{b^2}{4a^2}-\frac{4ac}{4a^2}},$$

$$x=-\frac{b}{2a}\pm\sqrt{\frac{b^2-4ac}{4a^2}},$$

$$x=-\frac{b}{2a}\pm\frac{\sqrt{b^2-4ac}}{2a},$$

$$x=\frac{-b\pm\sqrt{b^2-4ac}}{2a}.$$

Cette formule peut se traduire ainsi en langage ordinaire :

L'inconnue d'une équation du second degré mise sous la forme $ax^2+bx+c=0$ *est égale au coefficient de* x *changé de signe, plus ou moins la racine carrée du carré de ce coefficient diminuée de 4 fois le produit du coefficient de* x^2 *par le terme connu, le tout divisé par le double du coefficient de* x^2.

On peut également séparer les racines.

223. Remarque. Lorsque le coefficient de x^2 est pair, on pose $b=2b'$; et cette valeur de b substituée dans la formule donne

$$x=\frac{-2b'\pm\sqrt{4b'^2-4ac}}{2a};$$

faisant sortir du radical le facteur 4 qui devient 2, on a

$$x=\frac{-2b'\pm2\sqrt{b'^2-ac}}{2a};$$

d'où, en divisant numérateur et dénominateur par 2,

$$x = \frac{-b' \pm \sqrt{b'^2 - ac}}{a}.$$

Cette formule peut se traduire ainsi en langage ordinaire :

L'inconnue d'une équation du second degré mise sous la forme $ax^2 + 2b'x + c = 0$ *est égale à la moitié du coefficient de* x *changé de signe, plus ou moins, la racine carrée du carré de cette moitié diminué du produit du coefficient de* x^2 *par le terme connu, le tout divisé par le coefficient de* x^2.

Appliquons ces formules à deux exemples.

Exemple I. Résoudre l'équation

$$7x^2 - 15x + 2 = 0.$$

La 1re formule donne

$$x = \frac{15 \pm \sqrt{15^2 - 4 \times 7 \times 2}}{2 \times 7},$$

$$x = \frac{15 \pm \sqrt{225 - 56}}{14},$$

$$x = \frac{15 \pm 13}{14}.$$

Séparant les racines, il vient

$$x' = \frac{15 + 13}{14} = 2,$$

$$x'' = \frac{15 - 13}{14} = \frac{1}{7}.$$

Il est facile de vérifier ces deux valeurs.

Exemple II. Résoudre l'équation

$$5x^2 - 4x - 15 = 0.$$

Le coefficient de x étant pair, on emploiera la seconde formule. Cette formule donne

$$x = \frac{2 \pm \sqrt{2^2 - (5 \times -15)}}{5},$$

$$x = \frac{2 \pm \sqrt{4 + 45}}{5}.$$

$$x = \frac{2 \pm 7}{5}.$$

Séparant les racines, il vient

$$x' = \frac{2 + 7}{5} = 3, \quad \text{et} \quad x'' = \frac{2 - 7}{5} = -\frac{5}{5}.$$

Exercices sur les équations du second degré à une inconnue

Résoudre les équations suivantes :

316. 1° $5x^2 - 80 = 0$; 2° $3x^2 - 15 = -2x^2$; 3° $49 - x^2 = -7$.

317. 1° $5x^2 - 3x = 0$; 2° $\frac{8x^2}{3} = 5x$; 3° $3x(x-1) = 0$.

318. 1° $\left(x + \frac{x}{3}\right)x - 4x = 0$; 2° $\left(2x + \frac{x}{4}\right)x - 2x = 7x$.

319. 1° $x^2 + 4x - 12 = 0$; 2° $x^2 - 4x + 3 = 0$; 3° $x^2 - 10x + 21 = 0$.

320. 1° $x^2 - 7x + 10 = 0$; 2° $x^2 + 3x - 28 = 0$; 3° $x^2 + 8x + 12 = 0$.

321. 1° $x^2 + 5x + 6 = 0$; 2° $x^2 - 3{,}5x + 1{,}5 = 0$; 3° $x^2 - 1{,}3x + 0{,}3 = 0$.

322. 1° $x^2 - x - 6 = 0$; 2° $x^2 = 12 - x$; 3° $x^2 + 3x = -2$.

323. 1° $3x^2 - 11x + 6 = 0$; 2° $6x^2 + 10 = 19x$; 3° $5x - 14 = 5x^2$.

324. 1° $3x^2 = 24x - 56$; 2° $27 - 5x^2 + 6x = 0$; 3° $3x^2 - \frac{8x}{5} = 67$.

325. $\frac{5}{3}x^2 - \frac{3}{4}x + \frac{1}{4} = \frac{7x}{6} + 14$.

326. $\frac{2x^2}{5} + \frac{4x}{3} - \frac{1}{6} = \frac{12x}{5} + x - 0{,}5$.

327. $\frac{4x^2}{5} - \frac{3x}{2} - \frac{5}{8} = 2x^2 - \frac{9x}{2} + 0{,}575$.

328. $\frac{5}{3+x} + \frac{13}{2+x} = 4{,}25$.

329. $\frac{7x+10}{x-2} = \frac{3x}{12} + \frac{35}{6}$.

330. $\frac{5x}{x+4} + \frac{8(x+3)}{x} = 16{,}5$.

331. $\frac{x-1}{x+1} + \frac{x+1}{x-1} = \frac{13}{6}$.

332. $3(x-4)(x-1) = 4(x-2)(x+3) - 84$.

333. $\frac{4}{3(x^2-1)} + \frac{5}{9} = \frac{5}{x+1} - \frac{2}{3}$.

334. $0{,}4x^2 - \frac{3x}{5} - 0{,}8 = \frac{5x^2}{2} + \frac{7x}{4} - 13{,}1$.

335. $\frac{5}{x-2} + \frac{4(x+1)}{3(x-3)} = \frac{53}{6}$.

336. $\frac{7}{x-3} = \frac{3x-2}{3} + \frac{2x}{5} - 0{,}6$.

337. $2x^2 - 6x = -9$.

338. $5x - 4 = 3x^2$.

339. Résoudre $V = \frac{H}{3}\pi(R^2 + r^2 + Rr)$, par rapport à r.

340. $x^2 + (a-x)^2 = b$.

341. $x\frac{a(b-x)}{b} = c$.

342. $\frac{a(b-x)(2b+x)}{b+x} = 3x$

343. $\frac{x-a}{2a} = \frac{2b}{2x+a}$.

344. $\frac{b(x-a)}{b+x} = \frac{x}{ab}$.

345. $\frac{a-b}{4(x-a)} + \frac{x+2b}{a+b} = 2$.

346. $\frac{ax^2}{x-2a} + \frac{b-c}{b^2-c^2} = x + \frac{3a}{b+c}$.

347. $\frac{a+b}{x(a^2-b^2)} + \frac{1}{a-b} = \frac{2a+b}{3x}$.

348. $\frac{2x(h-x)(a-b)}{h} + 2x(a+b) = h(a+b)$.

CHAPITRE III

DISCUSSION ET INTERPRÉTATION GÉOMÉTRIQUE D'UNE ÉQUATION DU SECOND DEGRÉ.

DISCUSSION.

229. Forme ordinaire : $x^2+px+q=0$. Les racines de cette équation sont données (**227**) par la formule

$$x=-\frac{p}{2}\pm\sqrt{\frac{p^2}{4}-q}.$$

Il y a les 3 cas suivants à considérer :

1er Cas. $\frac{p^2}{4}-q>0$: *racines réelles et inégales.* Dans ce cas, la quantité soumise au radical est positive, par conséquent la racine peut s'extraire, et les deux valeurs x', x'' sont réelles et évidemment inégales. Ce 1er cas se subdivise en trois autres; car on peut avoir :

$$q>0, q=0, q<0.$$

1° $q>0$. Si, en même temps qu'on a $\frac{p^2}{4}-q>0$, on suppose q positif, c'est-à-dire $q>0$, il devient négatif sous le radical, et alors il est évident qu'on a

$$\frac{p^2}{4}-q<\frac{p^2}{4}, \text{ et par suite } \sqrt{\frac{p^2}{4}-q}<\frac{p}{2}.$$

Il en résulte que le terme $-\frac{p}{2}$, qui est en avant du radical, donne son signe aux deux racines x' et x''. *Donc, quand les racines sont réelles et inégales et* q *positif, les deux racines sont de même signe, et ce signe commun est contraire à celui de* p.

C'est ce qu'on peut voir n° **226**, exemples I, II, III et V.

2° $q=0$. Si, en même temps qu'on a $\frac{p^2}{4}-q>0$, on a $q=0$, il est évident qu'il vient alors

$$\frac{p^2}{4}-q=\frac{p^2}{4}, \text{ et par suite } \sqrt{\frac{p^2}{4}-q}=\pm\frac{p}{2};$$

on a par conséquent

$$x=-\frac{p}{2}=\pm\frac{p}{2};$$

d'où

$$x'=0 \quad , \quad x''=-p.$$

Donc, si q *est égal à* o, *l'une des racines est* o *et l'autre est égale au coefficient de* x *changé de signe.* C'est ce que nous avons déjà trouvé directement (**224**).

3° $q < o$. Si, en même temps qu'on a $\frac{p^2}{4} - q > o$, on suppose q négatif, c'est-à-dire $q < o$, il devient positif sous le radical, et alors il est évident qu'on a

$$\frac{p^2}{4} - q > \frac{p^2}{4}, \text{ et par suite } \sqrt{\frac{p^2}{4} - q} > \frac{p}{2}.$$

Il en résulte que le radical $\sqrt{\frac{p^2}{2} - q}$ donne son signe aux deux racines x' et x''.

Donc, quand les racines sont réelles et inégales et q *négatif, les deux racines sont de signes contraires, et la plus grande en valeur absolue est de signe contraire à* p.

C'est ce qu'on peut voir n° **226**, exemple IV; la racine -8, qui est la plus grande en valeur absolue, a bien un signe contraire à celui du coefficient 1 de x.

Remarque. Puisque, dans le cas dont il s'agit, on a $\frac{p}{4} - q > o$, il est évident qu'on peut poser

$$\frac{p^2}{4} - q = m^2:$$

d'où

$$q = \frac{p^2}{4} - m^2$$

L'équation

$$x^2 + px + q = o$$

peut donc être remplacée par cette autre :

$$x^2 + px + \frac{p^2}{4} - m^2 = o,$$

ou bien

$$\left(x + \frac{p}{2}\right)^2 - m^2 = o,$$

équation dont le 1er membre est la différence de deux carrés.

Il résulte de là que, *si les deux racines d'une équation du second degré sont réelles et inégales, le 1er membre de l'équation est la différence de deux carrés.*

La quantité m^2 peut n'être pas un carré parfait, tel qu'on le conçoit en arithmétique. En algèbre, une quantité *essentiellement positive* est considérée comme un carré.

230. 2e Cas. $\frac{p^2}{4} - q = o$: *racines réelles et égales.* Dans ce cas, la quantité soumise au radical est nulle; par conséquent, le radical disparaît, et l'on a

$$x' = -\frac{p}{2} \quad , \quad x'' = -\frac{p}{2}.$$

A proprement parler, il n'y a qu'une seule racine $-\frac{p}{2}$. Cependant on dit qu'il y a deux racines égales, d'après cette considération : tant que $\frac{p^2}{4} - q$ n'est pas nul, les deux racines sont distinctes; par conséquent, $-\frac{p}{2}$ peut être regardé comme la limite de chacune d'elles, lorsque $\frac{p^2}{4} - q$ tend vers zéro.

Remarque. Puisque, dans le cas dont il s'agit, on a $\frac{p^2}{4} - q = 0$, on en déduit $q = \frac{p^2}{4}$.

L'équation

$$x^2 + px + q$$

peut donc être remplacée par cette autre :

$$x^2 + px + \frac{p^2}{4} = 0,$$

ou bien

$$\left(x + \frac{p}{2}\right)^2 = 0.$$

Il résulte de là que, *si les deux racines d'une équation du second degré sont réelles et égales, le premier membre de l'équation est un carré parfait.*

231. 3e Cas. $\frac{p^2}{4} - q < 0$: *racines imaginaires.* Dans ce cas, la quantité soumise au radical est négative; par conséquent, la racine ne peut s'extraire, et les deux valeurs x', x'' sont *imaginaires.*

Remarque. Puisque, dans le cas dont il s'agit, on a

$$\frac{p^2}{4} - q < 0,$$

on peut poser

$$\frac{p^2}{4} - q + m^2 = 0 :$$

d'où

$$q = \frac{p^2}{4} + m^2.$$

l'équation

$$x^2 + px + q$$

peut donc être remplacée par cette autre :

$$x^2+px+\frac{p^2}{4}+m^2,$$

ou bien

$$\left(x+\frac{p}{2}\right)^2+m^2=0,$$

équation dont le 1er membre est la somme de deux carrés.

La forme que le 1er membre prend, dans ce cas, met bien en évidence l'impossibilité absolue de l'équation ; car aucune valeur de x ne peut rendre négatif $\left(x+\frac{p}{2}\right)^2$, et par suite ne peut rendre le 1er membre $\left(x+\frac{p}{2}\right)^2+m^2$ égal à zéro.

TABLEAU RÉSUMANT LA DISCUSSION.

1er Cas : $\frac{p}{2}-q>0$	Racines réelles et inégales	$q>0$: même signe que $-p$. $q=0$: l'une est 0 et l'autre $-p$. $q<0$: signes contraires ; la plus grande a le signe de $-p$.

Dans ce cas, le 1er membre est la différence de 2 carrés.

2e Cas. $\frac{p^2}{4}-q=0$: racines réelles et égales ; leur valeur commune est $-\frac{p}{2}$.

Le 1er membre est un carré parfait.

3e Cas. $\frac{p^2}{4}-q<0$: racines imaginaires.

Le 1er membre est la somme de 2 carrés.

232. 2e Forme : $ax^2+bx+c=0$. Les racines de cette équation sont données (**227**) par la formule

$$x=\frac{-b\pm\sqrt{b^2-4ac}}{2a}.$$

Il y a également trois cas à considérer, et le raisonnement est entièrement identique au précédent.

Le tableau ci-dessous présente le résumé de la discussion.

1er Cas : $b^2 - 4ac > 0$. Racines réelles et inégales :
- $c > 0$: même signe que $-b$.
- $c = 0$: l'une est 0 et l'autre $-\frac{b}{a}$.
- $c < 0$: signes contraires ; la plus grande a le signe de $-b$.

2e Cas : $b^2 - 4ac = 0$: racines réelles et égales ; leur valeur commune est $-\frac{b}{2a}$.

3e Cas : $b^2 - 4ac < 0$: racines imaginaires.

Interprétation géométrique des racines d'une équation du second degré à une inconnue.

233. L'interprétation géométrique d'une équation du second degré à une inconnue ne présente aucune difficulté.

Soient deux axes de coordonnées, X'X et Y'Y, se coupant au point O.

Désignons par x', x'' les deux racines de l'équation

$$ax^2 + bx + c = 0.$$

Il y a trois cas à considérer.

1° Si $b^2 - 4ac$ est positif, les deux racines sont réelles et inégales (numéro précédent).

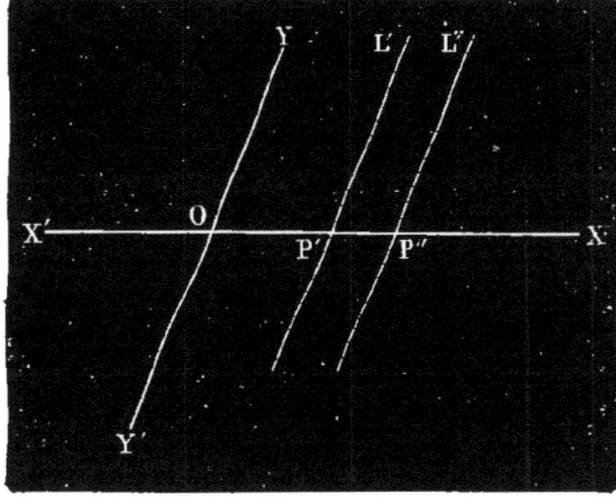

Fig. 19.

Portons donc sur l'axe OX, à partir du point O, à droite ou à gauche de ce point, suivant les signes des racines, des longueurs OP', OP'' respectivement égales à x' et x''; puis, tirons par les points P' et P'' deux droites P'L', P''L'' parallèles à l'axe des y. Tous les points situés sur l'une ou l'autre des droites P'L', P''L'' ont des abscisses égales à x' ou x'', et qui, par suite, vérifient l'équation

$$ax^2 + bx + c = 0.$$

D'ailleurs, tous les points du plan hors de ces droites ont des abscisses différentes de x' et de x'' : donc le lieu des points représentés par l'équation

$$ax^2 + bx + c = 0$$

est l'ensemble de deux droites P'L', P''L'', parallèles à l'axe des y.

2° Si $b^2 - 4ac$ est nul, les deux racines sont égales ; par suite, les points P' et P'' se confondent ainsi que les droites P'L' et P''L''.

3° Si $b^2 - 4ac$ est négatif, les deux racines sont imaginaires, et alors l'équation ne peut être satisfaite par aucun point du plan.

EXEMPLE I. *Trouver l'ensemble des droites représentées par l'équation*

$$4x^2 - 8x - 60 = 0.$$

Cette équation ayant pour racine 5 et -3, représente deux parallèles à l'axe des y et dont les abscisses sont 5 et -3.

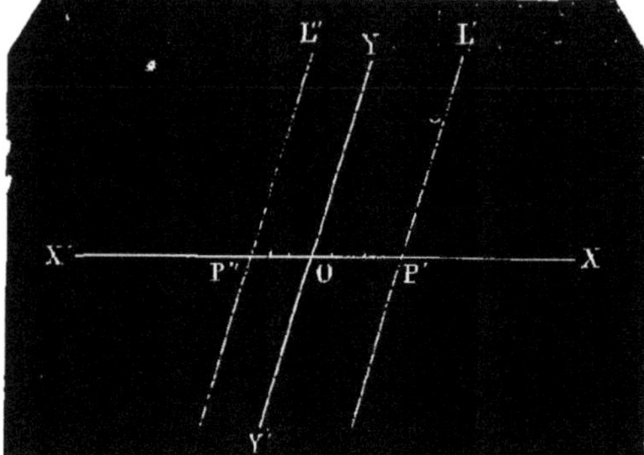

Fig. 20.

EXEMPLE II. *Trouver l'ensemble des droites représentées par l'équation*

$$x^2 - 10x + 25 = 0.$$

Cette équation ayant ses deux racines égales à 5, les deux droites parallèles à l'axe des y se confondent en une seule et même droite P'L'', dont l'abscisse est 5.

Une équation telle que

$$x^2 - 4x + 12,$$

dont les racines sont imaginaires, ne représente rien.

CHAPITRE IV.

RELATIONS ENTRE LES RACINES ET LES COEFFICIENTS

234. Théorème. *La somme des racines de l'équation*

$$x^2 + px + q = 0$$

est égale à $-p$; 2° *leur produit est égal à* q.

1° En effet, x' et x'' étant les deux racines de cette équation, on a

$$x' = -\frac{p}{2} + \sqrt{\frac{p^2}{4} - q},$$

$$x'' = -\frac{p}{2} - \sqrt{\frac{p^2}{4} - q},$$

et, en ajoutant membre à membre, il vient

$$x' + x'' = -p.$$

2° Si l'on fait le produit des mêmes racines, on a

$$x'x'' = \left(-\frac{p}{2} + \sqrt{\frac{p^2}{4} - q}\right)\left(-\frac{p}{2} - \sqrt{\frac{p^2}{4} - q}\right).$$

Mais le second membre est la somme de deux quantités $-\frac{p}{2}$ et $\sqrt{\frac{p^2}{4}-q}$ multipliée par leur différence; le produit est donc (74) la différence des carrés de ces mêmes quantités; or le carré de $-\frac{p}{2}$ est $\frac{p^2}{4}$, et le carré de $\sqrt{\frac{p^2}{4}-q}$ est $\frac{p^2}{4}-q$; on a, par suite,

$$x'x''=\frac{p^2}{4}-\left(\frac{p^2}{4}-q\right)=\frac{p^2}{4}-\frac{p^2}{4}+q;$$

d'où

$$x'x''=q.$$

235. Corollaire I. *On peut former immédiatement l'équation du second degré dont on connaît les deux racinee.*

Si, par exemple, $x'=3$, $x''=7$, on aura

$$x'+x''=-p=(3+7)=10,$$

et

$$x'x''=q=3\times 7=21;$$

par conséquent, l'équation sera

$$x^2-10x+21=0.$$

236. Corollaire II. *On peut poser immédiatement l'équation du second degré qui permet de trouver deux nombres dont on connaît la somme et le produit.*

Si, par exemple, la somme de deux nombres x', x'' est 16, et leur produit 63, on peut poser

$$x'+x''=-p=16,$$

et

$$x'x''=q=63;$$

par conséquent, l'équation, qui fera connaître les deux nombres x', x'', sera

$$x^2-16x+63=0.$$

Si l'on résout cette équation, on a

$$x=8\pm\sqrt{64-63};$$

d'où

$$x'=8+1=9;$$

$$x''=8-1=7.$$

Les nombres cherchés sont donc 9 et 7 : leur somme est bien 16 et leur produit 63.

237. Corollaire III. *On peut trouver* à priori *les signes des racines, supposées réelles, d'une équation du second degré.*

Si, par exemple, on a l'équation

$$x^2 - 11x + 28 = 0, \qquad (1)$$

on voit immédiatement que les racines ont le même signe, puisque leur produit 28 est positif; d'ailleurs leur somme est $-p$, et comme ici $p = -11$, il en résulte que $-p = 11$. Donc les racines sont positives.

Soit encore l'équation

$$x^2 + 3x - 40 = 0. \qquad (2)$$

Cette fois, les racines ont des signes contraires, puisque leur produit est négatif; d'ailleurs leur somme est $-p$, et comme ici $p = 3$, il en résulte que $-p = -3$; la somme des racines est par conséquent négative. Donc la plus grande en valeur absolue est négative.

238. Remarque. Lorsque l'équation du second degré est sous la forme

$$ax^2 + bx + c = 0,$$

il est facile de voir immédiatement que la somme des racines est égale à $-\frac{b}{a}$ et leur produit à $\frac{c}{a}$.

EXERCICES.

Sans résoudre les équations suivantes, faire connaître les signes des racines :

550. $x^2 - 6x + 5 = 0$. **551.** $x^2 + 3x - 10 = 0$.
552. $x^2 - 8x + 16 = 0$. **553.** $x^2 - 8x + 20 = 0$.
554. $6x^2 - 13x + 6 = 0$. **555.** $3x^2 - 4x - 4 = 0$.
556. $9x^2 - 12x + 4 = 0$. **557.** $2x^2 - 5x + 7 = 0$

558. On demande l'équation du second degré qui a pour racine 0,5 et -3.

559. Former l'équation du second degré dont les deux racines sont -3 et -7.

560. Une équation du second degré a pour racines $2 + \sqrt{3}$ et $2 - \sqrt{3}$. On demande cette équation.

563. La somme de deux nombres est 19, leur produit 70. On demande l'équation du second degré qui fera connaître ces deux nombres.

564. Poser l'équation du second degré qui fera connaître deux nombres dont la somme est 5 et le produit -84.

565. On sait que l'équation $x^2 + px + q = 0$ a pour racines x' et x''. Trouver l'équation du second degré ayant pour racines $x' + 1$ et $x'' + 1$.

566. Trouver en fonction des coefficients p et q, de l'équation

$x^2 + px + q = 0$, 1° la somme des carrés de ses racines; 2° la somme de leurs cubes. Application au cas où $p = -8$ et $q = 15$.

367. Résoudre la même question par rapport à l'équation

$ax^2 + bx + c = 0$. Application au cas où $a = 5$, $b = -7$ et $c = 4$.

368. Trouver en fonction de p et de q les différences $x' - x''$, $x'^2 - x''^2$, $x'^3 - x''^3$. Application au cas où $p = -7$ et $q = 10$.

369. Trouver les mêmes différences en fonction des coefficients a, b, c de l'équation $ax^2 + bx + c = 0$.

370. Trouver en fonction de p et de q les sommes $\frac{1}{x'} + \frac{1}{x''}$, $\frac{1}{x'^2} + \frac{1}{x''^2}$, $\frac{1}{x'^3} + \frac{1}{x''^3}$. Application au cas où $p = 2$ et $q = -15$.

371. Établir la relation qui doit exister entre p et q pour avoir $x' = 5x''$. Application au cas où $q = 5$.

372. Établir la relation qui doit exister entre p et q pour avoir $\frac{x'}{x''} = \frac{m}{n}$. Application au cas où $\frac{m}{n} = \frac{2}{5}$.

373. Établir de même la relation qui doit exister entre les coefficients a, b, c pour avoir $\frac{x'}{x''} = \frac{m}{n}$. Cas particulier où $m = n$.

374. Trouver la relation qui doit exister entre p et q pour avoir $3x' - 2x'' = 7$. On demande les racines quand $q = 5$.

375. Trouver la relation qui doit exister entre p et q pour avoir $x'^2 + x''^2 = k$.

376. Quelle relation doit-il y avoir entre p et q pour que $x'^2 - x''^2 = k$?

379. Dans l'équation $x^2 - 2{,}3x + q = 0$, on a $x' = 2$: trouver q.

380. $x^2 - 4x + q = 0$: trouver q pour $x' = 3x''$.

381. $5x^2 - 3x + c = 0$: calculer c pour $x' = x''$.

384. $x^2 + px + 12 = 0$: calculer p pour $x' - x'' = 1$.

385. $x^2 + px + 5 = 0$: trouver p pour $x' = 5x''$.

386. $x^2 + px + 10 = 0$: calculer p pour $x'^2 + x''^2 = 29$.

387. $x^2 - px + 5 = 0$: déterminer p pour $2x' - 7x'' = 5$.

388. $x^2 + ax + 2a = 0$: calculer a pour $x' = 4x''$.

CHAPITRE V.

PROPRIÉTÉS DU TRINOME DU SECOND DEGRÉ.

239. Définition. On appelle *trinôme du second degré* tout polynôme à trois termes ayant la forme

$$x^2+px+q,$$

qui se déduit de cet autre trinôme du second degré

$$ax^2+bx+c,$$

ayant une forme générale.

Jusqu'ici les deux trinômes précédents ont été considérés comme étant l'un et l'autre le 1er membre d'une équation dont l'inconnue x est susceptible seulement de deux valeurs. Nous allons maintenant considérer x comme une *variable* pouvant prendre toutes les valeurs possibles depuis $-\infty$ jusqu'à $+\infty$.

La variable x est dite *indépendante*, parce qu'elle peut recevoir des valeurs arbitraires; elle serait *dépendante*, si ces valeurs dépendaient de celles attribuées à une ou plusieurs autres variables.

Un polynôme quelconque est appelé *fonction* de la variable.

DÉCOMPOSITION DU TRINOME DU SECOND DEGRÉ EN DEUX FACTEURS DU PREMIER DEGRÉ.

240. Théorème. *Un trinôme du second degré peut être décomposé en un produit de deux facteurs du premier degré.*

Soit le trinôme de la forme

$$x^2+px+q.$$

Si l'on ajoute $\frac{p^2}{4}-\frac{p^2}{4}$ à ce trinôme, on a, et quel que soit x :

$$x^2+px+q=x^2+px+q+\frac{p^2}{4}-\frac{p^2}{4},$$

ou

$$x^2+px+q=x^2+px+\frac{p^2}{4}-\frac{p^2}{4}+q,$$

ou encore

$$x^2+px+q=\left(x+\frac{p}{2}\right)^2-\left(\frac{p^2}{4}-q\right).$$

Mais il est évident que

$$\frac{p^2}{4}-q=\left(\sqrt{\frac{p^2}{4}-q}\right)^2;$$

par suite, on peut écrire

$$x^2+px+q=\left(x+\frac{p}{2}\right)^2-\left(\sqrt{\frac{p^2}{4}-q}\right)^2.$$

Le second membre de cette égalité est la différence des carrés des deux quantités $x+\frac{p}{2}$ et $\sqrt{\frac{p^2}{4}-q}$; donc (**74**) il peut être remplacé par le produit de la somme de ces deux quantités par leur différence, et l'on a

$$x^2+px+q=\left(x+\frac{p}{2}+\sqrt{\frac{p^2}{4}-q}\right)\left(x+\frac{p}{2}-\sqrt{\frac{p^2}{4}-q}\right),$$

ou, en intervertissant l'ordre des facteurs du second membre,

$$x^2+px+q=\left(x+\frac{p}{2}-\sqrt{\frac{p^2}{4}-q}\right)\left(x+\frac{p}{2}+\sqrt{\frac{p^2}{4}-q}\right) \quad (1).$$

Or les racines du trinôme x^2+px+q, égalé à zéro, sont (**226**)

$$x'=-\frac{p}{2}+\sqrt{\frac{p^2}{4}-q}$$

et

$$x''=-\frac{p}{2}-\sqrt{\frac{p^2}{4}-q}.$$

Il en résulte qu'on a

$$x-x'=x+\frac{p}{2}-\sqrt{\frac{p^2}{4}-q},$$

$$x-x''=x+\frac{p}{2}+\sqrt{\frac{p^2}{4}-q}.$$

D'où l'on voit que la première parenthèse du second membre de la relation (1) égale $x-x'$, et la seconde égale $x-x''$. On a donc enfin

$$x^2+px+q=(x-x')(x-x''). \qquad \text{C. Q. F. D.}$$

Autre démonstration. En effet, on a (**234**)

$$-p=x'+x'', \text{ d'où } p=-(x'+x'') \text{ et } q=x'x''.$$

Par suite, on peut immédiatement écrire l'identité

$$x^2+px+q=x^2-(x'+x'')x+x'x'',$$

et il vient, en effectuant dans le second membre,

$$x^2+px+q=x^2-xx'-xx''+x'x'',$$

ou

$$x^2+px+q=x(x-x')-x''(x-x').$$

Mettant, dans le second membre, $x - x'$ en facteur commun, on obtient enfin

$$x^2 + px + q = (x - x')(x - x'').$$

241. Corollaire. *Le trinôme de la forme* $ax^2 + bx + c$ *est décomposable en un produit de deux facteurs du 1er degré multiplié par le coefficient de* x^2.

En effet, il est facile de voir qu'on a l'identité

$$ax^2 + bx + c = a\left(x^2 + \frac{b}{a}x + \frac{c}{a}\right);$$

et si l'on pose

$$\frac{b}{a} = p \quad , \quad \text{et } \frac{c}{a} = q,$$

il vient

$$ax^2 + bx + c = a(x^2 + px + q);$$

remplaçant le trinôme entre parenthèses par sa valeur

$$(x - x')(x - x''),$$

on a

$$ax^2 + bx + c = a(x - x')(x - x'').$$

242. Remarque. La décomposition du trinôme du second degré en facteurs du premier degré permet encore d'établir la relation qui existe entre les coefficients et les racines de l'équation du second degré.

En effet, on a

$$x^2 + px + q = (x - x')(x - x'');$$

par conséquent, si l'on développe le second membre, on devra retrouver le premier, terme pour terme; or on a

$$x^2 + px + q = x^2 - (x' + x'')x + x'x'':$$

par suite,

$$-(x' + x'') = p; \quad \text{donc} \quad (x' + x'') = -p \quad \text{et} \quad x'x'' = q.$$

243. Applications du théorème.

1° *Décomposer en facteurs du 1er degré le trinôme*

$$x^2 - 8x + 15.$$

Si l'on résout l'équation

$$x^2 - 8x + 15 = 0,$$

on trouve

$$x' = 5 \text{ et } x'' = 3:$$

d'où l'on conclut

$$x^2 - 8x + 15 = (x - 5)(x - 3).$$

244. 2° *Décomposer en facteurs du 1er degré le trinôme*

$$3x^2 + 7x - 6.$$

Si l'on résout l'équation

$$3x^2 + 7x - 6 = 0,$$

on trouve

$$x' = \frac{2}{3} \text{ et } x'' = -3,$$

d'où l'égalité

$$3x^2+7x-6=3\left(x-\frac{3}{2}\right)(x+3).$$

245. 3° *Trouver l'équation dont les racines sont 2 et — 7.*

On a, d'après le théorème,

$$(x-2)(x+7)=0.$$

Pour obtenir l'équation demandée, il suffit donc d'effectuer la multiplication indiquée.

246. 4° *Simplifier la fraction*

$$\frac{x^2+4x-21}{5x^2+5x-30}.$$

L'équation $x^2+4x-21=0$ donne $x'=3$ et $x''=-7$; on a donc

$$x^2+4x-21=(x-3)(x+7).$$

L'équation $5x^2-5x-30=0$ donne $x'=3$ et $x''=-2$; on a donc

$$5x^2-5x-30=5(x-3)(x+2).$$

Il vient, par suite,

$$\frac{x^2+4x-21}{5x^2-5x-30}=\frac{(x-3)(x+7)}{5(x-3)(x+2)}=\frac{x+7}{5x+10}.$$

VARIATION DU SIGNE DU TRINOME.

247. Théorème. *Le trinôme* ax^2+bx+c *a toujours le signe de* a, *excepté dans le cas où,* b^2-4ac *étant positif, la variable* x *prend des valeurs comprises entre les 2 racines ; alors, dans ce cas seulement, le trinôme prend le signe contraire de* a.

Il y a trois cas à considérer. On a :

1° $b^2-4ac>0$.

D'après cette condition, les racines du trinôme sont réelles et distinctes (**232**); d'ailleurs on a (**244**)

$$ax^2+bx+c=a(x-x')(x-x'').$$

Or, si l'on suppose que x' est la plus petite des deux racines, pour toute valeur de x moindre que x', les deux facteurs $x-x'$ et $x-x''$ sont négatifs et leur produit est positif; par suite, le trinôme a le signe de a.

Pour toute valeur de x supérieure à x'', les facteurs $x-x'$, $x-x''$ sont positifs et leur produit est positif; par suite, le trinôme prend le signe de a.

Mais, pour toute valeur de x comprise entre x' et x'', le facteur $x-x'$ est positif, et le facteur $x-x''$ est négatif; leur produit est donc négatif; par suite, le trinôme prend le signe contraire à celui de a.

2° $b^2 - 4ac = 0$. Dans ce cas, les racines sont égales (**232**). On a, par conséquent,

$$ax^2 + bx + c = a(x - x')^2.$$

Le trinôme aura bien encore le signe de a, car le carré $(x - x')^2$ étant toujours positif, son produit par a ne change pas le signe de cette dernière quantité. On voit d'ailleurs que le trinôme s'annule pour $x = x'$.

3° $b^2 - 4ac < 0$. Ici, les deux racines sont imaginaires (**232**); elles se présentent alors sous une forme telle que

$$x = m \pm n\sqrt{-1},$$

ou (**215**)

$$x = m \pm ni;$$

par suite,

$$x' = m - ni,$$
$$x'' = m + ni.$$

On a donc

$$ax^2 + bx + c = a(x - m + ni)(x - m - ni).$$

Mais le produit entre parenthèses est égal à la somme des deux quantités $x - m$ et ni multipliée par leur différence; par suite, on peut écrire (**74**)

$$ax^2 + bx + c = a[(x - m)^2 - n^2 i^2],$$

ou (**215**)

$$ax^2 + bx + c = a[(x - m)^2 - n^2 \times -1],$$

ou encore

$$ax^2 + bx + c = a[(x - m)^2 + n^2].$$

Or, des deux quantités entre crochets, la première est nulle (nulle pour $x = m$) ou positive, et la seconde positive : leur somme sera donc elle-même positive, et, par conséquent, le trinôme aura toujours le signe de a.

248. Applications. 1° *Trouver les valeurs de* x *qui rendent positif, et celles qui rendent négatif le trinôme* (*)

$$x^2 - 10x + 21.$$

Les racines de ce trinôme étant 3 et 7, on peut écrire

$$x^2 - 10x + 21 = (x - 3)(x - 7).$$

Or, pour toute valeur de x inférieure à 3, les 2 facteurs du second membre sont négatifs; leur produit est alors positif, et, par

(*) Cela revient évidemment à résoudre cette *inégalité du second degré :*

$$x^2 - 10x + 21 \gtrless 0.$$

suite, le trinôme. Donc toute valeur de x comprise entre $-\infty$ et 3 rend le trinôme positif.

De même, pour toute valeur de x supérieure à 7, les 2 facteurs du second membre sont positifs; par suite leur produit est positif, et le trinôme également. Donc toute valeur de x comprise entre 7 et $+\infty$ rend le trinôme positif.

Mais, pour toute valeur de x comprise entre 3 et 7, le 1er facteur du second membre étant positif, et le second négatif, leur produit est négatif, et par suite le trinôme.

Ainsi, par exemple, si l'on fait $x=4$, le trinôme sera négatif. Cette valeur donne en effet

$$4\times 4-10\times 4+21=-3.$$

249. 2° *Trouver les valeurs de* x *qui rendent positif, et celles qui rendent négatif le trinôme*

$$4x^2-5x-6.$$

Les racines de ce trinôme étant 2 et $-\frac{3}{4}$, on peut écrire

$$4x^2-5x-6=4(x-2)\left(x+\frac{3}{4}\right).$$

Quand x varie de $-\infty$ à $-\frac{3}{4}$, les facteurs entre parenthèses sont négatifs, et par suite leur produit est positif, ainsi que le trinôme.

Quand x varie de 2 à $+\infty$, les deux facteurs entre parenthèses sont positifs, et par suite le trinôme.

Mais quand x varie de $-\frac{3}{4}$ à $+2$, le 1er facteur entre parenthèses est négatif, et le second est positif; par suite, leur produit, ainsi que le trinôme, est négatif.

Ainsi, par exemple, si l'on fait $x=-\frac{1}{2}$, le trinôme sera négatif. Cette valeur donne, en effet,

$$4\times\left(\frac{1}{2}\right)^2-5\times-\frac{1}{2}-6=-2,5.$$

250. 3° *Trouver les valeurs de* x *qui rendent positif et celles qui rendent négatif le trinôme*

$$40-12x-4x^2.$$

Les racines de ce trinôme sont 2 et -5; on peut donc écrire

$$40-12x-4x^2=-4(x-2)(x+5).$$

Le coefficient de x^2 étant négatif, le trinôme est négatif quand x varie de $-\infty$ à -5; car, dans ce cas, le produit des facteurs entre parenthèses est positif.

Le trinôme est positif quand x varie de -5 à $+2$; car, dans ce cas, le produit des facteurs entre parenthèses est négatif.

Enfin le trinôme est négatif quand x varie de $+2$ à $+\infty$; car, dans ce cas, le produit des facteurs entre parenthèses est positif.

Ainsi, par exemple, le trinôme est positif si l'on fait $x=-4$. Cette valeur donne

$$40-12\times-4-4\times-4\times-4=88-64=24.$$

REPRÉSENTATION GRAPHIQUE DES VARIATIONS D'UN TRINOME DU SECOND DEGRÉ.

231. La marche des valeurs que prend un trinôme du second degré quand x varie de $-\infty$ à $+\infty$, peut être caractérisée d'une manière sensible à l'aide d'une figure géométrique.

Soit, en effet, le trinôme

$$x^2-6x+8.$$

Si nous désignons par y une valeur quelconque de ce trinôme, il vient

$$y=x^2-6x+8. \qquad (1)$$

Or il est clair qu'à chaque valeur particulière que nous attribuerons à x, nous aurons une valeur pour y.

Cela étant dit, traçons deux axes rectangulaires, et faisons $x=0$, nous obtiendrons

$$y=8.$$

Portons alors dans le sens OY, puisque y est positif, 8 fois l'unité de longueur et marquons le point Q. Si maintenant nous faisons $x=+1$, il vient

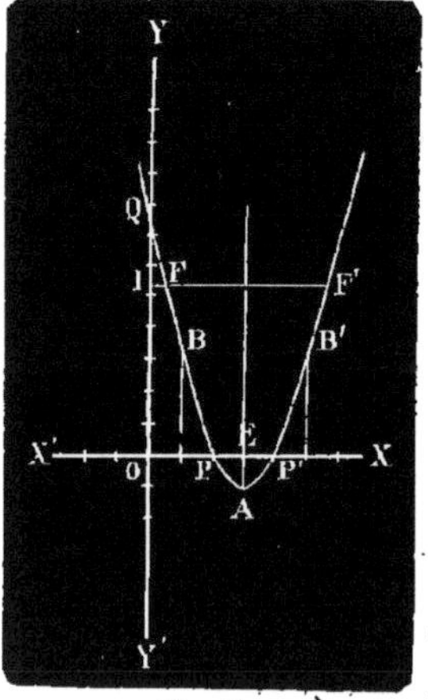

Fig. 21.

$$y=+3.$$

Construisons le point B ayant pour coordonnées $x=+1$ et $y=+3$.

Faisons $x=+2$, nous aurons

$$y=0.$$

Marquons encore le point P, situé sur OX et ayant pour coordonnées $x=+2$ et $y=0$.

Faisons $x=+3$, nous aurons

$$y=-1.$$

Construisons le point A ayant pour coordonnées $x=3$ et $y=-1$.

Faisons $x=+4$, il viendra

$$y=0.$$

Ce qui donne le point P' ayant pour coordonnées $x=4$ et $x=0$.

Pour $x=5$, nous trouverons $y=3$, ce qui nous donnera le point B'.

Pour $x=6$, nous aurons $y=8$, ce qui nous donnera un autre point, et ainsi de suite à l'infini.

Si nous voulions trouver des points à gauche de OX, il nous suffirait de donner à x des valeurs négatives; ainsi, par exemple, pour $x = -1$, il vient

$$y = -1 \times -1 - 6 \times -1 + 8 = 15.$$

Pour $x = -2$, nous obtiendrons

$$y = 32,$$

et ainsi de suite à l'infini.

Joignant par un trait continu les différents points Q, B, P, A, P' B'... ainsi déterminés, nous obtiendrons une courbe dont les deux branches sont infinies et qui représente réellement les variations du trinôme proposé.

On voit, en effet, d'après la direction de cette courbe :

1° Que le trinôme s'annule pour $x = 2$ et $x = 4$. Or, 2 et 4 sont précisément les racines du trinôme $x^2 - 6x + 8$ égalé à zéro.

2° Que le trinôme reste positif pour toute valeur inférieure à 2 et supérieure à 4. Or, on sait que le trinôme conserve le signe de son premier terme, pour toute valeur de x extérieure aux deux racines (247).

3° Que le trinôme est négatif pour toute valeur comprise entre 2 et 4. Or, on sait également que le trinôme prend un signe contraire à celui de son premier terme pour toute valeur de x comprise entre les deux racines.

4° Que la plus petite valeur que puisse prendre le trinôme est -1.

252. En général :

1° Lorsque $ax^2 + bx + c$ est égalé à zéro, si l'on a $b^2 - 4ac > 0$, le trinôme a ses deux racines réelles; alors la courbe qui représente ses variations rencontre l'axe des x en deux points P et P', qui déterminent les deux racines OP, OP' (fig. 21).

2° Si l'on a $b^2 - 4ac = 0$, les deux racines du trinôme sont égales, et la courbe, qui représente sa marche, est tangente à l'axe des x en un point A qui détermine les deux racines égales à OA.

Ainsi, par exemple, la courbe Q, A, Q' (fig. 22) représente la marche du trinôme

$$x^2 - 6x + 9,$$

dans lequel on a $b^2 - 4ac = 36 - 4 \times 1 \times 9 = 36 - 36 = 0.$

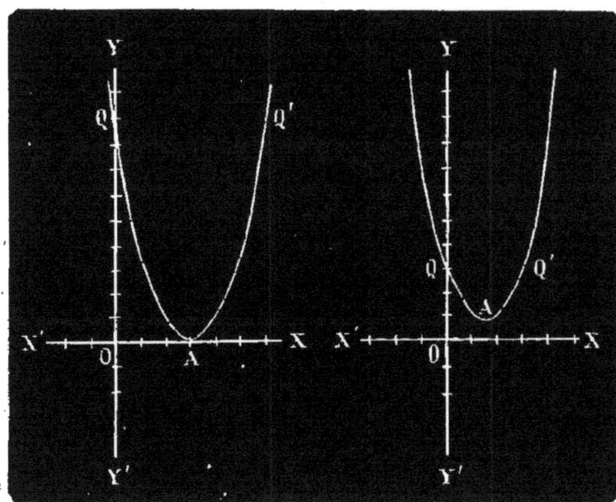

Fig. 22. Fig. 23.

3° Si l'on a $b^2 - 4ac < 0$, les deux racines du trinôme sont imaginaires, et la courbe qui représente ses variations ne rencontre plus l'axe des x.

Ainsi, par exemple, la courbe Q, A, Q' (fig. 23) représente les variations du trinôme

$$x^2 - 3x + 3$$

dans lequel on a $b^2 - 4ac = 9 - 4 \times 1 \times -3 = -3 < 0$.

Si les racines étaient négatives, la courbe affecterait la forme de la figure 24,

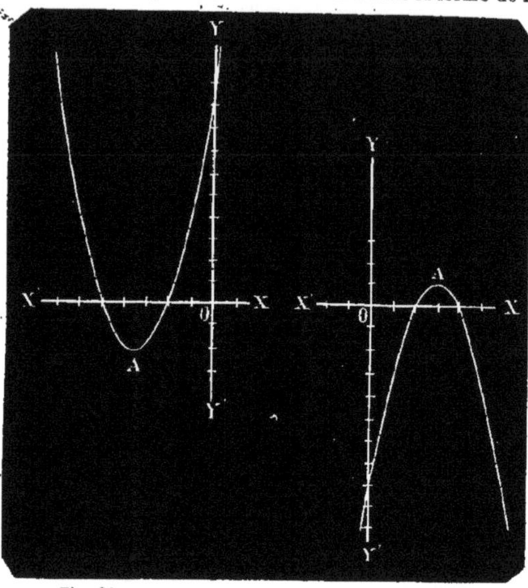

Fig. 24. Fig. 25.

laquelle indique les variations du trinôme

$$x^2 + 7x + 10.$$

Enfin, dans le cas où le coefficient de x^2 est négatif, la courbe prend la forme de la figure 25, laquelle représente les variations du trinôme

$$-x^2 + 6x - 8,$$

dans lequel x^2 a pour coefficient -1.

253. Usage de la courbe. Lorsque la courbe est tracée exactement, elle peut servir à déterminer les valeurs de x pour le cas où l'on attribue une certaine valeur à y.

Par exemple, si l'on veut (fig. 21) trouver x', x'', lorsque le trinôme prend la valeur 5,25, on portera, à partir du point O, dans le sens OY, une longueur OI égale à 5,25 fois l'unité de longueur, et, par le point I, on mènera une parallèle à l'axe des x. Les abscisses des points de rencontre F et F' sont les deux valeurs, x' et x'', qui rendent le trinôme égal à 5,25. On a pour ces valeurs : $IF = = x' = 0{,}5$; $IF' = x'' = 5{,}5$. En substituant ces valeurs dans le trinôme donné, on voit qu'elles le rendent, en effet, égal à 5,25.

254. Remarque. On verrait aisément, pour toutes ces courbes, que si l'on pose $x = -\frac{b}{2a}$, on obtient une longueur OE (fig. 21) qui détermine le pied E d'une parallèle à l'axe des y, et que la courbe est symétrique par rapport à cette droite (Voir *Nouveau Cours d'algèbre*, page 282.).

Exercices sur les propriétés du trinôme du second degré.

Décomposer, en un produit de deux facteurs du 1er degré, chacun des trinômes suivants :

596. 1° $x^2 - 5x + 6$; 2° $x^2 + 2x - 15$; 3° $x^2 + 3x + 2$.

597. 1° $x^2 - x - 2$; 2° $x^2 - 2x + 1$; 3° $x^2 - 3\sqrt{2}x + 4$.

598. 1° $3x^2 - 7x + 2$; 2° $7x^2 - 9x + 2$; 3° $3x^2 + 5x - 2$.

599. Simplifier la fraction $\dfrac{x^2 - 5x + 6}{x^2 - 9x + 14}$.

600. Simplifier la fraction $\dfrac{a^2 + 3a + 2}{3a^2 + 5a - 2}$.

Remplacer chacun des trinômes suivants par la différence de deux carrés :

601. 1° $x^2 - 5x + 6$; 2° $x^2 + 2x - 15$.

602. 1° $x^2 + 3x + 2$; 2° $x^2 - x - 2$.

603. 1° $3x^2 - 7x + 2$; 2° $7x^2 - 9x + 2$.

Remplacer chacun des trinômes suivants par la somme de deux carrés :

604. 1° $x^2 - 5x + 8$; 2° $x^2 + 4x + 5$.

605. 1° $2x^2 - 3x + 2$; 2° $3x^2 + 4x + 5$.

606. Résoudre l'inégalité $x^2 - 5x + 6 > 0$.

607. Résoudre l'inégalité $x^2 - 9x + 14 < 0$.

608. Trouver les valeurs de x qui satisfont à l'inégalité $x^2 + 2x - 15 > 0$.

609. Résoudre l'inégalité $3x^2 + 5x - 2 < 0$.

610. Peut-on avoir pour une certaine valeur de x l'inégalité $4x^2 - 5x + 3 < 0$.

611. Trouver les valeurs de x qui satisfont à $2 + x - x^2 > 0$.

612. Résoudre l'inégalité $2x^2 - 3x + 3 > 0$.

613. Si dans le trinôme $4x^2 + 2x - 15$ on fait $x = -\dfrac{b}{2a}$, quelle valeur prendra-t-il?

616. Suivre les variations de la fonction $x^2 - 8x + 15$, quand x croît de $-\infty$ à $+\infty$, et construire la courbe qui représente ces variations.

617. Suivre la marche de la fonction $4x^2 - 12x + 9$, quand x passe par tous les états de grandeur, et dessiner la courbe de la fonction.

618. Suivre les variations du trinôme $4x^2 - 7x + 4$, quand x croît de $-\infty$ à $+\infty$, et dessiner la courbe qui représente ces variations.

619. Tracer la courbe qui représente la marche de la fonction $15 - 7x - 2x^2$, quand x croît de $-\infty$ à $+\infty$.

CHAPITRE V

ÉQUATIONS RÉDUCTIBLES AU SECOND DEGRÉ.

ÉQUATIONS BICARRÉES.

255. On appelle *équation bicarrée* une équation du 4e degré qui ne renferme que les puissances paires de l'inconnue. Une équation bicarrée peut, par conséquent, être ramenée à la forme

$$ax^4+bx^2+c=0. \qquad (1)$$

Si l'on pose $x^2=y$, il vient $x^4=y^2$.

Remplaçant, dans l'équation (1)

$$x^4 \text{ et } x^2 \text{ par } y^2 \text{ et } y,$$

on a

$$ay^2+by+c=0.$$

Cette équation, qui n'est plus que du second degré, donne

$$y=\frac{-b^2\pm\sqrt{b^2-4ac}}{2a}.$$

Mais on a fait $x^2=y$; par suite

$$x=\pm\sqrt{y}.$$

Et, si l'on remplace sous le radical y par sa valeur, il vient enfin

$$x=\pm\sqrt{\frac{-b\pm\sqrt{b^2-4ac}}{2a}}.$$

On voit que x peut prendre quatre valeurs égales deux à deux, et de signes contraires. Donc l'équation bicarrée admet quatre racines égales deux à deux et de signes contraires.

Si l'on sépare ces quatre racines, on a

$$x'=\sqrt{\frac{-b+\sqrt{b^2-4ac}}{2a}}\,;\quad x'''=-x'=-\sqrt{\frac{-b+\sqrt{b^2-4ac}}{2a}};$$

$$x''=\sqrt{\frac{-b-\sqrt{b^2-4ac}}{2a}}\,;\quad x^{iv}=-x''=-\sqrt{\frac{-b-\sqrt{b^2-4ac}}{2a}}.$$

Remarque. Il est facile de voir, *à priori*, que l'équation (1) a ses racines égales et de signes contraires; car, comme elle ne contient que des puissances paires de x, elle ne change pas si l'on change x en $-x$; de sorte que si elle admet la racine $x=\alpha$, elle admet aussi la racine $x=-\alpha$.

256. Discussion de l'équation bicarrée. Il résulte de l'égalité

$$x=\pm\sqrt{y}$$

qu'à une valeur *réelle* et *positive* de y correspondent pour x deux valeurs *réelles égales et de signes contraires;* à une valeur *réelle*, mais *négative* de y correspondent pour x deux valeurs *imaginaires;* enfin, à une valeur *imaginaire* de y correspondent pour x deux valeurs imaginaires (*).

APPLICATIONS NUMÉRIQUES.

257. *Exemple I.* Résoudre l'équation

$$x^4-25x^2+144=0.$$

Si, dans la formule trouvée pour x, on remplace les lettres par leurs valeurs, il vient

$$x=\pm\sqrt{\frac{25\pm\sqrt{625-4\times 144}}{2}},$$

$$x=\pm\sqrt{\frac{25\pm 7}{2}};$$

d'où

$$x=\begin{cases}\pm\sqrt{16}=\pm 4\\ \pm\sqrt{9}\ =\pm 3.\end{cases}$$

Les quatre racines sont donc réelles.

258. *Exemple II.* Résoudre l'équation

$$4x^4+37x^2+9=0.$$

En substituant aux lettres leurs valeurs, la formule donne

$$x=\pm\sqrt{\frac{-37\pm\sqrt{1369-4\times 4\times 9}}{2\times 4}},$$

$$x=\pm\sqrt{\frac{-37\pm 35}{8}};$$

d'où

$$x=\begin{cases}\pm\sqrt{-\frac{1}{4}}=\pm\frac{1}{2}\sqrt{-1}\\ \pm\sqrt{-9}=\pm 3\sqrt{-1}.\end{cases}$$

(*) Voir nos autres ouvrages d'Algèbre.

On voit que, dans ce cas, les quatre racines sont imaginaires.

259. *Exemple III.* Résoudre l'équation

$$9x^4 - 35x^2 - 4 = 0.$$

La formule donne

$$x = \pm\sqrt{\frac{35 \pm \sqrt{1225 + 4 \times 9 \times 4}}{18}},$$

$$x = \pm\sqrt{\frac{35 \pm 37}{18}};$$

d'où

$$x = \begin{cases} \pm\sqrt{4} = \pm 2 \\ \pm\sqrt{-\frac{1}{9}} = \pm\frac{1}{3}\sqrt{-1}. \end{cases}$$

Ici, deux valeurs de x sont égales et de signes contraires, et les deux autres sont imaginaires.

260. *Exemple IV.* Résoudre l'équation

$$x^4 - 8x^2 + 16 = 0.$$

La formule donne

$$x = \pm\sqrt{\frac{8 \pm \sqrt{64 - 4 \times 16}}{2}},$$

$$x = \pm\sqrt{\frac{8 \pm 0}{2}},$$

$$x = \pm\sqrt{4 \pm 0},$$

d'où

$$x = \begin{cases} +2 \pm 0 = 2, \\ -2 \pm 0 = -2. \end{cases}$$

On voit dans cet exemple que les quatre valeurs de x se réduisent à deux valeurs égales et de signes contraires. De même que pour les équations du second degré, on peut distinguer ces quatre valeurs, car elles sont, en effet, distinctes tant que $b^2 - 4ac$ est différent de 0.

ÉQUATIONS IRRATIONNELLES (*).

261. On appelle *équation irrationnelle* une équation dans la-

(*) Voir dans notre NOUVEAU COURS D'ALGÈBRE : *Équations réciproques*, *Équations binômes*, *Équations trinômes*.

quelle l'inconnue se trouve engagée sous un ou plusieurs radicaux. Les exemples suivants suffiront pour indiquer la marche à suivre pour résoudre de pareilles équations.

Exemple I. Résoudre l'équation

$$2x + \sqrt{x} = 21. \qquad (1)$$

Si l'on *isole* le radical, il vient

$$\sqrt{x} = 21 - 2x,$$

et en élevant chaque membre au carré, on a

$$x = 441 + 4x^2 - 84x:$$

d'où

$$4x^2 - 84x + 441 = 0. \qquad (2)$$

On obtient, en résolvant cette équation,

$$x' = 12,25 \text{ et } x'' = 9.$$

On sait (**124**) qu'il est nécessaire de vérifier les racines. Or, si dans l'équation proposée on remplace x successivement par x' et x'', on voit que cette équation n'est vérifiée que par x''. La valeur 12,25 ne vérifiant que l'équation (2) est une solution étrangère.

Exemple II. Résoudre l'équation

$$2\sqrt{x} - \sqrt{29 - x} + 1 = 0.$$

Cette équation est équivalente à

$$2\sqrt{x} - \sqrt{29 - x} = -1.$$

Élevant les deux membres au carré, on a

$$4x + 29x - x - 4\sqrt{x(29 - x)} = 1:$$

d'où

$$-4\sqrt{x(29 - x)} = -3x - 28.$$

Si l'on élève encore chaque membre au carré, il vient

$$16(29x - x^2) = 9x^2 + 784 + 168x,$$

et l'on trouve, après simplification,

$$25x^2 - 296x + 784 = 0.$$

Cette équation donne

$$x' = 7,84 \text{ et } x'' = 4.$$

Il est facile de voir que la valeur de x'' vérifie seule l'équation proposée.

EXERCICES

Résoudre les équations suivantes :

620. $x^4 - 2x^2 = 63.$ **621.** $8x^4 + 20x^2 = 5{,}5.$
622. $x^4 + 15x^2 + 56 = 0.$ **623.** $4x^4 - 7x^2 = 261.$

Sans résoudre les équations suivantes, déterminer la nature des racines de ces équations :

624. $3x^4 - 7x^2 + 2 = 0.$ **625.** $6x^4 - 6x^2 + 7 = 0.$
626. $5x^4 + 5x^2 + 1 = 0.$ **627.** $8x^4 - 6x^2 + 9 = 0.$
628. $5x^4 - 5x^2 - 3 = 0.$ **629.** $6x^4 - 7x^2 - 3 = 0.$

Résoudre les équations suivantes :

655. $x - 5 = \sqrt{x + 1}.$ **656.** $8 - \sqrt{2x - 4} = x + 2.$

657. $5x + 1 - 2x = -6.$ **658.** $\sqrt{x - 2} + \sqrt{x} = 2.$

659. $5\sqrt{2x - 1} = 2\sqrt{5(2x - 1)}.$ **660.** $\sqrt{x^4 - 2x^2} - 2\sqrt{2} - = 0.$

661. $\dfrac{4}{\sqrt{2 + x}} = \sqrt{2 + x} + \sqrt{x}.$

CHAPITRE VI

RÉSOLUTION D'UN SYSTÈME D'ÉQUATIONS DU SECOND DEGRÉ A PLUSIEURS INCONNUES.

262. Système de deux équations dont l'une est du 1er degré. *On peut toujours résoudre complétement un pareil système.*

En effet, soit le système

$$Ax^2 + Bxy + Cy^2 + Dx + Ey + F = 0; \qquad (1)$$
$$ax + by + c = 0. \qquad (2)$$

L'équation (2) donne

$$y = -\frac{ax - c}{b},$$

et si l'on pose, pour simplifier, $-\dfrac{ax - c}{b} = Kx$, on a

$$y = Kx. \qquad (3)$$

Cette valeur, portée dans (1), donne une équation du second degré en x :

$$Ax^2 + BKx^2 + CK^2x^2 + Dx + EKx + F = 0,$$

ou

$$(A + BK + CK^2)x^2 + (D + EK)x + F = 0. \qquad (4)$$

L'équation (4) a deux valeurs : x' et x'', qui, substituées successivement dans (2), fournissent aussi pour y deux valeurs correspondantes, savoir :

$$y = Kx' \quad \text{et} \quad y = Kx''.$$

Le système proposé admet donc deux systèmes de solutions, qui sont tous les deux réels, si les valeurs x' et x'' sont réelles, et tous les deux imaginaires, si les valeurs x' et x'' sont imaginaires.

Exemple. Soit à résoudre le système

$$x^2 + 5xy - 2y^2 + 3x - 22 = 0;$$
$$7x - y = 11.$$

La seconde équation donne

$$y = 7x - 11;$$

si l'on porte cette valeur dans la 1re, on a

$$x^2 + 5x(7x - 11) - 2(7x - 11)^2 + 3x - 22 = 0,$$

ou, après tous calculs faits,

$$62x^2 - 256x + 264 = 0.$$

Cette équation donne

$$x' = 2\frac{4}{31} \quad , \quad x'' = 2;$$

par suite,

$$y = 7 \times 2\frac{4}{31} - 11 = 3\frac{28}{31} \quad , \quad y'' = 7 \times 2 - 11 = 3.$$

On peut facilement vérifier ces valeurs.

263. Système de deux équations du second degré à deux inconnues. — Systèmes particuliers. — Artifices de calculs. Pour résoudre, dans certains cas particuliers, des systèmes du second degré et même d'un degré plus élevé, on emploie divers artifices de calcul dont il est bon de connaître les plus usités. L'un des plus fréquemment employés consiste à trouver deux inconnues au moyen de leur somme et de leur produit, et par conséquent à l'aide d'une équation du second degré.

264. 1° Soit le système

$$x + y = a;$$
$$xy = b^2.$$

On voit immédiatement que les inconnues x et y sont les racines de l'équation (**236**)

$$z^2 - az + b^2 = 0 :$$

d'où

$$z = \frac{a \pm \sqrt{a^2 - 4b^2}}{2}.$$

L'une des racines représentant la valeur de x et l'autre celle de y, on a ainsi deux systèmes de solutions; car à chaque valeur de x correspond une valeur de y.

$$x' = \frac{a + \sqrt{a^2 - 4b^2}}{2}, \qquad x'' = \frac{a - \sqrt{a^2 - 4b^2}}{2},$$

$$y' = \frac{a - \sqrt{a^2 - 4b^2}}{2}, \qquad y'' = \frac{a + \sqrt{a^2 - 4b^2}}{2}.$$

Remarque. Puisqu'on a $x' = y''$ et $x'' = y'$, ces deux solutions n'en font qu'une en réalité. Une remarque analogue pourrait être faite sur la plupart des systèmes suivants.

265. 2° Soit le système

$$x - y = a;$$
$$xy = b^2.$$

On peut considérer les inconnues comme étant x et $-y$, et alors on connaît leur somme et leur produit; car on a

$$x + (-y) = a;$$
$$x \times (-y) = -b^2.$$

Les inconnues x et $-y$ sont donc les racines de l'équation

$$z^2 - az - b^2 = 0 :$$

d'où

$$x' = \frac{a + \sqrt{a^2 + 4b^2}}{2}, \qquad x'' = \frac{a - \sqrt{a^2 + 4b^2}}{2},$$

$$y' = \frac{-a + \sqrt{a^2 + 4b^2}}{2} \ (*), \qquad y'' = \frac{-a - \sqrt{a^2 + 4b^2}}{2}.$$

266. 3° Résoudre le système

$$x + y = a; \qquad (1)$$
$$x^2 + y^2 = b^2. \qquad (2)$$

Si l'on élève au carré les deux membres de l'équation (1), on a

$$x^2 + 2xy + y^2 = a^2. \qquad (3)$$

Retranchant membre à membre l'équation (2) de l'équation (3),

(*) On a, en effet, $-y' = \frac{a - \sqrt{a^2 + 4b^2}}{2}$, par suite $y' = \frac{-a + \sqrt{a^2 + 4b^2}}{2}$; de même $-y'' = \frac{a + \sqrt{a^2 + 4b^2}}{2}$, donc $y'' = \frac{-a - \sqrt{a^2 + 4b^2}}{2}$.

il vient

$$2xy = a^2 - b^2 ;$$

d'où

$$xy = \frac{a^2 - b^2}{2}.$$

On connaît alors la somme a et le produit $\frac{a^2 - b^2}{2}$ des inconnues x et y. Pour déterminer ces inconnues, il suffit, par conséquent, de résoudre l'équation

$$z^2 - az + \frac{a^2 - b^2}{2} = 0,$$

qui fournit les deux valeurs suivantes :

$$x' = \frac{a + \sqrt{2b^2 - a^2}}{2}, \qquad x'' = \frac{a - \sqrt{2b^2 - a^2}}{2},$$

$$y' = \frac{a - \sqrt{2b^2 - a^2}}{2}, \qquad y'' = \frac{a + \sqrt{2b^2 - a^2}}{2}.$$

267. 4° Soit le système

$$x - y = a; \qquad (1)$$
$$x^2 + y^2 = b^2. \qquad (2)$$

Si l'on élève au carré les deux membres de l'équation (1), on a

$$x^2 - 2xy + y^2 = a^2. \qquad (3)$$

Retranchant membre à membre l'équation (2) de l'équation (3), il vient

$$-2xy = a^2 - b^2 ;$$

d'où

$$-yx = \frac{a^2 - b^2}{2}. \qquad (4)$$

Mais les équations (1) et (4) peuvent être remplacées par les équations (5) et (6) :

$$x + (-y) = a ; \qquad (5)$$
$$x \times (-y) = \frac{a^2 - b^2}{2}. \qquad (6)$$

Les inconnues x et $-y$ sont donc les racines de l'équation

$$z^2 - az + \frac{a^2 - b^2}{2} = 0,$$

qui est la même que celle de l'exemple précédent.

Les racines x' et x'' seront donc les mêmes : quant aux racines y' et y'', elles seront également les mêmes, mais de signes contraires. On aura, par conséquent, les deux solutions suivantes :

$$x'=\frac{a+\sqrt{2b^2-a^2}}{2}, \qquad x''=\frac{a-\sqrt{2b^2-a^2}}{2},$$

$$y'=\frac{-a+\sqrt{2b^2-a^2}}{2}, \qquad y''=\frac{-a-\sqrt{2b^2-a^2}}{2}.$$

268. 5° Soit le système

$$x+y=a; \quad (1)$$
$$x^2-y^2=b^2. \quad (2)$$

L'équation (2) peut s'écrire

$$(x+y)(x-y)=b^2. \quad (3)$$

Divisant membre à membre (3) et (1), il vient

$$x-y=\frac{b^2}{a}, \quad (4)$$

et on déduit aisément des équations (1) et (4)

$$x=\frac{1}{2}\left(a+\frac{b^2}{a}\right);$$

$$y=\frac{1}{2}\left(a-\frac{b^2}{a}\right).$$

On résout de même le système

$$x-y=a;$$
$$x^2-y^2=b^2.$$

269. 6° Soit le système

$$x+y=a \quad [1]$$
$$x^3+y^3=b^3 \quad [2].$$

Si l'on élève les deux membres de la première équation au cube, on a

$$x^3+3x^2y+3xy^2+y^3=a^3,$$

ou

$$x^3+y^3+3xy(x+y)=a^3,$$

et, si l'on remplace x^3+y^3 par b^3 et $x+y$ par a, cette équation devient

$$b^3+3axy=a^3:$$

d'où

$$xy=\frac{a^3-b^3}{3a}. \quad [3]$$

On connaît donc la somme (équation [1]) et le produit (équation [3]) des deux inconnues x et y. Ces inconnues sont maintenant faciles à trouver, car elles sont les racines de l'équation

$$z^2-az+\frac{a^3-b^3}{3a}=0;$$

par conséquent

$$z=\frac{a\pm\sqrt{a^2-4\frac{a^3-b^3}{3a}}}{2}=\frac{a\pm\sqrt{\frac{4b^3-a^3}{3a}}}{2};$$

d'où

$$x' = \frac{a + \sqrt{\dfrac{4b^3 - a^3}{3a}}}{2} \qquad x'' = \frac{a - \sqrt{\dfrac{4b^3 - a^3}{3a}}}{2}$$

$$y' = \frac{a - \sqrt{\dfrac{4b^3 - a^2}{3a}}}{2} \qquad y'' = \frac{a + \sqrt{\dfrac{4b^3 - a^3}{3a}}}{2}.$$

Exercices sur les équations du second degré à plusieurs inconnues.

666. $x + y = 7{,}5$, $xy = 14$.

667. $x - y = 2$, $xy = 63$.

668. $3x - 2y = 0$, $xy = 13{,}5$.

669. $2x - y = 5$, $xy = 42$.

670. $x + y = 7$, $x^2 - y^2 = 21$.

671. $x - y = 5$, $x^2 + y^2 = 37$.

672. $x + y = 8$, $x^2 + y = 34$.

673. $x - y = 1$, $3x^2 + y^2 = 31$.

676. $2x + y = 7$, $x^2 + y^2 = 13$.

677. $x^2 + y^2 = 25$, $x + y = 12$.

678. $5y^2 + 3x^2 = 17$, $12y - 5x = 2$.

679. $3x^2 - 5xy + 4y^2 + 2x - 3y = 7$, $4x - 5y = 5$.

680. $x^2 + xy + y^2 = 19$, $xy = 6$.

681. $x^2 - y^2 = 3$, $x^2 + y^2 - xy = 3$.

682. $3x^2 - 2y^2 = 19$, $2x^2 + 5y^2 = 38$.

683. $xy^2 = 18$, $x + y^2 = 11$.

684. $2x^2 + 5y = 28$, $3x^2y = 54$.

685. $x + y = 5$, $x^3 + y^3 = 65$.

686. $x + y = 5$, $\frac{1}{x} + \frac{1}{y} = \frac{5}{6}$.

687. $x + y = \frac{21}{8}$, $\frac{x}{y} - \frac{y}{x} = \frac{35}{6}$.

688. $3x - 2y = 10$, $\frac{1}{x} + \frac{1}{y} = 1{,}25$.

689. $\sqrt{x} + \sqrt{y} = 5$, $x + y = 13$.

690. $2x - y = 3$, $4x^2 - 5y^2 = 3x + 5$.

691. $3x^2 - 2xy = 8$, $2x^2 + 3y^2 = 11$.

692. $x^3 - y^3 = 19(x - y)$, $x^3 + y^3 = 7(x + y)$.

693. $x^2y + y^2x = 30$, $\frac{1}{x} + \frac{1}{y} = \frac{5}{6}$.

713. On a $5x^2 + bx + 6 = 0$: calculer b pour $x'^2 - x''^2 = \frac{91}{25}$.

CHAPITRE VII

PROBLÈMES DU SECOND DEGRÉ.

270. Problème I. *On augmente le carré d'un nombre de 4 fois ce même nombre, on obtient ainsi 285 pour somme. Trouver ce nombre.*

Si l'on désigne le nombre demandé par x, on déduit facilement, de l'énoncé, l'équation suivante :

$$x^2 + 4x = 285,$$

ou

$$x^2 + 4x - 285 = 0.$$

Cette équation donne

$$x = -2 \pm \sqrt{4 + 285} ;$$

d'où

$$x = -2 \pm 17;$$

par suite, le nombre demandé est

$$x' = -2 + 17 = 15,$$

ou

$$x'' = -2 - 17 = -19.$$

Vérification pour x :

$$15^2 + 4 \times 15 = 285.$$

Vérification pour x'' :

$$(-19)^2 + 4 \times -19 = 361 - 76 = 285.$$

271. Problème II. *Partager* 590 *en deux parties dont le produit soit égal à* 80464.

Si x est l'une des parties, l'autre sera $590 - x$, et on aura, par conséquent,

$$x(590 - x) = 80464,$$

ou

$$590x - x^2 = 80464,$$

ou encore

$$x^2 - 590x + 80464 = 0.$$

Cette équation donne

$$x = 295 \pm 81 ;$$

par suite, les deux parties demandées sont :

$$x' = 376$$

et

$$x'' = 214.$$

La vérification est facile.

272. Problème III. *On demande deux nombres dont la somme soit 18 et le produit 45.*

Soient x et y les deux nombres demandés. D'après l'énoncé, on a

$$x+y=18,$$
$$xy=45.$$

Les inconnues x et y sont donc (**236**) les racines de l'équation

$$z^2-18z+45=0,$$

de laquelle on tire

$$z=9\pm 6.$$

On a par conséquent, pour les nombres demandés,

$$x=15 \text{ et } y=3,$$

ou encore

$$x=3 \text{ et } y=15.$$

273. Problème IV. *Un certain nombre d'ouvriers ont 432 mètres d'ouvrage à faire; mais 4 d'entre eux ne peuvent se rendre au travail : on demande le nombre d'ouvriers qu'il y a en tout, sachant que, par suite des 4 qui manquent, chacun de ceux qui restent devra faire 9 mètres en plus.*

Soit x le nombre total des ouvriers. Si tous avaient travaillé, chacun d'eux aurait fait un nombre de mètres égal à $\frac{432}{x}$; mais comme ils ne sont plus que $x-4$ ouvriers qui travaillent, chacun d'eux fera un nombre de mètres égal à $\frac{432}{x-4}$, et comme ce second nombre de mètres doit surpasser le premier de 9, on a l'équation

$$\frac{432}{x-4}-\frac{432}{x}=9. \qquad (1)$$

Divisant les deux membres par 9, il vient

$$\frac{48}{x-4}-\frac{48}{x}=1.$$

Si l'on chasse maintenant les dénominateurs, on a l'équation

$$48x-48x+192=x^2-4x,$$

ou

$$x^2-4x-192=0:$$

d'où

$$x'=2+14=16$$

et

$$x''=2-14=-12.$$

Les deux racines sont $x'=16$ et $x''=-12$. Il est évident que la racine positive est la seule admissible. Il y avait donc en tout 16 ouvriers, et chacun d'eux aurait dû faire $\frac{432^m}{16}$, ou 27 mètres.

Or, comme 12 ouvriers seulement ont travaillé, chacun d'eux a fait $\frac{432}{12}$, ou 36 mètres.

Interprétation de la racine négative. Il est facile d'interpréter la valeur négative trouvée pour x; car, si dans l'équation (1) on change x en $-x$, on a

$$\frac{432}{-x-4}-\frac{432}{-x}=9,$$

ou, en changeant tous les signes (*),

$$\frac{432}{x+4}-\frac{432}{x}=-9,$$

ou encore, en changeant de nouveau les signes,

$$\frac{432}{x}-\frac{432}{x+4}=9.$$

Or il est facile de voir que cette dernière équation est la traduction algébrique de la question suivante :

Un certain nombre d'ouvriers ont fait 432 mètres d'ouvrage; si l'on avait employé 4 ouvriers de plus, chaque ouvrier aurait eu 9 mètres de moins à faire. Combien y a-t-il d'ouvriers qui ont travaillé?

274. Problème V. *Sur un terrain plat, on veut établir, pour un troupeau de moutons, un parc rectangulaire qui ait 6400 mètres carrés de superficie, et dont le périmètre soit de 400 mètres, longueur totale d'une clôture mobile dont on peut disposer. On demande quelle longueur doivent avoir les côtés du rectangle.*

Si l'on représente les côtés du rectangle par x et y, on a, d'après l'énoncé,

$$xy=6400,$$
$$2x+2y=400,$$

ou encore

$$x+y=200,$$
$$xy=6400.$$

Les inconnues x et y sont donc les racines de l'équation

$$z^2-200z+6400=0,$$

laquelle donne

$$z=100\pm\sqrt{10000-6400}.$$

Les côtés demandés sont, par suite,

$$x=100+60=160^{m}$$

(*) Tous les signes sont bien changés; car le premier terme $\frac{432}{-x-4}$ était négatif, et il est redevenu positif; le second $-\frac{432}{-x}$ était positif (puisqu'on avait à soustraire un quotient négatif), et il est redevenu négatif.

et

$$y = 100 - 60 = 40^{m}.$$

275 Problème VI. *Trouver les côtés d'un rectangle, connaissant son périmètre* 2p *et le côté* a *d'un carré équivalent.*

Si l'on désigne par x et y les côtés du rectangle, on a

$$x + y = p,$$
$$xy = a^2.$$

Les côtés x et y sont donc les racines de l'équation

$$z^2 - pz + a^2 = 0,$$

laquelle donne

$$z = \frac{p}{2} \pm \sqrt{\frac{p^2}{4} - a^2};$$

par suite,

$$x = \frac{p}{2} + \sqrt{\frac{p^2}{4} - a^2},$$
$$y = \frac{p}{2} - \sqrt{\frac{p^2}{4} - a^2}.$$

Discussion. Pour que le problème soit possible, il faut et il suffit que les deux côtés du rectangle soient réels et positifs. Or, pour que cette condition soit remplie, on doit avoir

$$\frac{p^2}{4} - a^2 > 0,$$

car alors les deux racines sont réelles, et elles ont le même signe, puisque leur produit a^2 est positif; enfin elles sont positives, parce que leur somme p est positive. Pour que le problème soit possible, il est donc nécessaire et suffisant d'avoir

$$\frac{p^2}{4} - a^2 > 0.$$

Dans le cas particulier où $\frac{p^2}{4} = a^2$, le radical disparaît; les deux côtés du rectangle sont donc égaux l'un et l'autre à $\frac{p}{2}$, et le rectangle est un carré.

Construction géométrique. Les deux côtés du rectangle étant

$$x = \frac{p}{2} + \sqrt{\frac{p^2}{4} - a^2}$$

et

$$y = \frac{p}{2} - \sqrt{\frac{p^2}{4} - a^2},$$

on peut aisément construire ces côtés à l'aide des longueurs a et p.

Soit AB une longueur égale à $\frac{p}{2}$. Sur cette droite comme diamètre, je décris une demi-circonférence; puis, du point A comme centre, et avec a pour rayon, je décris un arc qui coupe la demi-circonférence en C. J'ai d'abord (*Cours de géométrie*)

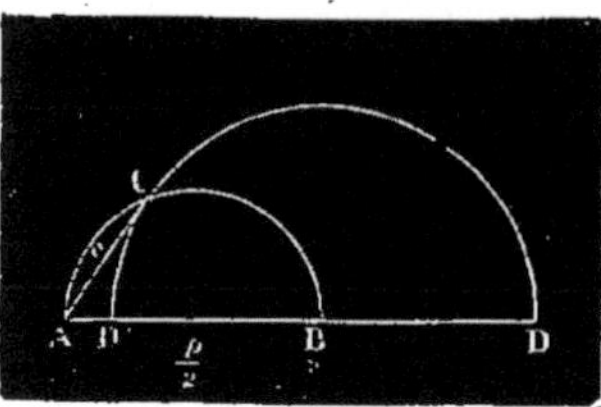

Fig. 26.

$$BC = \sqrt{AB^2 - AC^2} = \sqrt{\frac{p^2}{4} - a^2}.$$

Enfin, si du point B comme centre, avec BC pour rayon, je décris une circonférence qui rencontre AB en D et en D', les côtés du rectangle seront AD et AD'; car

$$AD = AB + BC = \frac{p}{2} + \sqrt{\frac{p^2}{4} - a^2}$$

et

$$AD' = AB - BC = -\frac{p}{2}\sqrt{\frac{p^2}{4} - a^2}.$$

Remarque I. Pour que la construction soit possible, il est évident que AC ou a doit être intérieur ou au plus égal à AB ou $\frac{p}{2}$. Si $a = \frac{p}{2}$, BC devient nul, et alors les deux côtés du rectangle sont égaux à AB, c'est-à-dire que le rectangle est un carré, résultat conforme à celui que nous avons trouvé dans la discussion algébrique.

Remarque II. On pourrait construire autrement x et y, car la quantité soumise au radical représente un côté de l'angle droit d'un triangle rectangle, dont l'hypoténuse est $\frac{p}{2}$, et l'autre côté de l'angle droit a. Cette partie soumise au radical est donc facile à construire, et, une fois construite, on connaît x et y, puisque x égale $\frac{p}{2}$, plus la partie soumise au radical, et y est la différence des deux mêmes quantités. Cette construction est très-peu usitée, parce que les côtés x et y du rectangle se trouvent, l'un et l'autre, représentés par deux lignes.

276. Problème VII. *Trouver les côtés d'un rectangle, connaissant la différence* l *des côtés et le côté* a *d'un carré équivalent à ce rectangle.*

Si l'on désigne par x le plus grand côté du rectangle, et par y

le plus petit, on a, d'après l'énoncé,

$$x - y = l,$$
$$xy = a^2.$$

Si l'on considère, pour un instant, les inconnues comme étant x et $-y$, on connaît leur somme et leur produit; car on a

$$x + (-y) = l,$$
$$x \times (-y) = -a^2.$$

Les inconnues x et $-y$ sont donc les racines de l'équation

$$z^2 - lz - a^2 = 0,$$

laquelle donne

$$z = \frac{l}{2} \pm \sqrt{\frac{l^2}{4} + a^2}:$$

d'où

$$x = \frac{l}{2} + \sqrt{\frac{l^2}{4} + a^2},$$

et (**265**)

$$y = -\frac{l}{2} + \sqrt{\frac{l^2}{4} + a^2}.$$

Ces valeurs font connaître que le problème est soluble dans tous les cas.

Construction géométrique. Soit CAB un angle droit. Je prends sur les côtés de cet angle les deux longueurs AB et AC respectivement égales à $\frac{l}{2}$ et à a. J'ai d'abord

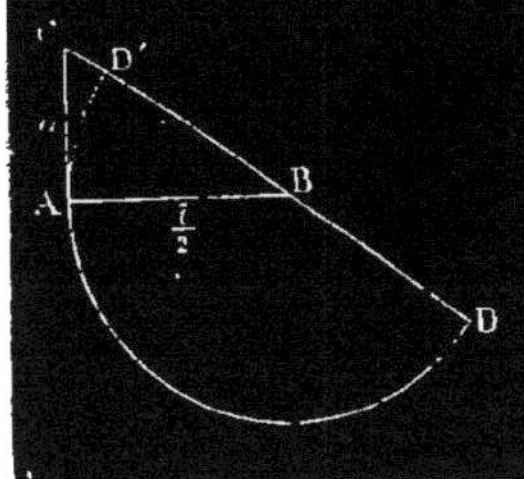

Fig. 27.

$$BC = \sqrt{\overline{AB}^2 + \overline{AC}^2} = \sqrt{\frac{l^2}{4} + a^2},$$

et si, du point B comme centre, avec AB pour rayon, je décris une circonférence qui rencontre CB en D', les côtés du rectangle seront CD et CD'; car

$$CD = BD + BC = \frac{l}{2} + \sqrt{\frac{l^2}{4} + a^2},$$

$$CD' = -BD' + BC = -\frac{l}{2} + \sqrt{\frac{l^2}{4} + a^2}.$$

On voit d'ailleurs que la construction est toujours possible, quels que soient a et l; le problème, en géométrie comme en algèbre, admet donc toujours une solution.

277. Problème VIII. *Trouver les côtés d'un triangle rec-*

tangle, connaissant son périmètre 2p *et le côté* a *d'un carré équivalent.*

Soient x, y, z les deux côtés de l'angle droit et l'hypoténuse : on a

$$x + y + z = 2p, \qquad (1)$$
$$x^2 + y^2 = z^2, \qquad (2)$$
$$xy = 2a^2. \qquad (3)$$

On déduit de l'équation (1)

$$x + y = 2p - z, \qquad (4)$$

et, en élevant au carré, on a

$$x^2 + y^2 + 2xy = 4p^2 + z^2 - 4pz. \qquad (5)$$

Si l'on retranche membre à membre (2) de (5), il vient

$$2xy = 4p^2 - 4pz,$$

ou

$$xy = 2p(p - z). \qquad (6)$$

Remplaçant dans (6) xy par sa valeur $2a^2$, tirée de (3), on a

$$2a^2 = 2p(p - z) :$$

d'où

$$z = \frac{p^2 - a^2}{p}. \qquad (7)$$

Cette valeur de z, substituée dans (4), donne

$$x + y = \frac{p^2 + a^2}{p}. \qquad (8)$$

Il est facile de déterminer maintenant x et y; car, par suite des équations (3) et (8), ces inconnues sont les racines de l'équation

$$z'^2 - \left(\frac{p^2 + a^2}{p}\right) z' + 2a^2 = 0,$$

ou

$$pz'^2 - (p^2 + a^2) z' + 2a^2 p = 0. \qquad (9)$$

Discussion. Pour que le problème soit possible, il faut, et il suffit que les valeurs de x, y, z soient réelles et positives.

Or, les valeurs de x et de y étant les racines de l'équation (9), pour que ces valeurs soient d'abord *réelles*, il faut que la quantité qui représente $b^2 - 4ac$ soit positive ou nulle; on doit par conséquent avoir :

$$(p^2 + a^2)^2 - 4 \times p \times 2a^2 p \geq 0,$$

ou, en extrayant la racine carrée,

$$p^2 + a^2 - 2ap\sqrt{2} \geq 0,$$

ou encore

$$a^2 - 2p\sqrt{2} \times a + p^2 \geq 0. \qquad (10)$$

Si l'on résout ce trinôme par rapport à a, on trouve

$$a = p\sqrt{2} \pm \sqrt{2p^2 - p^2},$$

ou

$$a = p\sqrt{2} \pm p = p(\sqrt{2} \pm 1).$$

Les deux valeurs de a étant séparées, on a:

$$a=p(\sqrt{2}+1) \text{ et } a=p(\sqrt{2}-1).$$

D'ailleurs, le premier terme du trinôme (10) étant positif, le trinôme lui-même sera positif ou nul, et, par conséquent, les valeurs de x et de y seront *réelles*, si l'on a (**247**)

$$(11)\quad a\leqq p(\sqrt{2}-1) \quad \text{ou} \quad (12)\ a\geqq p(\sqrt{2}+1).$$

De plus, comme le produit $2a^2$ de ces racines (équation [3]) est positif, ainsi que leur somme $\frac{p^2+a^2}{p}$ (équation [8]), il s'ensuit que ces racines sont *positives*.

Il faut encore que la valeur de z soit *réelle* et *positive;* mais, d'après l'équation (7), elle est toujours *réelle*, et d'après la même équation, pour qu'elle soit en outre *positive*, il faut que l'on ait

$$(13)\qquad a<p.$$

Cette dernière inégalité, qui est nécessaire, est en contradiction avec l'inégalité (12), qui n'est pas nécessaire (*); il ne reste donc que les inégalités de même sens (11) et 13); mais la première entraînant la seconde, il ne reste alors, comme condition de possibilité du problème, que l'inégalité

$$a<p(\sqrt{2}-1).$$

278. Problème IX. *Trouver sur la droite qui passe par deux points lumineux, A et B, un point M qui soit également éclairé par eux.* (On sait que l'intensité de la lumière reçue par un corps est en raison inverse du carré de la distance de ce corps au foyer lumineux.)

Soient d la distance des deux points lumineux, x la distance du point A au point M, et enfin i et i' les intensités respectives des deux lumières A et B.

A M B

D'après le principe de physique énoncé dans le problème, la lumière A envoie au point M une quantité de lumière représentée par $\frac{i}{x^2}$.

La lumière B est à une distance $d-x$ du point M, et, par conséquent, elle envoie au point M une quantité de lumière représentée par $\frac{i'}{(d-x)^2}$. L'équation du problème est donc

$$\frac{i}{x^2}=\frac{i'}{(d-x)^2}.$$

Au lieu de résoudre à l'ordinaire cette équation du second degré, on peut simplifier les calculs en prenant la racine carrée de

(*) Puisque c'est seulement l'inégalité (11) ou (12) qui doit être satisfaite.

chaque membre; il vient alors :

$$\frac{\sqrt{i}}{x}=\frac{\pm\sqrt{i'}}{d-x},$$

ou

$$\frac{x}{\sqrt{i}}=\frac{d-x}{\pm\sqrt{i'}};$$

mais on a (**109**)

$$\frac{x}{\sqrt{i}}=\frac{x+d-x}{\sqrt{i}\pm\sqrt{i'}}:$$

d'où

$$x=\frac{d\sqrt{i}}{\sqrt{i}\pm\sqrt{i'}}.$$

Discussion. On déduit de la valeur de x :

$$x'=\frac{d\sqrt{i}}{\sqrt{i}+\sqrt{i'}} \text{ et } x''=\frac{d\sqrt{i}}{\sqrt{i}-\sqrt{i'}}.$$

La 1re racine

$$x'=\frac{d\sqrt{i}}{\sqrt{i}+\sqrt{i'}}$$

indique que le point demandé M se trouve placé entre les deux lumières; car on a

$$x' \text{ ou } \frac{d\sqrt{i}}{\sqrt{i}+\sqrt{i'}}<d.$$

Si les deux lumières ont la même intensité, on a

$$x'=\frac{d\sqrt{i}}{2\sqrt{i}}=\frac{d}{2}.$$

Le point M est alors au milieu de la distance AB.

La seconde racine

$$x''=\frac{d\sqrt{i}}{\sqrt{i}-\sqrt{i'}}$$

montre qu'il existe encore un autre point également éclairé par les deux lumières. Or, si l'on a $i>i'$, la valeur de x'' est positive et plus grande que d; car il est facile de voir que l'on a bien

$$x'' \text{ ou } \frac{d\sqrt{i}}{\sqrt{i}-\sqrt{i'}}>d.$$

L'autre point également éclairé par les deux lumières est donc situé à droite de B.

Si, au contraire, on a $i<i'$, la valeur de x'' est négative, et par suite le point également éclairé est à gauche de l'origine A des distances.

Si l'on a $i=i'$, il vient :

$$x''=\frac{d\sqrt{i}}{0}.$$

Cette valeur infinie indique que x'' devient de plus en plus grand, à mesure que i approche de i', et que le point demandé n'existe plus lorsque i devient égal à i'.

Si, en même temps que $i=i'$, on suppose $d=0$, on a

$$x'=\frac{0}{2\sqrt{i}} \quad \text{et} \quad x''=\frac{0}{0},$$

c'est-à-dire que la 1re solution est nulle, et qu'il y a indétermination pour la seconde. Le point demandé est réellement indéterminé; car, les deux lumières étant au même point et ayant la même intensité, tout point de l'espace se trouve également éclairé par les deux lumières.

Applications. *La distance* AB *ou* d $=6^{m}$; *l'intensité de la lumière en* A *ou* $i=5$; *l'intensité de la lumière en* B *ou* $i'=2$: *trouver sur la ligne* AB *un point également éclairé.*

Si, dans les expressions de x' et de x'', on remplace les lettres par leurs valeurs respectives, il vient :

$$x'=\frac{6\sqrt{5}}{\sqrt{5}+\sqrt{2}}=3^{m},658,$$

et

$$x''=\frac{6\sqrt{5}}{\sqrt{5}-\sqrt{2}}=16^{m},325.$$

Le 1er point également éclairé est placé entre A et B à $3^{m},658$ du point A; le second, également éclairé, est à droite de B et à $16^{m},325$ du point A.

279. Problème X. *Trouver la profondeur d'un puits au fond duquel une pierre se fait entendre* t *secondes après l'instant où elle commence à tomber* (on sait d'ailleurs que les corps parcourent en tombant des espaces proportionnels aux carrés des temps employés à les parcourir).

Soient t' le temps que la pierre met pour tomber, et t'' le temps que le son met pour venir du fond du puits à l'observateur. On a, par suite,

$$t=t'+t''.$$

Soient ensuite x la profondeur du puits, $\frac{g}{2}$ l'espace parcouru dans la 1re seconde, et v la vitesse du son par seconde. L'espace x

étant parcouru en t' secondes, on a, d'après la loi énoncée,

$$\frac{x}{t'^2}=\frac{\frac{g}{2}}{1^2},$$

et cette équation donne

$$x=\frac{1}{2}gt'^2 :$$

d'où

$$t'=\sqrt{\frac{2x}{g}}.$$

D'ailleurs le son, parcourant v mètres par seconde, mettra, pour remonter du fond du puits, c'est-à-dire pour parcourir l'espace x, un nombre de secondes égal à $\frac{x}{v}$; donc

$$t''=\frac{x}{v},$$

et, par suite,

$$t=\sqrt{\frac{2x}{g}}+\frac{x}{v}: \qquad (1)$$

d'où

$$t-\frac{x}{v}=\sqrt{\frac{2x}{g}}. \qquad (2)$$

Élevant les deux membres au carré, il vient

$$t^2+\frac{x^2}{v^2}-\frac{2tx}{v}=\frac{2x}{g}, \qquad (3)$$

ou

$$\frac{1}{v^2}x^2-2\left(\frac{t}{v}+\frac{1}{g}\right)x+t^2=0, \qquad (4)$$

et si l'on chasse le dénominateur v^2, on a

$$x^2-2v\left(t+\frac{v}{g}\right)x+v^2t^2=0. \qquad (5)$$

Cette équation donne

$$x=\frac{2v\left(t+\frac{v}{g}\right)\pm\sqrt{4v^2\left(t+\frac{v}{g}\right)^2-4v^2t^2}}{2}; \qquad (6)$$

ou, en faisant sortir $2v$ du radical,

$$x=\frac{2v\left(t+\frac{v}{g}\right)\pm 2v\sqrt{\left(t+\frac{v}{g}\right)^2-t^2}}{2},$$

ou encore

$$x=v\left[t+\frac{v}{g}\pm\sqrt{\left(t+\frac{v}{g}\right)^2-t^2}\right]; \qquad (7)$$

ou enfin, en simplifiant la partie soumise au radical,

$$x = v\left[t + \frac{v}{g} \pm \sqrt{\frac{v}{g}\left(2t + \frac{v}{g}\right)}\right]. \qquad (8)$$

Discussion. Les deux valeurs de x sont *réelles*, car la quantité soumise au radical est positive ; et elles sont *positives*, car (équation [5]) leur somme $2v\left(t + \frac{v}{g}\right)$ et leur produit v^2t^2 sont positifs.

Or il est bien évident que le problème admet toujours une solution, et ne peut en admettre qu'une ; mais il est facile de voir d'où proviennent ces deux racines, et de reconnaître celle qui est étrangère à la question.

L'équation du problème est l'équation (1) ou (2) ; mais l'équation (3) n'est pas équivalente à l'équation (2) ; car si l'on élève au carré les deux membres de l'équation

$$t - \frac{x}{v} = -\sqrt{\frac{tx}{g}}, \qquad (9)$$

on trouve encore la même équation (3). Il résulte de là que l'équation (3) comprend non-seulement les solutions de (2), mais aussi celles de (9). Il reste à voir quelle est celle des racines qui convient à la question. Puisque (équation [5]) le produit des racines est v^2t^2, l'une de ces racines est moindre que vt et l'autre est plus grande. La plus petite, celle qui est moindre que vt, rend positive la quantité

$$t - \frac{x}{v};$$

car il est bien visible que si, dans cette expression, on substitue à x une quantité moindre que vt, la différence $t - \frac{x}{v}$ est positive.

La plus petite racine satisfait donc à l'équation (2). La plus grande, celle qui est supérieure à vt, substituée à x dans l'expression

$$t - \frac{x}{v},$$

rend cette expression négative, et, par suite, ne satisfait pas à l'équation (2), mais seulement à l'équation (9).

La profondeur du puits est donc égale à la plus petite des deux racines, elle est par conséquent donnée par la formule

$$x = v\left[t + \frac{v}{g} - \sqrt{\frac{v}{g}\left(2t + \frac{v}{g}\right)}\right].$$

Applications. *Le temps* $t = 4$ *secondes; d'ailleurs, on sait que* g *vaut à Paris* $9^m,8088$, *ou simplement* $9^m,81$, *et que* $v = 337^m$.

Si l'on substitue ces données dans la formule précédente, on a

$$x = 337\left[4 + \frac{337}{9,81} - \sqrt{\frac{337}{9,81}\left(8 + \frac{337}{9,81}\right)}\right],$$

ou

$$x = 70^m,50.$$

PROBLÈMES A RÉSOUDRE.

714. Trouver deux nombres dont la somme soit 18, et le produit 17.

715. La somme de deux nombres est 16, la différence de leurs carrés est 32 : quels sont ces deux nombres?

716. La somme de deux nombres est 25, la somme de leurs carrés est 277 : trouver ces nombres.

717. Trouver deux nombres dont la différence soit 5 et la somme de leurs carrés 325.

718. Trouver deux nombres pairs consécutifs dont le produit soit 224.

719. Un loueur de voitures demande la même somme à chaque personne qui se présente pour faire un certain voyage. Il doit ainsi recevoir 39^{f}. Arrivé à destination, deux des voyageurs sont dispensés par les autres de payer; ceux-ci donnent alors chacun 3^{f},25 en plus. Combien y avait-il de voyageurs?

720. La somme de deux nombres est 51 ; celle de leurs cubes est 8029. On demande ces deux nombres.

721. Un nombre diminué de sa racine carrée est égal à 210 : trouver ce nombre.

722. La différence de deux nombres est 16 et la différence de leurs racines carrées est 2 : trouver ces nombres.

723. Trouver un nombre entier tel que la différence entre sa 4e puissance et sa 2e soit 600

724. On devait partager 580^{f} entre un certain nombre de pauvres; mais au moment du partage 6 autres pauvres surviennent, et sont admis à partager avec les premiers; par suite de cette circonstance, la quote-part des premiers se trouve diminuée de 4^{f},80. Combien devait-il d'abord y avoir de co-partageants?

725. La différence de deux nombres est 17; la différence de leurs cubes est 29393. Quels sont ces deux nombres?

725 *bis*. Trouver les trois nombres entiers positifs qui vérifient l'équation $x^3-12x^2+41x=42$.

726. Partager le nombre a en 2 parties dont le produit soit égal à la somme de leurs carrés.

727. La somme de 3 nombres est 28, leur produit est 512 ; le second est moyen proportionnel entre les deux autres. Trouver ces nombres.

728. Un marchand vend deux coupons de drap, l'un pour 120^{f}, et l'autre, qui contient 2 mètres de plus, pour 130^{f}. S'il avait vendu le 1er coupon au prix du second, et réciproquement, il aurait vendu les 2 coupons pour 254^{f}. Combien y avait-il de mètres dans chaque coupon?

729. On demande un nombre N formé du produit de 3 nombres pairs consécutifs, et tel que si on le divise successivement par chacun de ces facteurs, on trouve 104 pour la somme des 3 quotients.

730. Les frais d'un procès se montent à 1200^{f}. Plusieurs personnes sont condamnées solidairement à payer cette somme, mais 3 sont insolvables; les autres sont alors obligées de donner chacune 90^f en plus. On demande le nombre des personnes solidaires.

731. Trouver un nombre de 2 chiffres tel qu'en le divisant par la somme de ses chiffres on trouve 4 pour quotient, et que le produit de ces mêmes chiffres augmenté de 52 donne le nombre.

732. Partager le nombre 10 en 2 parties telles que la somme des cubes de ces parties soit égale à 370.

733. Trouver deux nombres, sachant que leur somme égale 3017 et que la différence entre le quadruple du carré du 1er et le carré du second est 52051.

734. Des voituriers et des ouvriers terrassiers, au nombre de 28, travaillent sur un chemin. Un voiturier gagne 4^f de plus par jour qu'un terrassier; cependant, entre eux tous, les voituriers ne gagnent que 60^f par jour, juste la même somme que gagnent tous les terrassiers réunis. Trouver le nombre des voituriers et des terrassiers, et ce que chacun gagne par jour.

735. Un marchand a acheté une caisse d'oranges pour 20^f. Dans le nombre des oranges, 60 sont tellement avariées qu'il ne peut les vendre; mais les autres sont vendues 6 centimes de plus qu'elles n'ont coûté. Par suite, il gagne 24^f sur son marché. Trouver le prix d'acquisition d'une orange.

736. Une ménagère achète des abricots pour $1^f,10$ et à un prix tel que, si elle en avait eu 2 de moins pour ce prix, elle aurait payé la douzaine 5 centimes de plus. Trouver le prix de la douzaine d'abricots.

737. Trouver 2 nombres, connaissant leur somme 234, et leur plus petit multiple 2100.

738. Une personne a $27\,000^f$ de placés en deux sommes, au même taux et à intérêt simple. La 1re somme vaudrait $12\,300^f$ après 6 mois, capital et intérêt réunis; la seconde vaudrait $15\,500^f$ après 8 mois. On demande les 2 sommes placées, ainsi que le taux d'intérêt.

739. Une personne achète un objet qu'elle revend ensuite 144^f. Dans cette vente, elle gagne sur le prix d'achat autant pour 100 que l'objet lui a coûté. Quel a été le prix d'acquisition?

740. La somme de deux nombres est a, et celle de leurs rapports direct et inverse est b. Trouver ces nombres. Application au cas où $a = 15$ et $b = 2,225$.

741. Trouver 4 nombres proportionnels aux nombres 3,4,5,7, sachant que la différence des cubes des deux premiers est 175.

742. Deux ouvriers sont employés moyennant des prix différents. Le 1er reçoit 96^f après un certain nombre de jours; le second ayant travaillé 6 jours de moins ne reçoit que 54^f. Si ce dernier avait travaillé tous les jours et que le 1er eût manqué 6 jours, ils auraient reçu tous deux la même somme. On demande combien chacun a travaillé et le prix de la journée.

743. Deux robinets coulent dans un même bassin. Le 1er coulant seul met 2 heures de moins que le second pour remplir le bassin; coulant ensemble, les deux robinets mettent $2^h,24^m$ pour remplir le bassin. On demande le temps nécessaire à chaque robinet coulant seul pour remplir ce bassin.

744. Deux fermiers ont ensemencé en blé un certain nombre d'hectares; ils ont employé ensemble $63^{hl}, 6$ de blé, l'un en semant en lignes et l'autre à la volée. Celui qui a semé en lignes a ensemencé 4 hectares de plus que le second. Si le premier avait ensemencé le même nombre d'hectares que le second et réciproquement, le 1er n'aurait employé que 24 hectolitres de semence et le second 42 hectolitres. Combien chaque fermier a-t-il ensemencé d'hectares, et quelle quantité de blé faut-il par hectare en semant en lignes, et quelle quantité en semant à la volée?

745. Un courrier parcourt une certaine distance en 4 heures; un autre courrier parcourt dans le même temps 8^{km} de plus. On sait d'ailleurs que le second met 42 minutes de moins que le premier pour parcourir 28^{km}. On demande la distance parcourue en 4 heures par le 1er courrier, et la vitesse moyenne de chaque courrier.

746. On a un nombre de trois chiffres, dans lequel le chiffre des unités est moyen proportionnel entre les deux autres; le chiffre des dizaines est le $\frac{1}{6}$ de la somme des deux autres; d'ailleurs, en retranchant 396 à ce nombre, on a pour différence le nombre renversé. Quel est-il?

747. Une personne place $15\,000^f$ à un certain taux pendant un an. Après ce temps, cette personne trouve à placer son premier capital et ses intérêts à $1\,\%$ de plus. Elle possède alors un revenu de 780^f. On demande le taux primitif.

748. Deux négociants se retirent des affaires : ils ont alors $144\,000^f$ en tout à se partager. La mise du 1er a été de $60\,000^f$; le bénéfice du second est de $16\,000^f$. Trouver le bénéfice du 1er et la mise du second.

749. Deux personnes se réunissent pour former un capital de $20\,000^f$ et placent cette somme dans une industrie : l'argent de la 1re personne est resté 7 ans et demi dans l'entreprise, et celui de la seconde est resté 5 ans. En se retirant de l'entreprise, chaque personne reçoit $20\,000^f$ en tout. On demande la mise et le bénéfice de chaque coassocié.

750. On a employé deux ouvriers gagnant des salaires différents : le 1er ayant été payé au bout d'un certain nombre de jours a reçu 100^f; le second ayant travaillé 5 jours de moins a reçu 60^f. Si ce dernier avait travaillé tous les jours et que l'autre eût manqué 6 jours $\frac{1}{4}$, ils auraient reçu tous les deux la même somme. On demande combien de jours chacun a travaillé et le prix de la journée.

751. Si l'on augmente le produit de deux nombres de la somme de ces mêmes nombres, on obtient 55 pour résultat; mais la différence entre la somme de leurs carrés et la somme de ces nombres est égale à 76. On demande ces 2 nombres.

752. On demande 2 nombres tels qu'il y ait égalité entre leur somme, leur produit et la différence de leurs carrés.

753. Trouver un nombre entier tel que la différence entre sa 5e puissance et sa 3e soit 216.

754. Un capitaliste place deux sommes se montant ensemble à $35\,000$ à deux taux différents; mais elles produisent toutes deux le même revenu. On sait d'ailleurs que la 1re somme placée au 2e taux rapporterait

1 200f et que la 2e placée au premier taux rapporterait 675f. Trouver chaque somme et chaque taux.

755. Deux personnes versent ensemble 4 000f dans une entreprise. La 1re laisse un capital engagé pendant 20 mois et reçoit en tout, mise et bénéfice, 4 800f; la 2e, qui n'a laissé son capital que pendant un an dans l'entreprise, reçoit 2 560f en tout. Trouver la mise de chaque associé et ce que chaque mise a rapporté pour %.

756. La somme de deux nombres est 12, le produit de ces nombres multiplié par la somme de leurs carrés égale 2 590. Trouver ces nombres.

PROBLÈMES DE GÉOMÉTRIE.

767. La différence entre la diagonale d'un carré et son côté est de 6m : trouver la surface du carré.

768. Un rectangle a une surface de 391mq : trouver ses dimensions, sachant qu'elles diffèrent de 5m.

769. La surface d'un rectangle est 486mq ; si l'on augmentait chaque côté de 2m, la surface serait 580mq. Trouver le côté de ce rectangle.

770. Le rayon de la surface des mers, supposée sphérique, est 6 366 198m. A quelle distance peut s'étendre en pleine mer la vue d'un observateur élevé de 50m au-dessus du niveau de l'eau?

771. Un rectangle a 500mq de surface ; sa diagonale a 25m : calculer ses dimensions.

772. La diagonale d'un rectangle a 55m, la différence entre sa base et sa hauteur est de 11m. On demande la surface de ce rectangle.

773. L'hypoténuse d'un triangle rectangle a 15m, les côtés de l'angle droit sont dans le rapport de 3 à 4 : trouver ces côtés.

774. Un triangle rectangle a une surface de 726mq, son hypoténuse a 55m : trouver les deux côtés de l'angle droit.

775. Trouver les trois côtés d'un triangle rectangle, sachant que la somme de ces côtés est 132 et que la somme de leurs carrés est 6 050.

776. Par un point A, situé hors d'une circonférence, mener une sécante qui soit divisée en deux parties égales par la circonférence.

777. Un polygone a 35 diagonales : combien a-t-il de côtés?

778. On veut construire sur une base AB de 21m un triangle CAB rectangle en A et tel que l'hypoténuse CB et le côté CA fassent ensemble une somme double du côté AB : calculer CB et CA.

779. Trouver la distance de l'origine à la droite $5x - 4y + 20 = 0$, les axes étant rectangulaires.

780. Décrire une circonférence passant par un point donné M, et tangente à 2 droites données AB, CD.

781. La hauteur d'un trapèze est égale à la demi-somme de ses bases, et la différence entre les deux bases est 1m ; d'ailleurs la plus grande base est égale à l'hypoténuse d'un triangle rectangle dont les deux côtés de l'angle droit seraient la petite base et la hauteur du trapèze. Calculer l'aire de ce trapèze.

782. On donne un point P intérieur ou extérieur à un cercle : mener par ce point une sécante APB ou PAB, de manière que la corde AB ait une longueur donnée $2l$.

783. Inscrire dans un cercle donné une corde de longueur donnée $2l$, qui soit partagée, par une autre corde donnée $2m$, en deux parties égales.

784. Circonscrire à un demi-cercle donné un trapèze de surface donnée a^2.

785. Deux cordes d'un cercle se coupent : les deux parties de l'une valent respectivement $1^m,2$ et $2^m,1$; de plus, la différence entre les deux cordes est $0^m,1$. Calculer la longueur de cette dernière.

786. Circonscrire à une circonférence un losange ayant un périmètre donné $4p$.

787. La hauteur d'un trapèze est de 10 mètres : la surface de ce trapèze est égale à celle du rectangle qui serait construit sur ses deux bases parallèles; de plus, le double de la plus petite base ajouté au triple de la plus grande est égal à 4 fois la hauteur du trapèze. On demande les valeurs des deux bases.

788. On donne le périmètre $2p$ d'un triangle rectangle, et le rayon r du cercle inscrit. Trouver les côtés du triangle.

789. Inscrire dans un triangle donné un rectangle de surface donnée m^2.

790. Inscrire à une circonférence donnée O un triangle isocèle ABC, connaissant la somme a de sa base et de sa hauteur.

791. Mener par le sommet d'un triangle dont la base est b et la hauteur h une droite qui joigne cette même base et qui détermine deux triangles tels que leur somme soit double du rectangle des segments de la base.

792. Un diamètre AB étant donné, on propose de mener par le point A une corde AC, puis une seconde corde CD parallèle à AB, de telle sorte qu'on ait $AC^2 + CD^2 = a^2$. a^2 est un carré donné.

793. Circonscrire à un cercle un trapèze isocèle ayant un périmètre donné $2p$.

794. Circonscrire à un cercle un trapèze isocèle ayant une surface donnée a^2.

795. Trouver les côtés d'un triangle rectangle, connaissant le périmètre $2p$ et la hauteur h correspondante à l'hypoténuse.

796. Par un point O donné sur la bissectrice d'un angle droit A, mener une droite terminée au côté de l'angle, laquelle détermine un triangle de surface donnée $\frac{1}{2}a^2$.

797. Par un point A, extérieur à un cercle O, mener une sécante AB telle que la somme des carrés des segments AC, BC de cette droite soit équivalente à un carré donné a^2.

798. Par un point O donné dans l'intérieur d'un angle BAC, mener une droite MON telle qu'on ait $AM \times AN = m^2$, m^2 étant un carré donné.

799. Diviser une droite a en moyenne et extrême raison. Application : $a = 50$.

801. Partager la surface d'un triangle en moyenne et extrême raison par une parallèle à la base.

802. Trouver la surface d'un triangle dont le périmètre a 24^m; on sait d'ailleurs qu'un côté a est égal au tiers de la somme des deux autres b et c, et que le produit de ces deux derniers est 80.

803. Partager un cercle en moyenne et extrême raison, par une circonférence concentrique.

804. On donne deux côtés b et c d'un triangle et la surface s. Trouver le troisième côté a.

805. Décrire une circonférence tangente à une droite donnée MN et à deux circonférences données C et C'.

806. Calculer les côtés d'un triangle rectangle, connaissant la somme a des deux côtés de l'angle droit et la hauteur h.

807. Trouver le côté du décagone inscrit dans un cercle de rayon R Cas où $R = 1^m$.

808. Calculer les côtés de l'angle droit d'un triangle rectangle, connaissant l'hypoténuse a et la somme b des deux côtés de l'angle droit et de la hauteur.

809. Par un point O situé sur la bissectrice d'un angle droit CAB, mener une sécante telle que la partie de cette droite comprise entre les deux côtés de l'angle ait une longueur donnée l.

813. Un parallélipipède rectangle a pour valeur 840^{mc}. Calculer la longueur de ses arêtes, sachant qu'elles sont entre elles comme les nombres 3, 5 et 7

814. La différence des rayons de deux sphères est $0^m,20$; la différence de leur volume est 5^{mc} : calculer chacun des rayons à 0,001 près.

815. D'un point donné comme pôle, décrire sur la sphère un cercle qui détermine une zone d'une surface égale à celle d'un cercle donné.

816. Déterminer les dimensions d'un parallélipipède rectangle équivalent à un cube donné, connaissant la somme de ses trois arêtes, et sachant que l'une est moyenne proportionnelle entre les deux autres.

817. On donne un tétraèdre régulier : trouver le rayon de la sphère inscrite et le rayon de la sphère circonscrite à ce tétraèdre.

818. Un cuvier ayant la forme d'un tronc de cône doit contenir 800 litres, avoir une profondeur de $0^m,80$, et un diamètre égal à 1^m : on demande l'autre diamètre.

819. Mener par l'extrémité d'un diamètre une corde AC, telle que le segment qu'elle détermine dans le cercle en tournant autour du diamètre AB engendre un volume dont le rapport au volume de la sphère soit égal à m.

820. Le volume d'un tronc de cône est équivalent à celui d'une sphère de 3^m de rayon; la hauteur du tronc égale 2^m, le rayon de l'une des bases, 4^m : calculer le rayon de l'autre base.

821. Couper une sphère par un plan, de manière que l'aire de la section soit égale à la différence des zones déterminées.

822. Mener un plan parallèle à la base d'un cylindre droit et circulaire, de manière qu'il divise sa surface convexe en deux parties telles que la base soit moyenne proportionnelle entre elles.

823. On donne la surface totale d'un cône et son côté ou son rayon trouver son volume.

824. On demande de couper une sphère de rayon R par un plan, de manière que le segment et la zone soient représentés par le même nombre. Le problème est-il toujours possible? Application au cas où $R = 5$.

825. Le rayon d'une sphère étant égal à 1, calculer à 0,001 près la hauteur d'un cône dont la base est un petit cercle, dont le sommet est au centre de la sphère, et dont la surface latérale est égale au $\frac{1}{10}$ de la surface de la sphère.

826. Le volume d'un tronc de pyramide est de 20^{mq}, la hauteur de ce tronc est de 6^m; l'une des faces a une surface de $7^{mq},9$. On demande l'autre base.

827. La surface totale d'un prisme droit hexagonal régulier est égale à $0^{mq},12$; la hauteur est de $0^m,10$. Le prisme est en aluminium dont la densité est 2,5. On demande de calculer le volume et le poids du prisme.

828. Une sphère a 1^m de rayon. On inscrit dans cette sphère un cylindre dont la surface latérale est la moitié de la surface d'un grand cercle de cette sphère. On demande le volume du cylindre.

829. On connaît la surface totale d'un segment sphérique à une base et le rayon de la sphère. On demande la hauteur du segment.

830. Un cylindre et un tronc de cône ont une base commune et même hauteur : le volume du tronc est les deux tiers du volume du cylindre. Trouver le rapport des rayons des deux bases du tronc.

831. Couper une sphère par un plan, de manière que le segment sphérique ADB ait, avec le secteur sphérique correspondant ADBO, un rapport donné m.

832. Inscrire à une sphère donnée un cylindre ayant un rapport donné m avec la somme des deux segments sphériques adjacents.

833. Trouver les arêtes d'un parallélipipède rectangle, connaissant sa surface totale m^2, la diagonale d d'une face et la somme a des arêtes.

834. La somme de toutes les arêtes d'un parallélipipède rectangle est égale à 40^m, la somme des carrés des trois arêtes contiguës est égale à 38^m, et l'aire de la base est égale à 6^{mq}. On demande le volume du parallélipipède.

835. Partager le volume d'une sphère en moyenne et extrême raison par une sphère concentrique.

836. La somme des trois dimensions d'un parallélipipède rectangle égale 15^m; une diagonale de ce solide a 9^m, et l'une des bases a 18^{mq} de surface : on demande le volume du parallélipipède.

837. Circonscrire à une sphère donnée un cône droit dont la surface totale soit équivalente à celle d'un cercle donné.

838. Circonscrire à une sphère un cône droit dont la surface convexe soit le double de la base.

839. Inscrire dans une sphère un cône droit dont la surface soit le double de la surface de la base.

840. Calculer les deux côtés de l'angle droit d'un triangle rectangle, connaissant l'hypoténuse a, et sachant que le solide engendré par la révolution du triangle autour de l'hypoténuse est égal au volume d'une sphère de rayon donné R.

841. Inscrire dans une sphère donnée un cylindre dont la surface convexe soit égale à une quantité donnée m^2.

PROBLÈMES DE PHYSIQUE.

842. Deux lumières A et B dont les intensités sont entre elles comme 2 est à 3 sont distantes de 20^m. Trouver sur la droite qui joint ces lumières un point également éclairé par chacune d'elles.

843. Deux mobiles A et B partent du sommet d'un angle droit : le mobile A sur un côté, et le mobile B sur l'autre. Le 1er mobile part une seconde avant le second, et fait 6^m par seconde; le second mobile fait 5^m par seconde : après combien de temps seront-ils éloignés de 75^m?

844. Deux mobiles M et M' animés d'un mouvement uniforme et partis en même temps des extrémités d'une droite AB se rencontrent en un point R de la ligne AB ; en ce moment, le mobile M a déjà parcouru 60^m de plus que le mobile M'. On sait d'ailleurs que les vitesses des mobiles sont telles que M continuant son chemin parcourt la distance RB en 9 secondes, et M' la distance RA en 25 secondes. On demande les distances du point R aux points A et B, ainsi que la vitesse de chaque mobile.

845. Une lampe et une bougie sont distantes l'une de l'autre de $4^m,15$. On sait que les intensités des deux lumières sont entre elles comme 6 est à 1 : à quelle distance de la lampe, sur la ligne droite qui joint les deux lumières, doit-on placer un écran pour qu'il soit également éclairé par l'une et par l'autre?

846. Un corps opaque est éclairé par une bougie et par une lampe; les ombres projetées par ce corps sur un écran ont la même intensité. Les distances à l'écran sont pour la bougie 1^m, pour la lampe $8^m,50$. Quel est le rapport des intensités des deux lumières?

847. Deux mobiles, abandonnés sans vitesse initiale à l'action de la pesanteur, sont partis du même point de l'espace à une seconde d'intervalle l'un de l'autre. Au bout de combien de temps la distance qui les sépare sera-t-elle devenue égale à 98^m? On ne tiendra pas compte de la résistance de l'air et l'on fera g égal à $9^m,8088$.

848. Deux lumières A et B ont des intensités qui sont entre elles comme 5 est à 7. La lumière A est fixée à 3^m d'un objet qu'on veut également éclairer par les deux lumières : à quelle distance de l'objet, et sur la ligne qui le joint à la lumière A, doit-on placer la lumière B?

849. Deux mobiles M et M' animés d'un mouvement uniforme partent en même temps des extrémités A et B d'une droite et vont à la rencontre l'un de l'autre. Le 1er arrive en B $2^h,15^m$, et le second en A $6^h,15^m$ après leur rencontre. Trouver le temps que chaque mobile a mis pour parcourir la droite AB.

CHAPITRE VIII

QUESTIONS DE MAXIMUM ET DE MINIMUM.

DÉFINITIONS.

280. On appelle *maximum* d'une quantité variable une certaine valeur de cette quantité, plus grande que celles qui la précèdent ou la suivent *immédiatement*.

On appelle *minimum* d'une quantité variable une certaine valeur de cette quantité, plus petite que celles qui la précèdent ou la suivent *immédiatement*.

D'après ces définitions, on voit qu'un maximum d'une quantité variable peut bien ne pas être la plus grande de toutes ses valeurs; celle-ci prend le nom de *maximum absolu*. De même, la plus petite des valeurs d'une quantité variable porte le nom de *minimum absolu*.

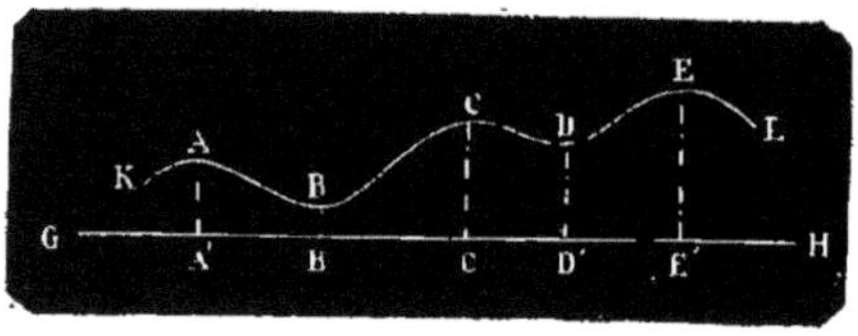

Fig. 28.

Soient, par exemple, la courbe sinueuse KL et une droite GH située dans un même plan.

La distance de la courbe KL à la droite GH est évidemment une quantité variable, maximum en A, en C et en E, minimum en B et en D. D'ailleurs, la distance DD' étant plus grande que la distance AA', on voit qu'un minimum peut être plus grand que certains maximums, et réciproquement.

Lorsqu'une quantité croît constamment de $-\infty$ à $+\infty$, ou décroît constamment de $+\infty$ à $-\infty$, on dit qu'elle n'a ni maximum ni minimum.

Par exemple, la fonction $5x+1$ n'a ni maximum ni minimum, car il est facile de voir qu'elle croît avec x de $-\infty$ à $+\infty$.

MÉTHODES EMPLOYÉES POUR RÉSOUDRE LES QUESTIONS DE MAXIMUM ET DE MINIMUM.

281. La détermination des maximums et des minimums des

fonctions est une question très-importante, mais qui ne peut être résolue complétement par l'algèbre élémentaire. Cependant, dans bien des cas, on trouve assez facilement les maximums et les minimums d'une fonction.

Une première méthode, la plus directe, consiste à suivre les variations de la fonction qui correspondent à celles de la variable x, et on trouve alors les maximums et les minimums de la fonction.

Une seconde méthode, moins directe, mais généralement plus élémentaire, consiste à chercher entre quelles limites on peut faire varier la fonction pour que les valeurs correspondantes de x soient réelles.

Lorsqu'on résout une question de maximum ou de minimum par ce second procédé, il suffit donc d'égaler la fonction à une certaine valeur arbitraire y (*), et de voir entre quelles limites peut varier y, pour que les valeurs de x soient toujours réelles. On trouve ainsi les maximums et les minimums de la fonction et les valeurs correspondantes de la variable x.

Nous allons éclaircir par des exemples ce que ces considérations peuvent avoir d'obscur. Tantôt nous emploierons les deux méthodes, tantôt l'une ou l'autre.

282. Problème I. *Trouver le maximum de la fonction* $3-x^2$.

Méthode directe. Quelle que soit la valeur donnée à x, le carré x^2 est toujours positif. Par conséquent, quand x varie de $-\infty$ à 0, la fonction croît de $-\infty$ à $+3$; quand x varie de 0 à $+\infty$, la fonction décroît de $+3$ à $-\infty$: donc 3 est le *maximum* de la fonction.

Ainsi, par exemple, si l'on fait $x=-5$, la fonction égale $3-25$ ou 22 ;

Si l'on fait $x=-1$, la fonction égale $3-1$ ou 2 ;
Si l'on fait $x=0$, la fonction égale 3;
Si l'on fait $x=1$, la fonction égale encore 2, etc.

Méthode indirecte. On attribue, comme il vient d'être dit, une valeur quelconque y à la fonction, et l'on pose

$$3-x^2=y.$$

Si l'on résout cette équation par rapport à x, il vient

$$x=\pm\sqrt{3-y}.$$

La condition de réalité de x est donc

$$3-y\geqslant 0:$$

(*) On représente aussi très-souvent la fonction par la lettre m.

d'où

$$y \leq 3.$$

Ainsi y ne peut dépasser 3; par conséquent, la valeur *maximum* de y ou de la fonction est 3 : dans ce cas, le radical disparaît, et l'on a encore

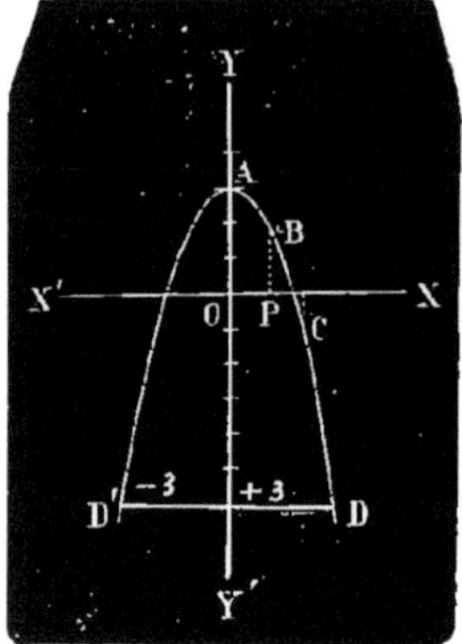

Fig. 29.

$$x = 0.$$

Courbe de la fonction. Pour représenter la fonction par une courbe, on pose

$$3 - x^2 = y.$$

Si l'on fait $x = 0$, on a $y = 3$. A partir du point O, dans le sens OY, puisque Y est positif, on porte trois fois l'unité de longueur, et l'ordonnée OA représente le *maximum* de la fonction. C'est le sommet de la courbe. Si l'on fait $x = 1 = \text{OP}$, on a $y = 2 = \text{PB}$. La courbe passe en B. Si l'on fait $x = 2$, on a $y = -1$. La courbe passe en C. Si l'on fait maintenant $x = -1$, $x = -2$, etc., les valeurs correspondantes de y seront : $y = 2$, $y = -1$, etc. Donc la courbe se compose de deux branches infinies AD, AD' symétriques par rapport à l'axe des y.

De même qu'au nº **253**, il est facile de faire usage de cette courbe pour trouver les deux valeurs égales de x, et de signes contraires, qui correspondent à une valeur donnée quelconque de y. On trouvera, par exemple, que les deux valeurs de x qui correspondent à $y = -6$ sont $x = +3$ et $x = -3$ Ce sont bien là, du reste, les deux valeurs fournies par l'équation $3 - x^2 = -6$, qui n'est autre que l'équation proposée, dans laquelle on a remplacé y par 6.

283. Problème II. *Trouver le minimum de la fonction* $1 + x^2$.

Méthode directe. Il est facile de voir que si x varie de $-\infty$ à $+\infty$, la fonction décroît d'abord de $+\infty$ à $+1$, pour croître ensuite de $+1$ à $+\infty$: donc 1 est le *minimum* de la fonction.

Méthode indirecte. On pose

$$1 + x^2 = y.$$

Cette équation donne

$$x = \pm\sqrt{y - 1}.$$

Pour que x soit réel, on doit donc avoir

$$y - 1 \geq 0.$$

La *valeur minimum* que puisse prendre y est donc

$$y = 1.$$

Dans ce cas, le radical disparaît, et l'on a

$$x = 0.$$

Courbe de la fonction. Pour représenter la fonction par une courbe, on pose :

$$1 + x^2 = y.$$

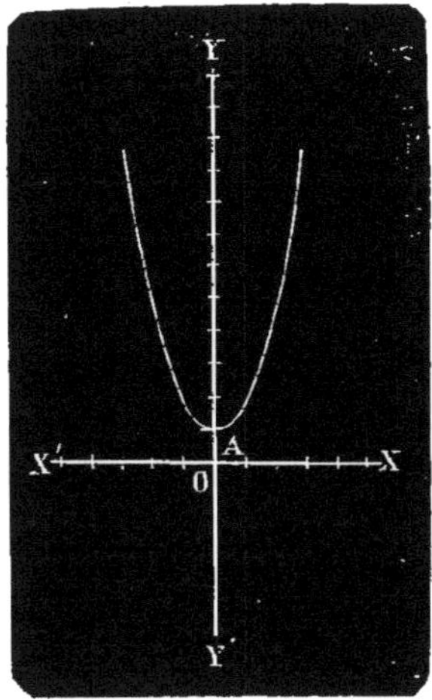

Fig. 30.

Si l'on fait $x = 0$, on a $y = 1$. A partir du point O, dans le sens OY, on porte l'unité de longueur, et l'ordonnée OA représente le *minimum* de la fonction. On achève la construction comme dans l'exemple précédent. On voit que la courbe se compose encore de deux branches infinies et symétriques par rapport à l'axe des y.

Cette courbe, comme celle du numéro précédent, peut servir à déterminer les deux valeurs égales de x, et de signes contraires, qui correspondent à une valeur quelconque donnée à y.

284. Problème III. *Trouver les maximums et les minimums de la fonction* $x^2 - 5x + 6$.

On pose

$$x^2 - 5x + 6 = y :$$

d'où

$$x^2 - 5x + 6 - y = 0.$$

On déduit de cette équation

$$x = \frac{5 \pm \sqrt{25 - 4(6 - y)}}{2},$$

ou

$$x = \frac{5 \pm \sqrt{1 + 4y}}{2}.$$

Pour que x soit réel, on doit donc avoir

$$1 + 4y \geqslant 0,$$

ou

$$y \geqslant -\frac{1}{4}.$$

La valeur *minimum* de y est par conséquent

$$y = -\frac{1}{4}.$$

Mais pour $y = -\frac{1}{4}$, le radical disparaît, et l'on a $x = \frac{5}{2}$; c'est donc pour $x = \frac{5}{2}$ que la fonction a sa valeur minimum.

Il n'y a pas de maximum; car y, étant seulement assujetti à ne pas être plus petit que $-\frac{1}{4}$, peut croître de $-\frac{1}{4}$ à $+\infty$.

Courbe de la fonction. Il est facile de tracer la courbe qui représente la fonction donnée; car, sachant qu'à $x = \frac{2}{5}$ correspond le *minimum* $y = -\frac{1}{4}$, il suffit de porter, dans le sens OX, une longueur OE égale à $\frac{5}{2}$, ou 2,5 fois l'unité, et au point E d'élever, dans les sens OY', une perpendiculaire égale à $\frac{1}{4}$ d'unité. L'ordonnée EA représente alors le minimum de la fonction, et le point A est par conséquent le sommet de la courbe. Pour trouver les points P et P', où cette courbe coupe l'axe des x, il suffit de faire dans l'équation de la courbe y égal à zéro, car pour ces points l'ordonnée est nulle. Les racines de l'équation

$$x^2 - 5x + 6 = 0$$

étant 2 et 3, la courbe passera à la 2ᵉ et à la 3ᵉ division à partir du point O, et à droite de ce point.

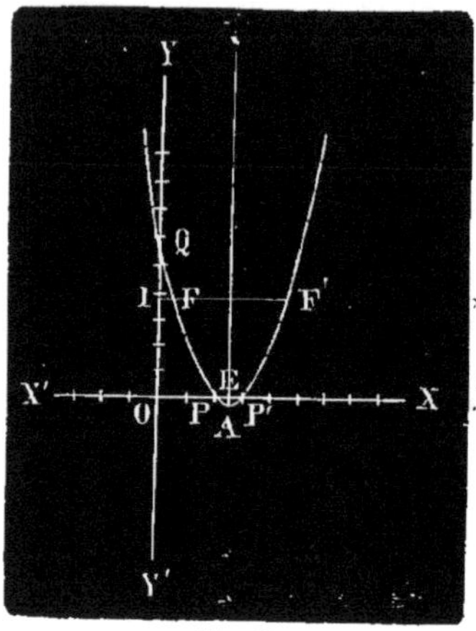

Fig. 31.

Pour déterminer le point Q où la courbe coupe l'axe des x, il suffit de faire, dans l'équation de la courbe, x égal à zéro, car pour ce point l'abscisse est nulle.

En faisant dans le trinôme donné $x=0$, on a $y=6$. La courbe coupe donc l'axe des y à six unités du point O et dans le sens OY.

On peut encore construire la courbe en posant

$$x^2 - 5x + 6 = y,$$

et en donnant à x des valeurs telles que 0, $\frac{1}{4}$, $\frac{1}{2}$, $\frac{3}{4}$, on trouve les valeurs correspondantes de y, et, par conséquent, il devient facile de construire la courbe (251).

Usage de la courbe. Si l'on veut, par exemple, trouver x' et x'' lorsque le trinôme prend la valeur 3,75, on portera, à partir du point O, dans le sens OY, une longueur OI égale à 3,75 fois l'unité, et par le point I on mènera une parallèle à l'axe des x. Les abscisses des points de rencontre F et F' sont les deux valeurs x' et x'' qui rendent le trinôme égal à 3,75. On a pour ces valeurs : IF $= x = 0{,}5$, IF' $= x'' = 4{,}5$.

285. Problème IV. *Trouver les maximums et les minimums de la fonction*

$$ax^2 + bx + c.$$

On pose

$$ax^2 + bx + c = y : \qquad (1)$$

d'où

$$ax^2 + bx + c - y = 0.$$

On déduit de cette équation

$$x = \frac{-b \pm \sqrt{b^2 - 4a(c-y)}}{2a},$$

ou

$$x = \frac{-b \pm \sqrt{b^2 - 4ac + 4ay}}{2a},$$

ou encore, en divisant et multipliant par $4a$, sous le radical,

$$x = \frac{-b \pm \sqrt{4a\left(y + \frac{b^2 - 4ac}{4a}\right)}}{2a}.$$

Or, on peut avoir $a > 0$ ou $a < 0$.

1° $a > 0$. Puisque a est positif, il faut, pour que x soit réel, c'est-à-dire pour que la quantité soumise au radical soit positive, que l'expression entre parenthèses soit positive. On doit donc avoir

$$y + \frac{b^2 - 4ac}{4a} \geqslant 0,$$

ou
$$y \geqslant \frac{-b^2 + 4ac}{4a},$$

ou enfin
$$y \geqslant \frac{4ac - b^2}{4a}.$$

Quand a est positif, le *minimum* de la fonction, ou de y, est donc

$$y = \frac{4ac - b^2}{4a}.$$

Mais alors le radical s'annule, et l'on a $x = -\frac{b}{2a}$.

Si a *est positif, c'est donc pour* $x = -\frac{b}{2a}$ *que la fonction a sa valeur minimum.*

2° $a < 0$. Puisque a est négatif, il faut, pour que x soit réel, c'est-à-dire pour que la quantité soumise au radical soit positive, que l'expression entre parenthèses soit négative. On doit donc avoir

$$y + \frac{b^2 - 4ac}{4a} \leqslant 0,$$

ou
$$y \leqslant \frac{-b^2 + 4ac}{4a},$$

ou enfin
$$y \leqslant \frac{4ac - b^2}{4a}.$$

Quand a est négatif, le *maximum* de la fonction, ou de y, est donc

$$y = \frac{4ac - b^2}{4a}.$$

Mais alors le radical s'annule, et l'on a $x = -\frac{b}{2a}$.

Si a *est négatif, c'est donc pour* $x = -\frac{b}{2a}$ *que la fonction atteint sa valeur maximum.*

Applications. 1° *Trouver le minimum de* $5x^2 - 8x + 6$.

Dans ce cas, on a $a = 5$, $-b = 8$ et $c = 6$: le minimum demandé est donc $\frac{4 \times 5 \times 6 - 8^2}{4 \times 5} = \frac{14}{5}$, et la valeur de x qui correspond à ce minimum est $\frac{8}{2 \times 5} = \frac{4}{5}$.

2° *Trouver le maximum de* $4x - 3x^2 + 7$.

Dans ce cas, on a $a = -3$, $-b = -4$ et $c = 7$: le minimum demandé est donc $\frac{4 \times -3 \times 7 - 4^2}{4 \times -3} = \frac{25}{3}$, et la valeur de x qui correspond à ce maximum est $\frac{-4}{2 \times -3} = \frac{2}{3}$.

3° *Trouver le minimum de* $3x^2 + 4x - 27$.

On a $a = 3$, $-b = -4$ et $c = -27$: le minimum demandé est, par suite, $\frac{4 \times 3 \times -27 - 4^2}{4 \times 3} = -\frac{85}{3}$, et la valeur de x qui correspond à ce minimum est $\frac{-4}{2 \times 3} = -\frac{2}{3}$.

286. Problème V. *Trouver les limites entre lesquelles peut varier le produit de deux facteurs dont la somme est constante et égale à* a.

Si l'on désigne par x l'un des facteurs, l'autre sera $a - x$. Faisant leur produit, qu'on veut rendre maximum, égal à y, on a

$$x(a - x) = y,$$

ou

$$-x^2 + ax = y.$$

Or (problème précédent) cette fonction, ou le produit y, atteint son maximum quand on a

$$x = \frac{-a}{-2},$$

ou

$$x = \frac{a}{2}.$$

Si l'un des facteurs est $\frac{a}{2}$, l'autre est aussi égal à $\frac{a}{2}$, et par suite les deux facteurs sont égaux.

Ainsi *le produit de deux facteurs dont la somme est constante est maximum lorsque les deux facteurs sont égaux.*

Le maximum du produit étant $\frac{a}{2} \times \frac{a}{2}$ ou $\frac{a^2}{4}$, il en résulte que ce produit peut *varier* de $-\infty$ à $\frac{a^2}{4}$. Par exemple, le produit de deux facteurs dont la somme est 5 peut varier de $-\infty$ à $\frac{5}{2} \times \frac{5}{2}$ ou $\frac{25}{4}$.

Il est facile de comprendre qu'il peut y avoir en effet une infinité de produits avant d'arriver à $\frac{25}{4}$; car dans une infinité de cas la somme de deux facteurs peut être 5 : si l'un est 12, je suppose, l'autre sera $5 - 12$ ou -7; leur somme $12 - 7$ égale bien 5.

Courbe de la fonction. Pour fixer les idées, soit 5 la somme des 2 facteurs dont le produit doit être rendu maximum. On aura :

$$-x^2 + 5x = y.$$

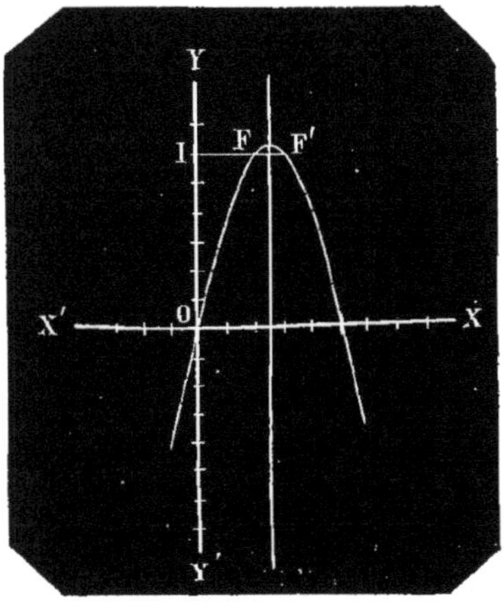

Si dans cette équation on fait $y = 0$, et qu'on résolve l'équation

$$-x^2 + 5x = 0$$

qui résulte de cette hypothèse, on trouve $x'' = 0$ et $x' = 5$. La courbe passe donc à l'origine et à la 5e division à partir de 0, et à droite de ce point. Si l'on donne ensuite à x des valeurs telles que $\frac{1}{4}, \frac{1}{2}, \frac{3}{4}, 1, \frac{5}{4}, \ldots$, on trouve bien que l'ordonnée représentant le produit atteint son maximum pour $x = \frac{5}{2}$, c'est-à-dire pour le cas où les 2 facteurs du produit sont égaux.

On a alors :

$$-\frac{25}{4} + 5 \times \frac{5}{2} = \frac{25}{4} = 6\,\frac{1}{4} = y.$$

Fig. 32.

Pour construire la branche qui se trouve dans l'angle X'OY', on fait x successivement égal à $-\frac{1}{4}, -\frac{1}{2}, -\frac{3}{4}$, et on obtient les ordonnées négatives correspondantes, et par suite les points de la courbe.

Usage de la courbe. Puisque les ordonnées représentent les produits, il est facile, lorsque la courbe est construite, de trouver quelle valeur on doit donner à x pour obtenir un produit donné; il suffit de porter sur OY, à partir du point O, et dans le sens convenable, une longueur représentant le produit donné, et de mener par ce point une parallèle à l'axe des x. Si la parallèle coupe la courbe en deux points, les abcisses de ces deux points sont les deux facteurs du produit donné; si elle est tangente, le produit donné est maximum, les deux facteurs sont égaux; si elle ne rencontre pas la courbe, les facteurs du produit donné sont imaginaires, et le produit lui-même est imaginaire.

Si, par exemple, on veut trouver les deux facteurs du produit 6, à partir du point O, et dans le sens OY, on portera une longueur OI égale à 6 fois l'unité de longueur, et on mènera par le point I une parallèle à X'X qui rencontrera la courbe en F et en F' : les abscisses de ces points étant 2 et 3, les deux facteurs du produit 6 sont 2 et 3.

Remarque. Si l'on désigne par $2p$ le périmètre constant d'un rectangle, p représentera la somme de la base et de la hauteur, et l'une des dimensions étant x, l'autre sera $p - x$; et la surface

$$x(p - x).$$

Or, on vient de voir que ce produit acquiert sa valeur maximum lorsque les deux facteurs sont égaux entre eux; donc, *de tous les rectangles de même périmètre, le plus grand est un carré.*

287. Problème VI. *Trouver le minimum de la somme de deux facteurs dont le produit p est constant* (*).

Désignons par x, y les deux facteurs et par m leur somme variable, nous aurons

$$x + y = m,$$
$$xy = p;$$

par suite, les inconnues x, y sont les racines de l'équation

$$z^2 - mz + p = 0,$$

et il vient alors

$$\left.\begin{matrix} x \\ y \end{matrix}\right\} = \frac{m \pm \sqrt{m^2 - 4p}}{2}.$$

Or, pour que les valeurs x et y soient réelles, il faut avoir

$$m^2 \geqslant 4p,$$

ou

$$m \geqslant 2\sqrt{p}.$$

Donc le minimum de m est

$$m = 2\sqrt{p}.$$

Mais cette valeur annulant le radical, nous obtiendrons

$$\left.\begin{matrix} x \\ y \end{matrix}\right\} = \frac{m}{2} = \frac{2\sqrt{p}}{2} = \sqrt{p}.$$

Donc, *le minimum de la somme de deux facteurs dont le produit est constant a lieu lorsque ces deux facteurs sont égaux.*

Ainsi, par exemple, si le produit de deux facteurs est 16, leur somme sera minimum lorsqu'ils seront égaux l'un et l'autre à $\sqrt{16} = 4$: la somme minimum sera donc 8.

288. Problème VII. *Étudier les variations de la fonction*

$$\frac{x^2 + 3x + 5}{x^2 + 1}.$$

On voit d'abord immédiatement qu'aucune valeur de x ne peut annuler le dénominateur de la fonction : donc, dans aucun cas, elle ne pourra prendre la forme $\frac{m}{0}$.

Si l'on représente cette fonction par y, on a successivement

$$\frac{x^2 + 3x + 5}{x^2 + 1} = y,$$

$$(1 - y)\,x^2 + 3x + 5 - y = 0 :$$

d'où

$$x = \frac{-3 \pm \sqrt{9 - 4(1 - y)(5 - y)}}{2(1 - y)},$$

ou encore

$$x = \frac{-3 \pm \sqrt{-4y^2 + 24y - 11}}{2(1 - y)}. \qquad (1)$$

(*) Voir notre NOUVEAU COURS D'ALGÈBRE, page 245.

Pour que x soit réel, il faut que l'on ait

$$-4y^2+24y-11>0.$$

Si l'on égale ce trinôme à zéro, on a

$$y=\frac{24\pm\sqrt{400}}{8};$$

par suite,

$$y'=\frac{24-20}{8}=\frac{1}{2},$$

$$y''=\frac{24+20}{8}=\frac{11}{2}.$$

Pour que le trinôme $-4y^2+24y-11$ soit positif, son premier terme étant négatif, il faut que y soit compris entre y' et y'' (**251**). Puisque y, c'est-à-dire la fonction, ne peut varier qu'entre y' et y'', son minimum est $y'=\frac{1}{2}$ et son maximum $y''=\frac{11}{2}$. Mais ces valeurs de y' et de y'' annulent le radical : les deux valeurs égales de x qui correspondent au minimum y' sont alors, en les désignant par x',

$$x'=\frac{-5\pm 0}{2\left(1-\frac{1}{2}\right)}=-5.$$

De même, les deux valeurs égales de x qui correspondent au maximum y'' sont, en les désignant par x'',

$$x''=\frac{-5\pm 0}{2\left(1-\frac{11}{2}\right)}=\frac{-5}{-9}=\frac{1}{5}.$$

Ainsi, lorsque x croît de $-\infty$ à $+\infty$, la fonction $\frac{x^2+3x+5}{x^2+1}$ reste toujours comprise entre y' et y'', ses valeurs minimum et maximum.

Dans le cas où $x=\pm\infty$, la fonction est égale à l'unité, car on a

$$\frac{x^2+3x+5}{x^2+1}=\frac{1+\frac{5}{x}+\frac{5}{x^2}}{1+\frac{1}{x^2}},$$

et si x tend vers $\pm\infty$, le second membre de cette égalité se réduit à l'unité (**147**).

La marche de la fonction, lorsque x croît de $-\infty$ à $+\infty$, est indiquée dans le tableau ci-dessous :

$$\begin{cases} x & \textit{de } -\infty \textit{ croît à } x' \textit{ ou } -5 \textit{ croît à } x'' \textit{ ou } \frac{1}{5} \textit{ croît à } +\infty, \\ y & \textit{de } 1 \textit{ décroît à } y' \textit{ ou } \frac{1}{2} \textit{ croît à } y'' \textit{ ou } \frac{11}{2} \textit{ décroît à } 1. \end{cases}$$

On voit, d'après ce tableau, que, quand x croît de $-\infty$ à -3, y décroît de 1 à $\frac{1}{2}$ sa valeur minimum ; quand x croît de -3 à $\frac{1}{3}$, y croît de $\frac{1}{2}$ à sa valeur maximum $\frac{11}{2}$; enfin, quand x croît de $\frac{1}{3}$ à $+\infty$, y décroît de $\frac{11}{2}$ à 1.

Courbe de la fonction. Pour construire la courbe qui représente la marche de la fonction, on prend $OP' = x' = -3$; $OP = x'' = \frac{1}{3}$; puis on élève les coordonnées correspondantes $P'A' = y' = \frac{1}{2}$, $PA = y'' = \frac{11}{2}$, qui sont les ordonnées minimum et maximum de la courbe.

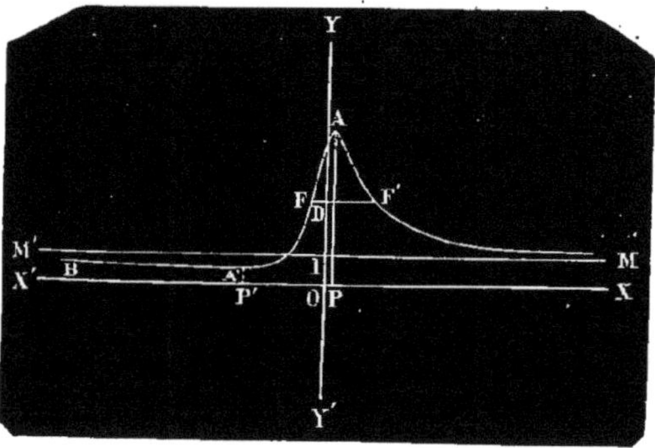

Fig. 33.

D'ailleurs, la valeur de y étant égale à 1 pour $x = -\infty$, et inférieure à 1 pour toute valeur de x comprise entre $-\infty$ et -3, il en résulte que la courbe a une branche qui s'étend indéfiniment vers la gauche, ayant pour asymptote la droite MM' menée parallèlement à l'axe des x, et à la distance $OI = 1$ de cet axe. La branche de la courbe descend jusqu'au point A', extrémité de l'ordonnée minimum, puis remonte au point A, extrémité de l'ordonnée maximum, et redescend pour devenir de nouveau asymptote à la droite MM', puisque la valeur de y est 1 pour $x = +\infty$ et qu'elle est supérieure à 1 pour toute valeur de x comprise entre $\frac{1}{3}$ et $+\infty$.

Usage de la courbe. Lorsque la courbe est construite, si l'on veut trouver les deux valeurs de x qui donnent à la fonction une valeur égale à un nombre donné, compris entre y' et y'', on porte sur OY une longueur OD égale à la valeur donnée, et par le point D on mène une parallèle FF' à l'axe des x. Les abscisses du point de rencontre, c'est-à-dire les distances DF, DF', prises avec les signes convenables, sont les valeurs de x demandées.

Si par exemple on demande les deux valeurs de x lorsque la fonction est égale à 3, on prend $OD = 3$, et on mène par le point D une parallèle FF' à l'axe des x. On a, dans ce cas, $DF = x' = -\frac{1}{2}$, et $DF' = x'' = 2$. Si l'on substitue l'une ou l'autre de ces valeurs dans la fraction proposée, elle devient bien égale à 3.

289. Problème IX. *Inscrire dans un triangle le rectangle de surface maximum.*

Soient x et y les dimensions du rectangle, a le côté du triangle sur lequel est appuyé le rectangle, enfin h la hauteur du triangle qui correspond au côté a.

Si l'on représente par m le maximum demandé, on a d'abord

(1) $xy = m.$

La figure donne ensuite

(2) $\frac{a}{h} = \frac{y}{h-x}.$

De (2) on tire

$$y = \frac{a(h-x)}{h}.$$

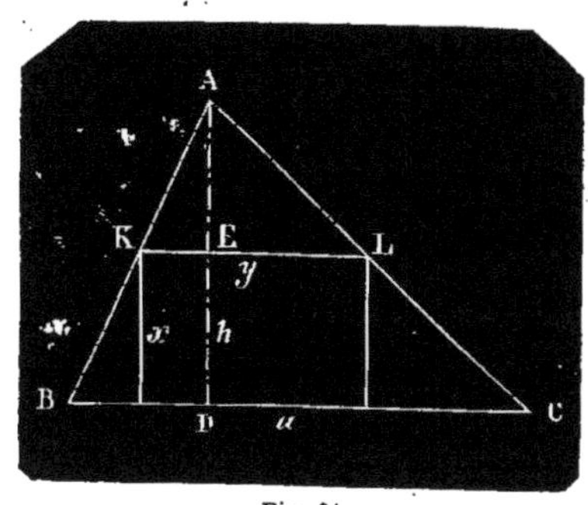

Fig. 34.

Portant cette valeur dans (1), il vient

$$x \times \frac{a(h-x)}{h} = m,$$

ou

$$ax^2 - ahx + hm = 0:$$

d'où

$$x = \frac{ah \pm \sqrt{a^2h^2 - 4ahm}}{2a}.$$

Pour que x soit réel, il faut que l'on ait

$$4ahm \leqslant a^2h^2,$$

ou

$$m \leqslant \frac{a^2h^2}{4ah},$$

ou encore

$$m \leqslant \frac{ah}{4}.$$

Donc on a pour la plus grande valeur de m, c'est-à-dire pour le rectangle maximum,

$$m = \frac{ah}{4}.$$

Mais, pour $m = \frac{ah}{4}$, le radical s'annule, et l'on a

$$x = \frac{ah}{2a} = \frac{h}{2}.$$

Les valeurs de m et de x portées dans l'équation (1) donnent

$$\frac{h}{2} \times y = \frac{ah}{4}:$$

d'où

$$y = \frac{a}{2}.$$

Ainsi le rectangle maximum inscrit dans un triangle a pour dimensions $\frac{a}{2}$ et $\frac{h}{2}$, c'est-à-dire que l'une des dimensions est égale à la moitié du côté sur lequel il est appuyé, et l'autre égale à la moitié de la hauteur qui correspond à ce côté.

Remarque. Il est facile, d'après les résultats obtenus, de suivre les variations que subit la surface du rectangle. Ainsi, quand le côté y décroît de a à $\frac{a}{2}$, et que, par suite, x croît de zéro à $\frac{h}{2}$, la surface du rectangle croît de zéro à son maximum $\frac{ah}{4}$. Quand y continue à décroître de $\frac{a}{2}$ à zéro et x à croître de $\frac{h}{2}$ à h, le rectangle décroît de $\frac{ah}{4}$ à zéro.

290. Problème X. *Circonscrire à une sphère le cône de volume minimum.*

Soient x le rayon de la base du cône et y sa hauteur, son volume sera $\frac{1}{3}\pi x^2 y$. Or le minimum de cette expression est indépendant de la quantité constante $\frac{1}{3}\pi$. En désignant par m le maximum cherché, on peut donc écrire cette première équation

$$x^2 y = m. \qquad (1)$$

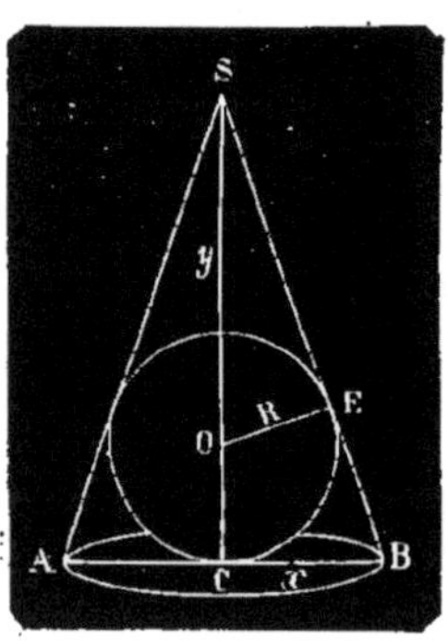

Fig. 55.

Les triangles semblables SEO, SBC donnent, d'autre part,

$$\frac{x}{R} = \frac{y}{SE};$$

d'où

$$\frac{x^2}{R^2} = \frac{y^2}{SE^2};$$

or, SE étant tangente, on a

$$\overline{SE}^2 = y(y - 2R);$$

il vient, par suite,

$$\frac{x^2}{R^2} = \frac{y^2}{y(y - 2R)};$$

d'où

$$x^2 = \frac{R^2 y}{y - 2R}.$$

Substituant cette valeur dans (1), on obtient successivement

$$\frac{R^2 y}{y - 2R} \times y = m,$$

$$R^2 y^2 - my + 2Rm = 0,$$

$$y = \frac{m \pm \sqrt{m^2 - 8R^3 m}}{2R^2}.$$

Pour que y soit réel, il faut que l'on ait

$$m^2 \geqq 8R^3 m,$$

ou

$$m \geqq 8R^3.$$

Le maximum demandé est donc

$$m = 8R^3.$$

Mais pour $m = 8R^3$, le radical s'annule, et l'on a

$$y = \frac{m}{2R^2} = \frac{8R^3}{2R^2} = 4R.$$

Les valeurs de m et de y portées dans (1) donnent

$$x^2 \times 4R = 8R^3 :$$

d'où

$$x = R\sqrt{2};$$

et si V désigne le volume minimum, on a

$$V = \frac{1}{3}\pi x^2 y = \frac{1}{3}\pi \times 2R^2 \times 4R = \frac{8}{3}\pi R^3,$$

c'est-à-dire le double du volume de la sphère inscrite.

Le cône *minimum inscrit à une sphère* a donc pour hauteur le quadruple du rayon de la sphère donnée, et pour rayon de base le côté du carré inscrit dans l'un des grands cercles de la sphère. (Voir *Cours de Géom.*, n° **254.**)

Remarque. A la seule inspection de la figure, il est facile de suivre les variations que subit le volume du cône. On voit que plus x, rayon du cône, se rapproche de R, rayon de la sphère, plus le sommet S s'éloigne, et que pour $x = R$, le sommet est à une distance infinie; par suite, le volume du cône devient infiniment grand, puisque sa hauteur est infinie, et que son rayon de base R est une grandeur finie. D'autre part, on voit également que plus y, hauteur du cône, se rapproche de $2R$, plus x devient grand, ou autrement, plus les points A et B s'éloignent. Enfin, si $y = 2R$, les points A et B sont à l'infini, et par suite le volume du cône devient infini, puisque son diamètre AB ou $2x$ est infini, et que sa hauteur $2R$ est une grandeur finie.

Il résulte de là que :

Si x décroît de $R\sqrt{2}$ à R, y croît de $4R$ à $+\infty$ et V croît de son minimum $\frac{8}{3}\pi R^3$ à $+\infty$.

Si y décroît de $4R$ à $2R$, x croît de $R\sqrt{2}$ à $+\infty$ et V croît de $\frac{8}{3}\pi R^3$ à $+\infty$.

THÉORÈMES RELATIFS AUX QUESTIONS DE MAXIMUM ET DE MINIMUM.

291. Un grand nombre de questions de maximum et de minimum, qui échappent aux méthodes précédentes, peuvent être facilement résolues à l'aide des théorèmes suivants.

292. Théorème I. *Le produit de deux facteurs dont la somme est constante est maximum, lorsque ces facteurs sont égaux.*

Ce théorème a été démontré (**292**); nous le rappelons à cause du théorème suivant.

293. Théorème II. *Le produit d'un nombre quelconque de facteurs positifs dont la somme est constante est maximum, lorsque tous les facteurs sont égaux entre eux.*

Soient **P** le produit des facteurs x, y, z, t, u..... et a leur somme constante; on a

$$x \cdot y \cdot z \cdot t \cdot u \ldots\ldots = P$$

et

$$x + y + z + t + u + \ldots\ldots = a.$$

Je dis que le produit **P** sera maximum, quand on aura

$$x = y = z = t = u \ldots\ldots$$

En effet, si deux facteurs quelconques, z et t, par exemple, ne sont pas égaux, leur produit zt sera, d'après le théorème I, moindre que $\left(\frac{z+t}{2}\right)\left(\frac{z+t}{2}\right)$, produit de facteurs égaux dont la somme est également $z+t$. On aura par suite

$$x \cdot y \cdot \left(\frac{z+t}{2}\right) \cdot \left(\frac{z+t}{2}\right) \cdot u \ldots\ldots > P;$$

et comme d'ailleurs la somme des facteurs de ce produit est toujours a, il en résulte que tant qu'il y aura au produit deux facteurs inégaux, on pourra l'augmenter sans changer la somme de tous les facteurs. Donc le produit sera maximum, lorsque tous les facteurs seront égaux.

294. Théorème III. *Le produit de puissances différentes d'un nombre quelconque de facteurs positifs dont la somme est constante est maximum, lorsque les facteurs sont proportionnels à leurs exposants.*

Soit P le produit $x^m y^n z^p \ldots$ des puissances des facteurs positifs x, y, z dont la somme constante est a, on a

$$x^m y^n z^p \ldots\ldots = \mathrm{P}$$

et

$$x + y + z + \ldots\ldots = a.$$

Je dis que le produit P sera maximum quand on aura

$$\frac{x}{m} = \frac{y}{n} = \frac{z}{p} \ldots\ldots$$

En effet, le produit $x^m y^n z^p \ldots$ sera maximum en même temps que

$$\frac{x^m y^n z^p \ldots\ldots}{m^m n^n p^p \ldots\ldots},$$

puisque $m^m n^n p^p \ldots\ldots$ est un nombre constant; or on a

$$\frac{x^m y^n z^p \ldots\ldots}{m^m n^n p^p \ldots\ldots} = \left(\frac{x}{m}\right)^m \times \left(\frac{y}{n}\right)^n \times \left(\frac{z}{p}\right)^p \times \ldots\ldots,$$

ou encore

$$= \frac{x}{m} \times \frac{x}{m} \times \ldots\ldots \frac{y}{n} \times \frac{y}{n} \times \ldots\ldots \frac{z}{p} \times \frac{z}{p} \times \ldots\ldots$$

Mais ce produit se compose de m facteurs $\frac{x}{m}$, de n facteurs $\frac{y}{n}$, de p facteurs $\frac{z}{p}$; d'ailleurs la somme de ces facteurs est constante, car on a

$$m\frac{x}{m} + n\frac{y}{n} + p\frac{z}{p} + \ldots\ldots \quad \text{ou} \quad x + y + z + \ldots\ldots = a.$$

Donc le maximum aura lieu quand ces facteurs seront tous égaux, c'est-à-dire quand on aura

$$\frac{x}{m} = \frac{y}{n} = \frac{z}{p} \ldots\ldots \qquad \text{C. Q. F. D.}$$

APPLICATIONS DES PRINCIPES PRÉCÉDENTS.

295. Problème I. *Trouver le rectangle maximum, parmi tous les rectangles isopérimètres.*

Le périmètre étant constant, l'aire du rectangle, c'est-à-dire le produit $b \times h$ ne sera maximum (**293**) que quand on aura $b = h$: le rectangle demandé est donc un carré.

296. Problème II. *Inscrire dans un cercle le rectangle maximum.*

Si l'on désigne par m le maximum cherché, la figure donne les deux relations

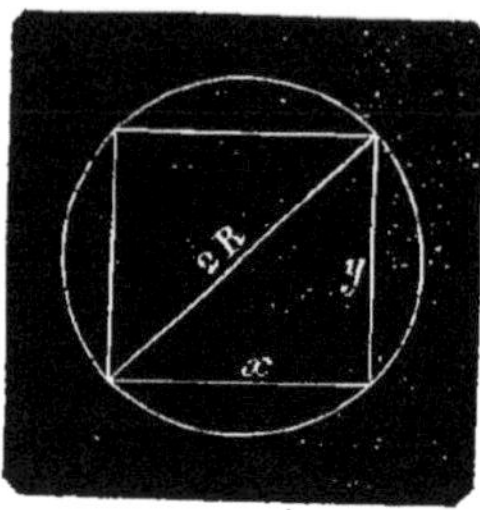

Fig. 36.

$$(1) \qquad xy = m,$$

$$(2) \qquad x^2 + y^2 = 4R^2.$$

Mais les facteurs x et y étant positifs, le produit xy sera évidemment maximum, en même temps que son carré x^2y^2. Or les deux facteurs x^2 et y^2 ont pour somme constante $4R^2$: le maximum de leur produit aura donc lieu pour $x^2 = y^2$ ou $x = y$. Le rectangle demandé est donc un carré.

297. Problème III. *Trouver parmi les triangles isopérimètres le triangle maximum.*

La formule qui donne la surface du triangle en fonction des côtés est

$$S = \sqrt{p(p-a)(p-b)(p-c)}.$$

S^2 sera maximum en même temps que S ; mais dans la valeur de S^2, le facteur p est constant ; il s'agit donc de rendre maximum le produit $(p-a)(p-b)(p-c)$. Or la somme des trois facteurs est constante et égale à p (*) ; le produit sera, par conséquent, maximum pour le cas où l'on aura

$$p - a = p - b = p - c,$$

ou

$$a = b = c.$$

Le triangle maximum est donc équilatéral.

298. Problème IV. *Trouver le trapèze maximum inscrit dans un demi-cercle.*

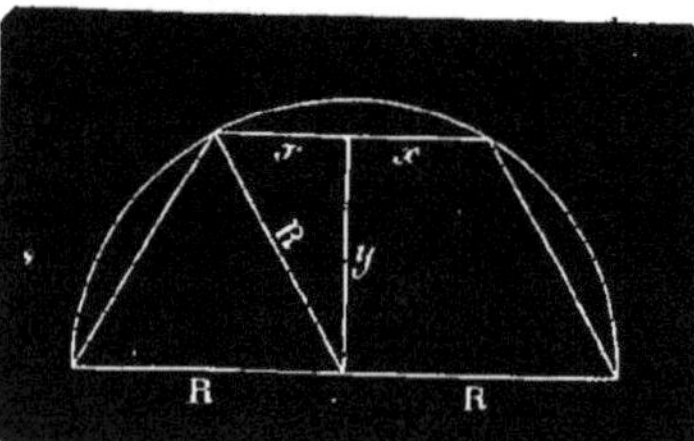

Fig. 37.

Soient m la surface du trapèze maximum, R le rayon du cercle, x la demi-base parallèle au diamètre, et y la hauteur du trapèze. On a, d'après la figure,

$$(1) \qquad y(R + x) = m,$$

$$y^2 = R^2 - x^2,$$

ou

$$(2) \qquad y^2 = (R + x)(R - x).$$

(*) Car on a : $p - a + p - b + p - c = 3p - (a + b + c) = 3p - 2p = p$.

Si l'on élève au carré les 2 membres de l'équation (1), il vient

$$y^2 (R + x)^2 = m^2.$$

Remplaçant dans cette dernière égalité y^2 par sa valeur tirée de l'équation (2), on a

$$(R + x)(R - x)(R + x)^2 = m^2,$$

ou

$$(R + x)^3 (R - x) = m^2.$$

La somme des facteurs $R + x$ et $R - x$, étant égale à $2R$, est constante; le produit maximum aura donc lieu (**294**) pour

$$\frac{R + x}{3} = \frac{R - x}{1}:$$

d'où

$$x = \frac{1}{2} R.$$

Donc le trapèze maximum inscrit est le demi-hexagone régulier.

299. Problème V. *Inscrire dans une sphère le cylindre maximum.*

Soient R le rayon de la sphère, x le rayon de la base du cylindre et y sa demi-hauteur. On a

$$V = 2\pi x^2 y.$$

La figure donne d'autre part

$$x^2 + y^2 = R^2. \qquad (2)$$

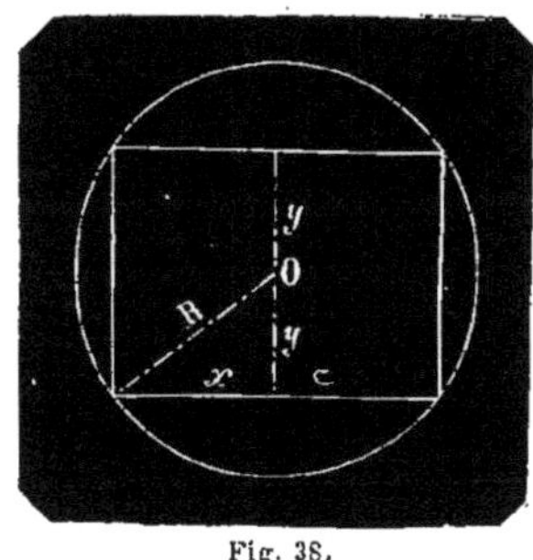

Fig. 38.

Mais la valeur de V sera maximum, en même temps que $x^2 y$, puisque 2π est constant. On peut donc poser

$$x^2 y = m,$$

ou

$$(x^2)^2 y^2 = m^2.$$

La somme des deux facteurs du produit $(x^2)^2 y^2$ est constante, car on a $x^2 + y^2 = R^2$. Le maximum du produit $(x^2)^2 y^2 = (x^2)^2 (y^2)^1$ aura donc lieu pour

$$\frac{x^2}{2} = \frac{y^2}{1}:$$

d'où

$$x^2 = 2y^2. \qquad (3)$$

Cette valeur portée dans l'équation (2) donne

$$2y^2 + y^2 = R^2:$$

d'où

$$y^2 = \frac{R^2}{3};$$

par suite

$$y = \frac{1}{3} R\sqrt{3}. \qquad (4)$$

Si l'on substitue la valeur de y^2 dans (3), on a

$$x^2 = \frac{2R^2}{3}:$$

d'où

$$x = \frac{R\sqrt{2}}{\sqrt{3}} = \frac{1}{3} R\sqrt{2}\sqrt{3} = \frac{1}{3} R\sqrt{6}.$$

La hauteur du cylindre, égalant $2y$ ou $\frac{2}{3} R\sqrt{3}$, vaut les $\frac{2}{3}$ du côté du triangle équilatéral inscrit dans un grand cercle de la sphère (*Cours de Géom.*, **256**). Quant au rayon de base, il vaut le $\frac{1}{3}$ de la diagonale du carré ayant pour côté le côté du triangle équilatéral inscrit dans un grand cercle de la sphère; car d étant cette diagonale, on a

$$d^2 = (R\sqrt{3})^2 + (R\sqrt{3})^2 = 6R^2,$$
$$d = R\sqrt{6},$$
$$\frac{d}{3} = \frac{1}{3} R\sqrt{6} = x.$$

On aura, par conséquent, pour le volume V du cylindre maximum inscrit :

$$V = 2\pi x^2 y,$$

ou

$$V = 2\pi \times \frac{2R^2}{3} \times \frac{1}{3} R\sqrt{3},$$

ou encore

$$V = \frac{4}{9} \pi R^3 \sqrt{3}.$$

QUESTIONS DE MAXIMUM ET DE MINIMUM.

Exercices divers.

Trouver les valeurs maximum et minimum des fonctions suivantes et étudier leurs variations :

832. $\frac{x^2}{x-1}$. **833.** $x + \frac{1}{x}$. **834.** $3x + \frac{27}{x}$.

835. $-2x^2 + 5x - 2$. **836.** $8 + 2x - x^2$. **837.** $x^2 + (x-6)^2$.

861. $\dfrac{5x}{x^2+x+1}$. **862.** $\dfrac{x-4}{x^2-5x-3}$. **863.** $\dfrac{x^2-7}{x+4}$.

864. $\dfrac{1}{x}+\dfrac{1}{1-x}$. **865.** $\dfrac{x^2+1}{x^2-4x+5}$. **866.** $\dfrac{5x^2+8x-1}{x^2+1}$.

873. $\dfrac{x^2+2x-5}{x^2-2x+5}$. **874.** $\dfrac{x^2+x-1}{x^2-x-2}$. **875.** $\sqrt{3-x}+\sqrt{5x-4}$.

876 $\dfrac{-x^2+2x-5}{5x^2-x+2}$. **877.** $\dfrac{2x-5+\sqrt{13-4x}}{2}$.

879. Partager 40 en deux parties dont le produit soit maximum.

880. Partager 12 en deux parties telles que la somme de leurs carrés soit maximum.

881. Partager 27 en deux parties telles que la somme de 4 fois le carré de la 1re, plus la somme de 5 fois le carré de la 2e, soit la plus petite possible.

882. Partager un nombre donné a en deux parties telles que la somme de leurs rapports direct et inverse soit minimum.

883. Partager un nombre donné a en deux parties telles que la somme de leurs racines carrées soit maximum.

884. Partager le nombre 1225 en deux parties telles que la somme de 5 fois la racine carrée de la 1re, et de 4 fois la racine carrée de la 2e, soit maximum.

885. Décomposer un nombre a en deux facteurs tels que la somme des quotients de chacun d'eux par la racine carrée de l'autre soit un minimum.

886. Trouver le maximum de xy, quand $x+y=a$.

887. Trouver le maximum de xy, quand $x^2+y^2=a^2$.

888. Trouver le maximum de x^2+y^2, quand $x+y=a$.

889. Étant donnés les trois nombres positifs a, b, c, trouver deux nombres positifs x et y tels que l'on ait : $ax+by=c$, et que la somme x^2+y^2 soit minimum. Application au cas où $a=3$, $b=4$, $c=6,25$.

890. Les nombres x et y étant assujettis à vérifier l'équation $ax+by=c$, dans laquelle les quantités données a, b, c sont positives, on propose de déterminer ces quantités de manière que le produit xy soit maximum. Application au cas où l'on a $a=5$, $b=3$, $c=12$.

891. Trouver le minimum de $x+y+z\ldots$, quand $xyz\ldots=a$.

892. Trouver le minimum de $x^2+y^2+z^2\ldots$, quand $x+y+z\ldots=a$.

893. Partager 10 en deux parties telles que le carré de la 1re partie multiplié par le cube de la 2e soit maximum.

Étudier les variations des fonctions ci-dessous et construire les courbes de ces fonctions.

894. $\dfrac{x^2+2x-5}{x^2-2x+5}$. **895.** $\dfrac{x^2+3}{x^2-7x+10}$.

Géométrie.

896. Étant donnée une droite AB dont la longueur est 575^m, partager cette droite en deux parties AC, CB telles que $AC^2 + 3CB^2$ soit minimum. Donner la valeur du minimum.

897. Parmi tous les rectangles de même surface, trouver celui qui a le périmètre minimum.

898. Inscrire dans un carré le rectangle maximum.

899. Inscrire dans un carré le carré minimum.

900. Trouver le triangle isocèle maximum qu'on peut inscrire dans un cercle.

901. Parmi tous les triangles rectangles de même périmètre, trouver celui dont l'hypoténuse est minimum.

902. L'hypoténuse d'un triangle rectangle restant constante, trouver le maximum de la surface.

903. Trouver le triangle rectangle de périmètre maximum, parmi les triangles rectangles de même hypoténuse.

904. Parmi tous les triangles rectangles de même périmètre, trouver celui dont la surface est maximum.

905. Le périmètre d'un triangle rectangle restant constant, trouver le maximum de la différence $b - c$ des deux côtés de l'angle droit.

906. Trouver le triangle maximum parmi ceux de même base et de même périmètre.

907. Circonscrire à un demi-cercle donné un trapèze rectangle ayant une surface minimum m^2.

908. Trouver le maximum ou le minimum du rayon de la circonférence inscrite dans un triangle rectangle de périmètre donné $2p$.

909. Parmi les triangles rectangles de même surface a^2, quel est celui qui a le périmètre minimum ?

910. Circonscrire à un cercle donné le triangle isocèle de surface minimum.

914. Parmi tous les triangles qui ont deux côtés égaux chacun à chacun, trouver le maximum.

915. Parmi tous les parallélipipèdes rectangles isopérimètres, trouver celui dont le volume est maximum.

916. De tous les parallélipipèdes rectangles de même surface totale, quel est celui qui a le volume maximum ?

917. Trouver le maximum du volume d'un parallélipipède rectangle dont la somme des arêtes est donnée.

918. Trouver le minimum de la surface du parallélipipède rectangle de volume donné.

919. Trouver le maximum du volume d'un parallélipipède rectangle ayant une surface totale donnée.

920. Inscrire dans une sphère le parallélipipède maximum.

921. Inscrire dans une sphère le cône maximum.

922. Inscrire dans un cône le cylindre maximum.

923. Trouver le maximum de la surface latérale d'un cylindre inscrit dans une sphère donnée.

924. Parmi les cônes de même côté, trouver celui de surface convexe maximum.

925. Parmi les cônes de même côté, trouver celui de surface totale maximum.

926. Parmi tous les cylindres inscrits dans un cône, trouver celui dont la surface convexe est maximum.

927. Déterminer les côtés d'un rectangle dont le périmètre est $2p$, de façon que le cylindre engendré par ce rectangle, en tournant autour d'un de ses côtés, ait un volume maximum.

928. On enlève quatre petits carrés égaux, un à chaque coin d'une feuille de carton formant elle-même un carré. Il reste alors quatre petits rectangles égaux qui entourent un carré. On propose de relever les rectangles de manière à former une boîte de capacité maximum.

929. Quel est le prisme maximum qu'on peut déduire d'une pyramide par une section parallèle à la base?

930. Trouver le maximum de la surface totale d'un cylindre inscrit dans une sphère donnée.

931. Circonscrire à une sphère donnée un cône droit de surface convexe minimum.

932. Circonscrire à une sphère un cône droit de surface totale minimum.

933. Trouver le maximum du volume d'un cône dont l'arête est donnée.

934. On donne les hauteurs h et h' de deux cylindres, et on propose de déterminer les rayons de ces cylindres de manière que la somme de leurs surfaces latérales soit égale à celle d'une sphère de rayon a, et que la somme de leurs volumes soit minimum.

935. La somme des côtés de deux cubes vaut 5^m, et la somme de leurs volumes vaut 65^{mc}. On demande les longueurs des deux côtés, et, la somme des côtés restant constante, on propose de trouver le minimum au-dessous duquel la somme des volumes ne saurait descendre.

936. Trouver le maximum du volume d'un cylindre dont la surface totale est donnée.

937. Trouver le maximum du volume d'un cône dont la surface convexe est donnée.

938. Trouver le maximum du volume d'un cône dont la surface totale est donnée.

LIVRE IV

PROGRESSIONS. — LOGARITHMES. — APPLICATIONS

CHAPITRE PREMIER

PROGRESSIONS ARITHMÉTIQUES.

DÉFINITIONS.

300. On appelle *progression arithmétique* une suite de nombres tels que chacun est égal au précédent augmenté d'un nombre constant que l'on nomme *raison* (*).

Si la raison est positive, les nombres vont en augmentant, et la progression est dite *croissante*. Si, au contraire, la raison est négative, les nombres vont en diminuant, et la progression est dite *décroissante*.

Ainsi

$$\div 2 . 5 . 8 . 11 . 14 . 17 . 20 . 23 \ldots\ldots$$

est une progression *croissante*, dont la raison est 3; car un nombre quelconque, 17, de cette progression est égal au précédent, 14, augmenté de la raison 3.

Mais si l'on écrit

$$\div 23 . 20 . 17 . 14 . 11 . 8 . 5 . 2 . 1 . -1 . -4 \ldots\ldots$$

on a une progression décroissante, dont la raison est — 3; car un nombre quelconque, 17, est égal au précédent, 20, augmenté de la raison, — 3.

Croissantes ou décroissantes, les progressions se lisent de la même manière; on lit :

2 *est à* 5 *comme* 5 *est à* 8, *comme* 8 *est à* 11, etc.

On appelle *terme* chacun des nombres d'une progression.

(*) Le lecteur remarquera que cette définition est plus générale que celle qui a été donnée en arithmétique.

301. Théorème I. *Un terme quelconque d'une progression arithmétique est égal au premier, plus autant de fois la raison qu'il y a de termes avant lui.*

Soit, en effet, la progression

$$\div a \,.\, b \,.\, c \,.\, d \,.\,.\,.\,.\,.\, k \,.\, l;$$

si l'on représente par r la raison, on a, par définition,

$$b = a + r,$$
$$c = b + r = a + 2r,$$
$$d = c + r = a + 3r.$$
$$\ldots\ldots\ldots\ldots\ldots$$

La progression proposée peut donc s'écrire :

$$\div a \,.\, a + r \,.\, a + 2r \,.\, a + 3r \,.\,.\,.\,.\,.$$

ce qui démontre le théorème.

Ainsi, l, le dernier terme d'une progression composée de n termes, sera égale au 1er a augmenté de $(n - 1)$ fois la raison, puisque le terme l en a $(n - 1)$ avant lui :
d'où la formule

$$l = a + (n - 1)\,r. \qquad (1)$$

Quand la progression est décroissante, la raison est négative, et la formule précédente se change en celle-ci :

$$l = a - (n - 1)\,r. \qquad (2)$$

Applications. I. *Chercher le 60e terme de la progression*

$$\div 3 \,.\, 5 \,.\, 7 \,.\, 9 \,.\,.\,.\,.\,.$$

On fera usage de la formule (1), puisque la progression est croissante.

Dans l'exemple donné, on a

$$a = 3,\ n - 1 = 59,\ r = 2\,;$$

en remplaçant les lettres par leur valeur respective, on posera

$$l \text{ ou } 60^e \text{ terme} = 3 + 59 \times 2 = 121.$$

II. *Trouver le 15e terme de la progression décroissante*

$$\div 124 \,.\, 119 \,.\, 114 \,.\,.\,.\,.\,.$$

On fera usage de la formule (2) ; et comme

$$a = 124,\ n - 1 = 14,\ r = 5,$$

on écrira

$$l \text{ ou } 15^e \text{ terme} = 124 - 14 \times 5 = 54.$$

302. Corollaire. *Les termes d'une progression arithmétique croissante deviennent plus grands qu'un nombre donné* A *quelconque.*

En effet, le terme du rang n sera plus grand que A, si l'on a

$$a + (n - 1)\,r > A,$$

ou

$$(n - 1)\,r > A - a,$$

ou encore, en divisant par r, qui est positif,

$$n - 1 > \frac{A - a}{r},$$

ou enfin

$$n > \frac{A - a}{r} + 1.$$

Ainsi, par exemple, dans la progression

$$\div 3 \,.\, 10 \,.\, 17 \,.\, 24 \,.\, 31 \ldots\ldots,$$

pour avoir n plus grand que 1000, il suffit qu'on ait

$$n > \frac{1000 - 3}{7} + 1,$$

ou

$$n > 143\,\frac{3}{7}.$$

Par conséquent, le 144e terme sera plus grand que 1000.

303. Insertion de moyens arithmétiques entre deux nombres. Insérer des moyens arithmétiques entre 2 nombres, c'est former une progression arithmétique dont les 2 nombres donnés soient les extrêmes et les moyens insérés les termes intermédiaires.

304. Problème. *Insérer* m *moyens arithmétiques entre* a *et* b.

Si l'on avait la raison, il suffirait de l'ajouter au 1er terme a pour avoir le second; en l'ajoutant au second, on aurait le 3e, et ainsi de suite. La raison r est donc l'inconnue à déterminer. Or, puisqu'on doit insérer m termes entre a et b, la progression dans laquelle a est considéré comme 1er terme et b comme dernier en contiendra $m + 2$: donc b aura $m + 1$ termes avant lui; de sorte qu'on pourra écrire (**301**)

$$b = a + (m + 1)\,r:$$

d'où

$$r = \frac{b - a}{m + 1}.$$

Donc, *pour trouver la raison de la progression, on prend la différence des 2 nombres donnés, et l'on divise cette différence par le nombre des moyens à insérer plus un.*

Si, par exemple, on veut insérer 7 moyens arithmétiques entre 3 et 27, on aura

$$r = \frac{27 - 3}{7 + 1} = 3,$$

et la progression sera

$$\div 3 \,.\, 6 \,.\, 9 \,.\, 12 \,.\, 15 \,.\, 18 \,.\, 21 \,.\, 24 \,.\, 27.$$

305. Remarque. Si dans l'égalité

$$r = \frac{b - a}{m + 1}$$

on donne à m des valeurs de plus en plus grandes, r deviendra de plus en plus petit; par conséquent, si m augmente indéfiniment, r se rapproche de plus en plus de zéro. On peut donc toujours insérer entre deux nombres donnés un nombre de moyens assez grand pour que la différence entre deux termes consécutifs de la progression résultante soit aussi petite que l'on voudra.

306. Théorème II. *Si l'on insère le même nombre de moyens arithmétiques entre chaque terme d'une progression arithmétique et le suivant, on forme une nouvelle progression arithmétique, dont la raison est égale à celle de la progression donnée, divisé par le nombre des moyens à insérer plus un.*

Soient, en effet, la progression

$$\div a \,.\, b \,.\, c \,.\, d \,.\,.\,.\,.\,.$$

Si l'on insère m moyens entre a et b, m moyens entre b et c, etc., on obtient ainsi des progressions partielles dont les raisons sont égales à (**304**)

$$\frac{b-a}{m+1},\ \frac{c-b}{m+1},\ \frac{d-c}{m+1}, \text{ etc.}$$

Mais, si l'on représente par R la raison de la progression donnée, on a

$$b-a=c-b=d-c\,.\,.\,.\,.\,.=\mathrm{R}.$$

Donc toutes les progressions partielles ont même raison; et comme le dernier terme b de la première est le premier terme de la seconde et le dernier terme c de la seconde le 1er de la 3e et ainsi de suite, il en résulte qu'elles s'enchaînent toutes, de manière à ne former qu'une seule et même progression. D'ailleurs, en désignant par r la raison de celle-ci, on a bien

$$r=\frac{\mathrm{R}}{m+1}.$$

C. Q. F. D.

307. Théorème III. *Dans toute progression arithmétique limitée, la somme de deux termes équidistants des extrêmes est constante et égale à la somme des extrêmes.*

En effet, soit la progression

$$\div a \,.\, b \,.\, c \,.\, d \,.\,.\,.\,.\,.\, h \,.\, i \,.\, k \,.\, l.$$

On sait que

$$b=a+r,$$
$$c=a+2r,$$
$$d=a+3r,$$
$$.\,.\,.\,.\,.\,.\,.\,.$$

et ainsi de suite, pour un terme e qui en a n *avant* lui. On aura donc

$$e=a+nr. \qquad (\alpha)$$

Mais on a aussi

$$k=l-r,$$
$$i=k-r=l-2r,$$
$$h=l-3r,$$

et, pour un terme g qui en a n après lui, il vient par conséquent

$$g = l - nr. \qquad (\beta)$$

Ajoutant (α) et (β), on a

$$e + g = a + l,$$

ce qui démontre le théorème énoncé.

308. Théorème IV. *Dans une progression arithmétique, la somme des termes est égale à la demi-somme des extrêmes multipliée par le nombre des termes.*

Soit, en effet, la progression

$$\div a . b . c . d \ldots\ldots h . i . k : l;$$

on a, en désignant par S la somme des termes,

$$S = a + b + c + d \ldots\ldots + h + i + k + l,$$

et, en écrivant les termes de la progression dans un ordre inverse,

$$S = l + k + i + h \ldots\ldots + d + c + b + a.$$

En additionnant ces égalités membre à membre, on obtient

$$2S = (a+l) + (b+k) + (c+i) + (d+h) \ldots\ldots + (h+d) + (i+c) + (k+b) + (l+a).$$

Or toutes les sommes partielles $(a+l)$, $(b+k)$, $(c+i)$, etc., sont égales à la somme des extrêmes, puisqu'elles se composent de 2 termes qui en sont à la même distance; si donc on remplace $(b+k)$, $(c+i)$, etc., par $(a+l)$, il vient

$$2S = (a+l) + (a+l) + (a+l) \ldots\ldots (a+l).$$

Mais cette somme, $(a+l)$, se trouve répétée autant de fois qu'il y a de termes dans la progression. Représentant par n ce nombre de termes, on a donc

$$2S = (a+l)n: \qquad (5)$$

d'où

$$S = \frac{(a+l)n}{2}.$$

309. Remarque. Les deux formules

$$l = a + (n-1)r,$$

$$S = \frac{(a+l)n}{2},$$

renfermant les cinq quantités l, a, n, r et S, permettent de calculer 2 quelconques de ces cinq quantités dès qu'on connaît les 3 autres. De là *dix* problèmes différents, dont les inconnues peuvent être

a et l; a et n; a et r; a et S; l et n; l et r; l et S; n et r; n et S; r et S.

Les problèmes où les inconnues sont a et n ou l et n sont les deux seuls qui conduisent à des équations du second degré.

Exercices sur les progressions arithmétiques.

939. Trouver le 21e terme d'une progression arithmétique dont le 1er est 2 et la raison 3.

940. Trouver le 18e terme d'une progression arithmétique dont le 1er est 160 et la raison — 5.

941. La somme des termes d'une progression arithmétique de 7 termes est 77, et la différence des extrêmes est 18. Trouver cette progression.

942. Combien doit-on prendre de termes dans la progression arithmétique 5, 9, 13, 17..., pour que la somme soit égale à 10 877 ?

943. Partager 195 en 3 parties, qui forment une progression arithmétique, et de manière que la 3e surpasse la 1re de 120.

944. Les formules $l = a + (n - 1)r$ et $S = \frac{(a + l)n}{2}$, des progressions arithmétiques, renferment les cinq quantités a, l, n, r, S.

On donne n, r, S : calculer a et l. Cas où $n = 10$, $r = 2$, $S = 180$.

945. On donne l, n, S : calculer a et r. Cas où $l = 20$, $n = 7$, $S = 77$.

946. On donne l, r, S : calculer a et n. Cas où $l = 25$, $r = 4$, $S = 78$.

947. On donne l, n, r : calculer a et S. Cas où $l = 19$, $n = 8$, $r = 2$.

948. On donne a, n, S : calculer l et r. Cas où $a = 10$, $n = 25$, $S = 850$.

949. On donne a, r, S : calculer l et n. Cas où $a = 7$, $r = 8$, $S = 1072$.

950. On donne a, n, r : calculer l et S. Cas où $a = 1$, $n = 38$, $r = 2$.

951. On donne a, l, S : calculer r et n. Cas où $a = 1$, $l = 75$, $S = 1444$.

952. On donne a, l, n : calculer r et S. Cas où $a = 1$, $l = 88$, $n = 30$.

953. On donne a, l, r : calculer n et S. Cas où $a = 2$, $l = 88$, $r = 3$.

954. Les trois côtés x, y, z d'un triangle rectangle forment une progression arithmétique dont la raison est 5. Trouver ces trois côtés.

955. Trouver cinq nombres en progression arithmétique : leur somme est 25 et leur produit 2 205.

956. Un corps tombant à Paris, dans le vide, parcourt 4[m],9044 dans la 1re seconde de sa chute ; 14[m],7132 dans la 2[e] seconde ; 24[m],5220 dans la 3[e], c'est-à-dire dans chaque seconde 9[m],8088 de plus que dans la seconde précédente. On demande l'espace parcouru en 20 secondes.

957. Quelle dette a-t-on acquittée en payant pendant 15 ans, la 1re année 300[f], la seconde 400[f], et ainsi de suite, en augmentant de 100[f] chaque année? Il ne sera pas tenu compte des intérêts.

958. Un domestique a gagné dans une maison 4 050[f] en 15 années. La 1re année, il a gagné 200[f], et, chacune des années successives, il a été augmenté d'une même somme : on demande l'augmentation annuelle.

959. Une terre était louée en 1780 pour 24 ans à raison de 875[f] par an; en 1804 et pour le même temps 930^{f} par an. Si tous les 24 ans l'augmentation était constante, quel serait le prix de la location en 1900?

960. Combien une pendule qui sonne les heures et les demies sonne-t-elle de coups en 365 jours?

961. Une horloge sonne les heures. En outre, elle sonne 2 coups au quart, 4 coups à la demie, 6 coups aux trois quarts et 8 coups à l'heure. Combien sonne-t-elle de coups par an?

962. On prend 12 points sur la circonférence d'un cercle, et, de chacun d'eux, on mène des droites à tous les autres points. Combien a-t-on mené de droites distinctes en tout?

963. Un voiturier doit conduire 250^{mc} de pierre sur une route. La carrière est à 420^{m} du lieu où doit être déposé le premier mètre cube, et chacun d'eux doit être espacé de 20 mètres. Le voiturier peut conduire 1^{mc} à chaque voyage. On demande le nombre de jours qu'il mettra à conduire cette pierre, sachant qu'il travaille 8 heures par jour, et que le temps de charger et de décharger ne lui permet pas de faire plus de 4^{km} à l'heure.

964. On veut faire sabler une allée de 72^{m}; le jardinier chargé d'exécuter le travail prend le sable à 20^{m} du commencement de l'allée, et dépose la 1re brouettée à $1^{m},50$ dans l'allée; la 2e, 3^{m} plus loin, et ainsi de suite. 1° Quel chemin le jardinier aura-t-il parcouru lorsqu'il aura terminé l'ouvrage et sera revenu au point de départ? 2° Combien de temps aura-t-il mis, sachant qu'il parcourt 50^{m} par minute et qu'il met 5 minutes pour charger une brouette?

965. Une personne a prêté 600 francs à $5\,^0\!/_0$, il y a 15 ans; depuis cette époque, elle n'a rien reçu. Quelle somme doit-elle réclamer en tout, si l'on tient compte des intérêts simples de la rente à $5\,^0\!/_0$?

966. La somme de trois nombres en progression arithmétique est 21, leur produit est 315. Trouver ces nombres.

967. Trouver quatre nombres en progression arithmétique, connaissant le produit 40 des moyens et le produit 22 des extrêmes.

968. Trouver la somme des n premiers termes de la progression arithmétique $\frac{n-1}{n}$, $\frac{n-2}{n}$, $\frac{n-3}{n}$, ... On appliquera la formule trouvée au cas où $n = 61$.

969. Démontrer que, si n croît indéfiniment, les expressions

$$\frac{1+2+3+4\ldots\ldots+(n-1)+n}{n^2} \quad \text{et} \quad \frac{1+2+3+4\ldots\ldots+(n-1)}{n^2}$$

ont l'une et l'autre pour limite $\frac{1}{2}$.

970. Le plus petit angle d'un polygone convexe est de 139°, et les autres angles forment avec le 1er une progression arithmétique dont la raison est 2. Trouver le nombre des côtés du polygone.

971. Le produit des quatre termes d'une progression est 2 205, la raison de la progression est 2. Former la progression.

972. Deux mobiles partent en même temps de deux points A et B et marchent sur la droite AB dans le même sens, A poursuivant B; le 1er

parcourt 1m dans la 1re minute, 3m dans la 2e, 5m dans la 3e, et ainsi de suite; de sorte que la vitesse croisse en progression arithmétique; le 2e parcourt 3m dans la 1re minute, 4m dans la 2e, 5m dans la 3e, et ainsi de suite. On demande après combien de minutes le mobile A atteindra le mobile B, sachant que la distance AB est 75m.

973. Trouver la somme des carrés des n premiers nombres entiers.

974. Démontrer que si n croît indéfiniment, les expressions

$$\frac{1+4+9\ldots\ldots+(n-1)^2+n^2}{n^3} \quad \text{et} \quad \frac{1+4+9\ldots\ldots+(n-1)^2}{n^3}$$

ont l'une et l'autre pour limite $\frac{1}{3}$.

975. Trouver la somme des cubes des n premiers nombres entiers.

976. On prend la suite des nombres impairs et on les groupe comme il suit : le 1er; le 2e et le 3e; le 4e, le 5e et le 6e; etc.

$$1 \;\big|\; 3\;5 \;\big|\; 7\;9\;11 \;\big|\; 13\;15\;17\;19 \;\big|\; \ldots\ldots$$

de sorte que le $n^{\text{ième}}$ groupe contienne n termes. Trouver la somme des nombres composant le $n^{\text{ième}}$ groupe.

CHAPITRE II

PROGRESSIONS GÉOMÉTRIQUES.

DÉFINITIONS.

310. On appelle *progression géométrique* une suite de nombres tels que chacun est égal au précédent multiplié par un nombre constant que l'on nomme *raison*.

Si la raison est plus grande que l'unité, la progression est *croissante;* dans le cas contraire, elle est *décroissante.*

Ainsi

$$\div\!\!\div 2 : 6 : 18 : 54 : 162 : 486$$

est une progression croissante, dont la raison est 3; car un nombre quelconque, 54, de cette progression est égal au précédent, 18, multiplié par la raison 3.

Mais si l'on écrit

$$\div\!\!\div 486 : 162 : 54 : 18 : 6 : 2,$$

on a une progression décroissante, dont la raison est $\frac{1}{3}$; car un nombre quelconque de cette progression est égal au précédent multiplié par la raison $\frac{1}{3}$.

Les progressions géométriques se lisent comme les progressions arithmétiques.

311. Théorème I. *Un terme quelconque d'une progression géométrique est égal au premier multiplié par la raison élevée à une puissance marquée par le nombre des termes qui le précèdent.*

Soit, en effet, la progression

$$\div\div a : b : c : d \ldots\ldots;$$

Si l'on représente par q la raison, on a, par définition

$$b = aq,$$
$$c = bq = aq^2,$$
$$d = cq = aq^3.$$

La progression proposée peut donc s'écrire

$$\div\div a : aq : aq^2 : aq^3 \ldots\ldots,$$

ce qui démontre le théorème.

Ainsi l, le dernier terme d'une progression composée de n termes, sera égal au premier a multiplié par la raison élevée à la puissance $n-1$, puisque le terme l a $n-1$ termes avant lui : d'où la formule

$$l = aq^{n-1}. \qquad (1)$$

Applications. I. *Calculez le 6e terme de la progression croissante*

$$\div\div 3 : 6 : 12 \ldots\ldots$$

On pose

$$l \text{ ou } 6^e \text{ terme} = 3 \times 2^{6-1} = 3 \times 2^5 = 3 \times 32 = 96.$$

II. *Trouver le 7e terme de la progression décroissante*

$$\div\div 96 : 48 : 24 \ldots\ldots$$

On pose

$$l \text{ ou } 7^e \text{ terme} = 96 \times \left(\frac{1}{2}\right)^{7-1} = 96 \times \left(\frac{1}{2}\right)^6 = 96 \times \frac{1}{64} = \frac{3}{2}.$$

312. Remarque. D'après la loi de formation des termes d'une progression, il est évident que, si la raison est plus grande que l'unité, les termes successifs de la progression vont sans cesse en augmentant, et que, au contraire, ils vont sans cesse en diminuant, si la raison est moindre que 1.

Pour démontrer que dans le 1er cas les termes deviennent plus grands que toute quantité donnée, et que dans le 2e cas ils deviennent plus petits que toute quantité donnée, nous établirons les deux lemmes suivants.

313. Lemme I. *Les puissances successives d'un nombre plus grand que 1 deviennent plus grandes qu'un nombre donné A quelconque.*

En effet, soit q un nombre plus grand que 1, on peut poser

$$q = 1 + \alpha;$$

α étant un nombre positif aussi petit qu'on voudra.

La différence de deux puissances consécutives, $(1+\alpha)^n$ et $(1+\alpha)^{n+1}$ de ce nombre est égale à

$$(1+\alpha)^{n+1}-(1+\alpha)^n=(1+\alpha)^n\times(1+\alpha)-(1+\alpha)^n,$$

ou à (en mettant $(1+\alpha)^n$ en facteur commun)

$$(1+\alpha)^n(1+\alpha-1);$$

ou enfin à

$$(1+\alpha)^n\alpha.$$

Mais $(1+\alpha)^n$ étant évidemment plus grand que 1, il en résulte que la différence de deux puissances consécutives de $(1+\alpha)$ est plus grande que α; on peut donc écrire :

$$\begin{aligned}
&1+\alpha=1+\alpha,\\
&(1+\alpha)^2-(1+\alpha)>\alpha,\\
&(1+\alpha)^3-(1+\alpha)^2>\alpha,\\
&\ldots\ldots\ldots\ldots\\
&\ldots\ldots\ldots\ldots\\
&(1+\alpha)^{n-1}-(1+\alpha)^{n-2}>\alpha,\\
&(1+\alpha)^n-(1+\alpha)^{n-1}>\alpha.
\end{aligned}$$

Si l'on ajoute membre à membre, et qu'on fasse les réductions, il viendra

$$(1+\alpha)^n>1+n\alpha.$$

Or (**302**) on peut prendre n assez grand pour avoir

$$1+n\alpha>A,$$

ou

$$n>\frac{A-1}{\alpha};$$

donc *à fortiori* aura-t-on

$$(1+\alpha)^n>A.$$

314. Lemme II. *Les puissances successives d'un nombre moindre que* 1 *deviennent plus petites qu'un nombre* δ *quelconque.*

En effet, soit q un nombre plus petit que 1. On peut poser

$$q=\frac{1}{1+\alpha},$$

α étant un nombre positif. Cette égalité donne

$$q^n=\frac{1}{(1+\alpha)^n}.$$

Or, pour avoir q^n plus petit qu'un nombre donné δ, aussi petit qu'on voudra, il suffit qu'on ait

$$\frac{1}{(1+\alpha)^n}<\delta,$$

ou

$$(1+\alpha)^n>\frac{1}{\delta}.$$

Mais, d'après le lemme précédent, pour remplir cette condition, il suffit de prendre n de manière à avoir

$$n > \frac{\frac{1}{\delta} - 1}{\alpha}.$$

315. Conséquences. I. *Dans une progression géométrique croissante, les termes successifs deviennent plus grands qu'un nombre donné A aussi grand que l'on voudra.*

En effet, si l'on désigne le 1er terme d'une progression géométrique croissante par a, et la raison par q, le terme du rang $n+1$ sera

$$aq^n.$$

Pour que ce terme surpasse un nombre donné A, aussi grand qu'on voudra, il suffit qu'on ait

$$aq^n > A,$$

ou

$$q^n > \frac{A}{a}.$$

Or on vient de voir (*lemme I*) qu'il est possible de prendre n assez grand pour que cette condition soit satisfaite.

316. II. *Dans une progression géométrique décroissante, les termes successifs deviennent plus petits qu'un nombre donné δ, aussi petit qu'on voudra.*

En effet, si l'on désigne le premier terme d'une progression géométrique décroissante par a, et la raison par q, le terme du rang $n+1$ sera

$$aq^n.$$

Pour que ce terme soit moindre qu'un nombre donné δ, aussi petit qu'on voudra, il suffit qu'on ait

$$aq^n < \delta,$$

ou

$$q^n < \frac{\delta}{a}.$$

Or on vient de voir (*lemme II*) qu'il est possible de prendre n assez grand pour que cette condition soit satisfaite.

317. Remarque. Il résulte des lemmes I et II que les puissances successives d'un nombre plus grand que 1 ont pour limite $+\infty$, et que les puissances successives d'un nombre moindre que 1 ont pour limite zéro.

318. Insertion de moyens géométriques entre 2 nombres. Insérer des moyens géométriques entre 2 nombres, c'est former une progression géométrique dont les 2 nombres donnés soient les extrêmes et les moyens insérés les termes intermédiaires.

319. Problème. *Insérer* m *moyens géométriques entre* a *et* b. Si l'on avait la raison, en la multipliant par le 1er terme a, on aurait le second ; en la multipliant par celui-ci, on aurait le 3e, et ainsi de suite. La raison est donc l'inconnue à déterminer. Or, puisqu'on doit insérer m termes entre a et b, la progression dans laquelle a figurera comme 1er terme et b comme dernier en contiendra $m+2$: donc b aura $m+1$ termes avant lui ; de sorte qu'on pourra écrire (**311**)

$$b = aq^{m+1} :$$

d'où

$$q = \sqrt[m+1]{\frac{b}{a}}.$$

Donc, *pour trouver la raison de la progression, on divise le dernier terme par le* 1er, *et du quotient on extrait une racine ayant pour indice le nombre des moyens à insérer plus un.*

Si, par exemple, on veut insérer 3 moyens géométriques entre 3 et 768, on aura

$$q = \sqrt[3+1]{\frac{768}{3}},$$

ou encore

$$q = \sqrt[4]{\frac{768}{3}} = \sqrt{\sqrt{\frac{768}{3}}} = \sqrt{\sqrt{256}} = \sqrt{16} = 4,$$

et la progression sera

$$\div\!\div 3 : 12 : 48 : 192 : 768.$$

320. Théorème II. *Si l'on insère le même nombre de moyens géométriques entre chaque terme d'une progression géométrique et le suivant, on forme une nouvelle progression géométrique dont la raison s'obtient en extrayant, de la raison primitive, une racine ayant pour indice le nombre des moyens à insérer plus un.*

Soit, en effet, la progression

$$\div\!\div a : b : c : d : e \ldots.$$

Si l'on insère m moyens entre a et b, m moyens entre b et c, etc., on obtient ainsi des progressions partielles dont les raisons sont égales à (**319**)

$$\sqrt[m+1]{\frac{b}{a}}, \quad \sqrt[m+1]{\frac{c}{b}}, \quad \sqrt[m+1]{\frac{d}{c}}, \text{ etc.}$$

Mais, si l'on représente par Q la raison de la progression donnée, on aura (**311**)

$$\frac{b}{a} = \frac{c}{b} = \frac{d}{c} = \ldots\ldots Q.$$

Donc toutes les progressions partielles ont même raison ; et comme le dernier terme b de la première est le 1er terme de la seconde, et le dernier terme c de la seconde le 1er de la 3e, et ainsi de suite ; il en résulte qu'elles s'enchaînent toutes de manière à ne former qu'une seule et même progression. D'ailleurs, en désignant par q la raison de celle-ci, on a bien

$$q = \sqrt[m+1]{Q}. \qquad \text{C. Q. F. D.}$$

321. Théorème III. *Dans toute progression géométrique limitée, le produit de deux termes équidistants des extrêmes est constant, et égal au produit des extrêmes.*

En effet, soit la progression

$$\div\div a : b : c : d : \ldots\ldots h : i : k : l.$$

On sait que (**311**)

$$b = aq,$$
$$c = aq^2,$$
$$d = aq^3,$$

et ainsi de suite ; pour un terme e qui en a n *avant* lui, on aura donc

$$e = aq^n; \qquad (\alpha)$$

mais on a aussi

$$k = \frac{l}{q},$$

$$i = \frac{k}{q} = \frac{l}{q^2},$$

$$h = \frac{i}{q} = \frac{l}{q^3};$$

et pour un terme g qui en a n *après* lui, il vient par conséquent

$$g = \frac{l}{q^n}. \qquad (\beta)$$

Multipliant membre à membre (α) et (β), on a

$$eg = aq^n \times \frac{l}{q^n} = al;$$

ce qui démontre le théorème énoncé.

322. Théorème IV. *Le produit des termes d'une progression géométrique égale la racine carrée du produit des extrêmes, élevé à une puissance marquée par le nombre des termes.*

Soit, en effet, la progression géométrique

$$\div\div a : b : c : d : \ldots\ldots h : i : k : l.$$

En appelant P le produit des termes de cette progression, on a

$$P = abcd \ldots\ldots hikl,$$

et aussi

$$P = lkih \ldots\ldots dcba.$$

Ces égalités multipliées membre à membre donnent

$$P^2 = al \cdot bk \cdot ci \cdot dh \ldots\ldots hd \cdot ic \cdot kb \cdot la.$$

Mais chacun des produits partiels bk, ci, etc., se compose de 2 termes pris à égale distance des extrêmes a et l; donc tous sont égaux à al; par conséquent

$$P^2 = al \cdot al \cdot al \ldots\ldots,$$

ou le produit al élevé à une puissance marquée par le nombre des termes de la progression; si n représente ce nombre de termes, on aura, par suite,

$$P^2 = (al)^n :$$

d'où

$$P = \sqrt{(al)^n}. \qquad (2)$$

Remarque. Si, dans cette formule, on remplace l par sa valeur aq^{n-1},
on obtient cette autre formule :

$$P = \sqrt{(a \cdot aq^{n-1})^n} = \sqrt{a^{2n}q^{(n-1)n}} = a^n q^{\frac{(n-1)n}{2}}, \qquad (3)$$

qui permet de trouver P sans extraction de racine; car $n-1$ et n étant deux nombres consécutifs, leur produit est toujours divisible par 2.

Applications. *Trouver le produit des termes de la progression géométrique*

$$\div 2 : 4 : 8 : 16 : 32.$$

En remplaçant dans la formule (2) les lettres par leurs valeurs, on a :

$$P = \sqrt{(2 \times 32)^5},$$

$$P = \sqrt{64^5} = \sqrt{1073741824} = 32768.$$

La formule (3) donnerait

$$P = 2^5 \times 2^{\frac{(5-1)5}{2}} = 2 \times 2^{\frac{4\times 5}{2}} = 2^5 \times 2^{10} = 32 \times 1024 = 32768.$$

323. Théorème V. *La somme des termes d'une progression géométrique croissante s'obtient en multipliant le dernier terme par la raison, retranchant le 1er terme et divisant la différence par la raison diminuée de l'unité.*

Soit la progression

$$\div a : b : c : d \ldots\ldots : k : l.$$

On a, en désignant par S la somme des termes,

$$S = a + b + c \ldots\ldots + k + l. \qquad (\alpha)$$

Multipliant les deux membres de cette égalité par la raison q, il vient

$$Sq = aq + bq + cq \ldots\ldots + kq + lq,$$

ou

$$Sq = b + c + d \ldots\ldots + l + lq. \qquad (\beta)$$

Retranchant (α) de (β), on trouve, après réduction faite,

$$Sq - S = lq - a:$$

d'où

$$S = \frac{lq - a}{q - 1}. \qquad (4)$$

Si dans cette formule on remplace l par sa valeur aq^{n-1}, on obtient cette nouvelle formule :

$$S = \frac{a(q^n - 1)}{q - 1}. \qquad (5)$$

324. Remarque. Il est facile de voir que $\frac{a(q^n - 1)}{q - 1}$ est la somme des termes de la progression

$$\div\div a : aq : aq^2 : aq^3 \ldots\ldots aq^{n-1};$$

car le quotient de $q^n - 1$ par $q - 1$, ou, ce qui revient au même, de $1 - q^n$ par $1 - q$, étant (**95**)

$$1 + q + q^2 + q^3 \ldots\ldots + q^{n-1},$$

on a bien

$$S = \frac{a(q^n - 1)}{q - 1} = a + aq + aq^2 + aq^3 \ldots\ldots + aq^{n-1}.$$

325. Discussion de la formule (5). On peut avoir : 1° $q > 1$. Si dans la formule

$$S = \frac{a(q^n - 1)}{q - 1}.$$

la raison q est plus grande que 1, q^n augmente à mesure que n augmente (**313**), et il en est de même de S. Donc, quand n augmente au delà de toute limite, q^n devient plus grand que toute quantité donnée, et il en est de même de S.

2° $q = 1$. Si q est égal à l'unité, il vient

$$S = \frac{0}{0}.$$

Mais cette indétermination n'est évidemment qu'apparente, elle tient à la présence, aux deux termes de l'expression, du facteur $q - 1$ qui devient égal à zéro pour $q = 1$. Si avant d'introduire l'hypothèse on supprime ce facteur, il vient

$$S = a(q^{n-1} + q^{n-2} \ldots\ldots + q + 1), \text{ et pour } q = 1,$$

on a alors

$$S = a(1 + 1 \ldots\ldots + 1 + 1), \quad \text{ou} \quad S = an;$$

ce qui était facile à prévoir, car la raison étant l'unité, chacun des n termes de la progression est égal à a.

3° $q < 1$. Si q est plus petit que 1, le numérateur et le dénominateur de la formule précédente sont négatifs; afin de les rendre l'un et l'autre positifs, on écrit

$$S = \frac{a(1-q^n)}{1-q}, \qquad (6)$$

ou encore

$$S = \frac{a}{1-q} - \frac{aq^n}{1-q}.$$

Or la première partie $\frac{a}{1-q}$ de cette somme reste fixe; tandis que la seconde

$$\frac{aq^n}{1-q}$$

varie avec n.

A mesure que n augmente, la partie $\frac{aq^n}{1-q}$ diminue (**368**), et par suite S augmente. Donc, quand n augmente au delà de toute limite, la partie $\frac{aq^n}{1-q}$ devient plus petite que toute quantité donnée, et S. augmentant indéfiniment, se rapproche de plus en plus de $\frac{a}{1-q}$, de manière à en différer aussi peu qu'on voudra.

A la *limite*, on a, par conséquent,

$$S = \frac{a}{1-q}.$$

Donc *la somme des termes d'une progression géométrique décroissante à l'infini a pour limite le 1er terme divisé par l'unité diminuée de la raison.*

Applications. I. *Trouver la somme des 10 premiers termes de la progression*

$$\div\div 3 : 6 : 12 \ldots\ldots$$

Faisant usage de la formule

$$S = \frac{a(q^n - 1)}{q-1},$$

il vient

$$S = \frac{3(2^{10}-1)}{2-1} = 3069.$$

II. *Trouver la somme des termes de la progresison*

$$\div\div 2 : 1 : \frac{1}{2} : \frac{1}{4} \ldots\ldots$$

Faisant usage de la formule

$$S = \frac{a}{1-q}, \qquad (7)$$

il vient

$$S = \frac{2}{1-\frac{1}{2}} = 4.$$

III. *Une fraction périodique n'étant autre chose qu'une progression géométrique décroissante composée d'une infinité de termes*, comme il est facile de le voir, on peut lui appliquer la formule précédente.

Par exemple, la fraction périodique

$$0{,}39393939$$

étant égale à

$$\frac{39}{100} + \frac{39}{10\,000} + \frac{39}{1\,000\,000} + \ldots$$

est une progression géométrique décroissante dont la raison est $\frac{1}{100}$.

La limite de la somme de ses termes est donc

$$\frac{\frac{39}{100}}{1-\frac{1}{100}} = \frac{\frac{39}{100}}{\frac{99}{100}} = \frac{39}{99}.$$

C'est bien la valeur qui a été obtenue dans la théorie des fractions périodiques.

Remarque. On peut toujours faire usage de la formule $S = \frac{a}{1-q}$, lorsque le nombre des termes de la progression devient considérable.

326. Comme il est utile de se rappeler les formules des progressions, nous les avons réunies dans le tableau suivant.

PROGRESSIONS ARITHMÉTIQUES.

$$(1) \qquad l = a + (n-1)\,r.$$

$$(2) \qquad S = \frac{(a+l)\,n}{2}.$$

PROGRESSIONS GÉOMÉTRIQUES.

$$(1) \qquad l = aq^{n-1}.$$

$$(2) \qquad P = \sqrt{(al)^n} \text{ ou } P = a^n q^{\frac{(n+1)n}{2}}. \qquad (3)$$

$$(4) \qquad S = \frac{lq - a}{q - 1}, \text{ ou } S = \frac{a(q^n - 1)}{q - 1}. \qquad (5)$$

$$(6) \qquad S = \frac{a(1 - q^n)}{1 - q}.$$

$$(7) \qquad S = \frac{a}{1 - q}.$$

327. Remarque. Les deux formules

$$l = aq^{n-1},$$

$$S = \frac{a(q^n - 1)}{q - 1},$$

renfermant les cinq quantités l, a, q, n et S, permettent de calculer deux quelconques de ces cinq quantités, dès qu'on connaît les trois autres : de là 10 problèmes différents dont les inconnues peuvent être :

a et l; a et n; a et q; a et S; l et n; l et q; l et S; n et q; n et S; q et S.

Les problèmes où les inconnues q ou n ne figurent point sont seuls du 1er degré. Les autres présentent plus de difficultés; il en est qu'on peut résoudre avec le secours des logarithmes; mais quelques-uns ne peuvent être résolus par les procédés élémentaires.

Exercices sur les progressions géométriques.

977. Trouver la somme des cinq premiers termes de la progression arithmétique $5 : \frac{9}{2} : \frac{27}{4}, \ldots\ldots$

978. On propose d'insérer 4 moyens proportionnels entre 32 et 243 : ces deux nombres sont les cinquièmes puissances de 2 et de 3.

979. Insérer 3 moyens géométriques entre 1 et 10, et 3 moyens arithmétiques entre 0 et 1, avec une approximation de 0,01, sans le secours des logarithmes.

980. Insérer 5 moyens géométriques entre les nombres 2 et 1458, sans le secours des logarithmes.

981. Trouver la limite de la somme des termes de la progression géométrique $\div \frac{1}{3} : \frac{1}{9} : \frac{1}{27} \ldots\ldots$

982. Quelle est la limite de la somme des termes de la progression géométrique $\div 5 : \frac{15}{4} : \frac{45}{16}, \ldots\ldots$?

983. Trouver la limite de la somme des termes de la progression géométrique $\div\div 2 + \frac{1}{5} : 1 + \frac{1}{5} : \frac{2}{5} : \frac{1}{5}, \ldots\ldots$

984. On demande la somme des 16 premiers termes de la suite : $1 - 3 + 3 - 6 + 9 - 12 + 27 \ldots\ldots$

985. Partager le nombre 195 en trois parties qui forment une progression géométrique, et dont la 3e surpasse la 1re de 120.

986. Trouver la fraction ordinaire génératrice qui a donné naissance à la fraction périodique 0,423423.....

987. Quelle est la limite de la somme des fractions

$$\frac{1}{2} + \frac{2}{4} + \frac{3}{8} + \frac{4}{16} + \frac{5}{32} \ldots\ldots ?$$

988. Des ouvriers se présentent pour creuser un puits. Ils demandent un centime pour le 1er mètre de profondeur, 2 pour le 2e, 4 pour le 3e, 8 pour le 4e, et ainsi de suite. On accepte avec empressement leur proposition. Combien coûtera le forage du puits, l'eau ayant été trouvée à 18m de profondeur?

989. Le produit de 3 nombres x, y, z formant une progression géométrique continue est 13824, leur somme est 126. Quels sont ces nombres?

990. Dans une progression géométrique composée de quatre termes, la somme des termes de rang pair est 10, et la somme des termes de rang impair est 5 : trouver la progression.

991. Dans une progression géométrique composée de $2n$ termes, la somme des termes de rang pair est a, et la somme des termes de rang impair est b : déterminer la progression.

992. Calculer les 4 termes d'une progression géométrique, sachant : 1° que le 1er terme surpasse le 2e de 4; 2° que le 3e surpasse le 4e de 3; 3° que la somme des carrés des quatre termes est égale à 62,5.

993. Dans une progression composée de quatre termes, la somme des moyens est a, et celle des extrêmes b. Former la progression. Cas où $a = 24$ et $b = 56$.

994. On donne un carré ayant a pour côté. On joint les milieux des côtés, on obtient un nouveau carré, dont on joint les milieux des côtés : on a un 3e carré, et en continuant ainsi on obtient un 4e carré, puis un 5e, etc. Trouver en fonction de a la limite de la somme des aires des carrés inscrits.

995. On donne un triangle équilatéral ayant a pour côté. On inscrit un cercle dans ce triangle, puis trois cercles tangents au 1er et aux côtés du triangle ; puis trois cercles tangents aux trois cercles qu'on vient d'inscrire et aux côtés du triangle, et ainsi de suite. Trouver la limite de la somme des aires des cercles inscrits.

996. Dans un cône circulaire droit, on mène une section suivant l'axe: on obtient ainsi un triangle équilatéral dans lequel on inscrit une sphère, puis une 2e, tangente à la 1re et aux côtés du cône, puis une 3e tangente à la 2e et aux côtés du cône, et ainsi de suite. Trouver, en fonction de r, rayon de base du cône, la limite de la somme des volumes des sphères inscrites.

CHAPITRE III

LOGARITHMES.

DÉFINITIONS.

328. Si l'on considère deux progressions, l'une géométrique, commençant par l'*unité*, et l'autre arithmétique, commençant par *zéro*,

$$\div\div 1 : q : q^2 : q^3 : q^4 : q^5 \ldots\ldots q^n : q^{n+1}, \qquad (A)$$
$$\div 0 . r . 2r . 3r . 4r . 5r \ldots\ldots nr . (n+1)r, \qquad (B)$$

chaque terme de la progression arithmétique est dit le logarithme du terme correspondant de la progression géométrique.

Ainsi 0 est le *log.* de 1 ; r est le *log.* de q ; $2r$ est le *log.* de q^2...... $(n+1)r$ est le *log.* de q^{n+1}.

L'ensemble des deux progressions (A) et (B) constitue un *système de logarithme.*

On conçoit qu'il peut y avoir une infinité de systèmes de logarithme ; mais dans tous, comme *condition de rigueur*, la progression géométrique devra commencer par l'*unité*, et la progression arithmétique par *zéro* : de plus, on suppose, en général, que la raison q de la progression géométrique est plus grande que l'unité, et que la raison r de la progression arithmétique est positive. Il arrive alors que les termes de chaque progression augmentent à l'infini (**302** et **315**).

329. Remarque. D'après la définition des logarithmes, les termes seuls de la progression géométrique auraient des logarithmes ; mais on peut très-facilement étendre cette définition à tous les nombres. Car, si entre deux termes consécutifs quelconques de chaque progression on insère le même nombre m de moyens proportionnels et arithmétiques, chaque moyen arithmétique sera encore le logarithme du moyen proportionnel correspondant. Alors on aura beaucoup plus de nombres qui auront des logarithmes.

On peut même ajouter que tous les nombres auront des logarithmes ; car nous allons démontrer que le nombre m de moyens insérés peut être assez grand pour que les termes des deux progressions puissent être regardés comme croissant par degrés insensibles.

Soit en premier lieu la progression géométrique.

1° *On peut insérer un nombre* m *de moyens assez grand pour que la raison* q' *de la nouvelle progression surpasse l'unité d'aussi peu que l'on veut.*

Cette raison q' de la nouvelle progression est donnée (**320**) par la formule

$$q' = \sqrt[m+1]{q}.$$

Or, q étant, par hypothèse, supérieur à l'unité, il en est de même de q'. De plus, on peut prendre m assez grand pour avoir

$$q' = \sqrt[m+1]{q} < 1 + \alpha,$$

si petit que soit α.

En effet, l'inégalité

$$\sqrt[m+1]{q} < 1 + \alpha$$

donne, en élevant chaque membre à la puissance $m+1$,

$$q < (1+\alpha)^{m+1},$$

ou

$$(1+\alpha)^{m+1} > q.$$

Or (**313**), quelque petit que soit α, on peut toujours satisfaire à cette inégalité. Donc, pour la valeur $(1+\alpha)^{m+1} > q$, et pour toute valeur supérieure, q' sera plus petit que $1+\alpha$.

2° *On peut prendre la raison* q' *de la nouvelle progression assez voisine de l'unité pour que la différence entre deux termes consécutifs quelconques de la progression soit aussi petite que l'on veut.*

En effet, soient q'^n et q'^{n+1} deux termes consécutifs de cette nouvelle progression. Leur différence est

$$q'^{n+1} - q'^n = q'^n (q' - 1).$$

Pour que cette différence soit moindre qu'une quantité donnée, δ, il suffit qu'on ait

$$q'^n (q' - 1) < \delta,$$

ou

$$q' - 1 < \frac{\delta}{q'^n}.$$

Or, si l'on désigne par A un nombre plus grand que le dernier terme de la progression géométrique, q'^n sera moindre que A, et, par suite, $\frac{\delta}{A}$ sera moindre que $\frac{\delta}{q'^n}$.

Donc, pour que l'inégalité précédente soit certainement satisfaite, il suffit qu'on ait

$$q' - 1 < \frac{\delta}{A},$$

ou encore

$$q' < 1 + \frac{\delta}{A};$$

ce qui sera toujours possible, puisque, d'après ce qui vient d'être démontré, q' peut différer de l'unité d'aussi peu qu'on veut.

Soit en second lieu la progression arithmétique.

Si l'on insère m moyens arithmétiques entre deux termes consécutifs, la raison nouvelle (306) $\frac{r}{m+1}$ exprime la différence de deux termes consécutifs; or il est évident que, pour rendre cette différence aussi petite que l'on veut, il suffit de prendre m assez grand, ce qu'on peut toujours faire.

Après l'insertion d'un assez grand nombre de moyens, les deux progressions seront donc

$$\div\div 1 : q'^2 : q'^3 \ldots\ldots q \ldots\ldots q^2,$$
$$\div 0 \,.\, r' \,.\, 2r' \ldots\ldots r \ldots\ldots 2r.$$

On voit que les termes des progressions primitives se retrouvent dans celles-ci, mais à des espaces très-éloignés les uns des autres.

330. Corollaire. 1° *On peut, avec une approximation aussi grande que l'on désire, considérer un nombre quelconque* K, *plus grand que* 1, *comme faisant partie de la progression géométrique, et comme ayant par suite un logarithme.*

Car, si un nombre quelconque K fait partie de la progression géométrique, son logarithme est le terme correspondant de la progression arithmétique; et si ce nombre K ne fait point partie de la progression géométrique, il se trouve compris entre deux termes consécutifs q'^n et q'^{n+1} de cette progression. Or ces deux termes, pouvant différer d'une quantité aussi petite que l'on veut, lorsque le nombre des moyens augmente indéfiniment, ont pour limite commune le nombre K; mais en même temps les termes correspondants nr', $(n+1)r'$ de la progression arithmétique tendent aussi vers une limite commune qui est le logarithme de K.

2° *On peut, avec une approximation aussi grande que l'on veut, considérer un nombre quelconque* L *comme faisant partie de la progression arithmétique, et comme étant, par suite, le logarithme d'un nombre plus grand que* 1.

Car, si un nombre quelconque positif L fait partie de la progression arithmétique, il est le logarithme d'un nombre plus grand que 1, qui lui correspond dans la progression géométrique; et si ce nombre L ne fait point partie de la progression arithmétique, il se trouve compris entre deux termes consécutifs nr', $(n+1)r'$ de cette progression. Or ces deux termes, pouvant différer d'une quantité aussi petite que l'on veut, lorsque le nombre des moyens augmente indéfiniment, ont pour limite commune le nombre L; mais en même temps les termes correspondants q'^n, q'^{n+1} de la progression géométrique tendent aussi vers une limite commune, qui est le nombre dont le logarithme est L.

LOGARITHMES DES NOMBRES POSITIFS PLUS PETITS QUE 1.

331. D'après ce qui a été dit jusqu'ici, il semble que les nombres plus grands que 1 ont seuls des logarithmes; mais il n'en est pas ainsi, car si l'on suppose qu'on prolonge indéfiniment vers la gauche les deux progressions qui servent généralement à définir les logarithmes (**328**), on aura alors les progressions suivantes :

$$\ldots\ldots \frac{1}{q^3} : \frac{1}{q^2} : \frac{1}{q} : 1 : q : q^2 : q^3 \ldots\ldots,$$

$$\ldots\ldots -3r . -2r . -r . 0 . r . 2r . 3r \ldots\ldots,$$

et comme on a (**80**) $\frac{1}{q^3} = q^{-3}$; $\frac{1}{q^2} = q^{-2}$, etc., ces progressions peuvent aussi s'écrire

$$\ldots\ldots q^{-3} : q^{-2} : q^{-1} : 1 : q : q^2 : q^3 \ldots\ldots$$

$$\ldots\ldots -3r . -2r . -r . 0 . r . 2r . 3r \ldots\ldots$$

Les termes de la progression géométrique qui précèdent le terme 1 ayant encore pour logarithme les termes correspondants de la progression arithmétique, il en résulte que les nombres

$$q^{-1}, \quad q^{-2}, \quad q^{-3} \ldots\ldots,$$

plus petits que 0, ont respectivement pour logarithmes les nombres négatifs

$$-r, \quad -2r, \quad -3r \ldots\ldots$$

Quant aux logarithmes des nombres compris entre 1 et q^{-1}; q^{-2} et q^{-3}, etc., on les obtient en insérant dans les deux progressions un même nombre de moyens : on aura ainsi les deux nouvelles progressions

$$q^{-2} \ldots\ldots q^{-1} \ldots\ldots q'^{-3} : q'^{-2} : q'^{-1} : 1 : q' : q'^2 : q'^3 \ldots\ldots q \ldots\ldots q^2 \ldots\ldots$$

$$-2r \ldots\ldots -r \ldots\ldots -3r' . -2r' . -r' . 0 . r' . 2r' . 3r' \ldots\ldots r \ldots\ldots 2r \ldots\ldots$$

D'ailleurs il sera encore possible de prendre le nombre des moyens assez grand, dans chaque progression, pour que la différence entre deux termes consécutifs soit moindre que toute quantité donnée.

Alors tout nombre plus petit que 1 pourra être considéré comme ayant un logarithme négatif; et, réciproquement, tout nombre négatif pourra être considéré comme étant le logarithme d'un nombre positif plus petit que 1.

332. Remarque. Aucun nombre négatif ne figurant dans la progression géométrique, on en conclut que les nombres négatifs n'ont pas de logarithmes.

PROPRIÉTÉS DES LOGARITHMES.

333. Théorème I. *Le logarithme d'un produit de plusieurs facteurs est égal à la somme des logarithmes des facteurs.*

En effet, soit le système général

$$\ldots\ldots q^{-5} : q^{-4} : q^{-3} : q^{-2} : q^{-1} : 1 : q : q^2 : q^3 : q^4 : q^5 \ldots\ldots$$
$$\ldots\ldots -5r . -4r . -3r . -2r . -r . 0 . r . 2r . 3r . 4r . 5r \ldots\ldots$$

Le terme 1 de la progression géométrique correspondant au terme 0 de la progression arithmétique, il en résulte que les termes de la progression géométrique sont les puissances de la raison q, et les termes de la progression arithmétique les multiples de la raison r; de plus, l'exposant de q dans un terme quelconque de la progression géométrique est toujours égal au coefficient de r dans le terme correspondant de la progression arithmétique.

Cela étant dit, soit le produit ABC.

1° Les facteurs A, B, C appartiennent à la progression géométrique et sont plus grands que 1 ; alors on a

$$A = q^m, \quad B = q^n, \quad C = q^p;$$

il vient, par suite,

$$ABC = q^{m+n+p} :$$

d'où

$$log.\, ABC = (m + n + p)r;$$

mais

$$log.\, A + log.\, B + log.\, C = mr + nr + pr = (m + n + p)r :$$

donc

$$log.\, ABC = log.\, A + log.\, B + log.\, C.$$

2° Les facteurs A, B, C appartiennent encore à la progression géométrique, mais l'un d'eux ou plusieurs sont moindres que 1 : alors on a

$$A = q^m, \quad B = q^{-n}, \quad C = q^{-p};$$

il vient, par suite,

$$ABC = q^m \times \frac{1}{q^n} \times \frac{1}{q^p} = \frac{q^m}{q^{n+p}} = q^{m-n-p} :$$

d'où

$$log.\, ABC = (m - n - p)r;$$

mais

$$log.\, A + log.\, B + log.\, C = mr - nr - pr = (m - n - p)r :$$

donc encore

$$log.\, ABC = log.\, A + log.\, B + log.\, C.$$

3° Les facteurs A, B, C ne font point partie de la progression géométrique.

Les facteurs A, B, C peuvent alors être considérés comme étant les limites des moyens géométriques variables C′, A′, B′. Or, quelque rapprochés de leurs limites que soient A', B', C', on aura toujours

$$log.\ A'B'C' = log.\ A' + log.\ B' + log.\ C';$$

donc, à la limite, on aura encore

$$log.\ ABC = log.\ A + log.\ B + log.\ C.$$

Le théorème est donc général.

Exemple : $log.\ (3 \times 5 \times 18) = log.\ 3 + log.\ 5 + log.\ 18.$

334. Théorème II. *Le logarithme d'un quotient est égal au logarithme du dividende moins le logarithme du diviseur.*

En effet, soient A, B, Q le dividende, le diviseur et le quotient d'une division ; on a

$$\frac{A}{B} = Q :$$

d'où

$$A = BQ ;$$

mais

$$log.\ A = log.\ B + log.\ Q.$$

Or cette égalité donne

$$log.\ Q = log.\ A - log.\ B,$$

ou enfin

$$log.\ \frac{A}{B} = log.\ A - log.\ B.$$

Exemple : $log.\ \frac{625}{201} = log.\ 625 - log.\ 201.$

335. Théorème III. *Le logarithme de la puissance d'un nombre est égal au logarithme de ce nombre multiplié par l'exposant de la puissance.*

En effet, soit par exemple A^m. On a

$$A^m = A \times A \times A \ldots\ldots \times A :$$

d'où

$$log.\ A^m = log.\ A + log.\ A + log.\ A \ldots\ldots + log.\ A,$$

ou

$$log.\ A^m = m\ log.\ A.$$

Exemple : $log.\ 362^5 = 5\ log.\ 362.$

336. Théorème IV. *Le logarithme de la racine d'un nombre est égal au logarithme de ce nombre divisé par l'indice de la racine.*

En effet, soit, par exemple, $\sqrt[m]{A}$. Si l'on désigne cette racine par x, on a

$$\sqrt[m]{A} = x ;$$

on déduit de cette égalité

$$A = x^m.$$

En prenant le logarithme de chaque membre, il vient

$$log.\,A = m\,log.\,x;$$

d'où

$$log.\,x = \frac{log.\,A}{m},$$

ou enfin

$$log.\,\sqrt[m]{A} = \frac{log.\,A}{m}.$$

Exemple : $$log.\,\sqrt[7]{406} = \frac{log.\,406}{7}.$$

337. **Remarque.** Ces quatre théorèmes suffisent pour montrer quel immense avantage on peut tirer des logarithmes : la multiplication est remplacée par l'addition; la division par la soustraction; l'élévation à une puissance par la multiplication; et enfin l'extraction des racines par la division.

On voit que l'élévation à une puissance et l'extraction d'une racine, opérations souvent fort longues, se font très-rapidement par les logarithmes.

BASE D'UN SYSTÈME DE LOGARITHME.

338. **Définition.** On appelle *base d'un système de logarithme* le nombre qui, dans ce système, a pour logarithme l'unité.

Ainsi, dans le système ci-dessus, la base est 9.

$$\div\div\ 1 : 3 : 9 : 27 : 81 \ldots\ldots$$
$$\div\ 0\ .\ 0{,}5\ .\ 1\ .\ 1{,}5\ .\ 2 \ldots\ldots$$

339. **Calcul de la base dans un système donné.** Si l'on voulait calculer, avec une approximation déterminée, la base d'un système quelconque, par exemple la base du système défini par les deux progressions suivantes :

$$\div\div\ 1 : q : q^2 : q^3 : q^4 \ldots\ldots$$
$$\div\ 0\ .\ r\ .\ 2r\ .\ 3r\ .\ 4r \ldots\ldots$$

on insérerait assez de moyens dans ces deux progressions pour que la différence entre deux termes consécutifs de la progression géométrique fût moindre que l'approximation demandée. Les deux termes de la nouvelle progression géométrique, correspondant aux deux termes de la nouvelle progression arithmétique comprenant l'unité, pourront alors être considérés, l'un par défaut et l'autre par excès, comme représentant la base du système de logarithme avec l'approximation demandée.

340. **Détermination des logarithmes des nombres dans un système dont la base est donnée.** Soit le système

dont la base est b. Ce système peut être défini par les deux progressions suivantes :

$$\ldots\ldots b^{-3} : b^{-2} : b^{-1} : 1 : b : b^2 : b^3 \ldots\ldots$$
$$\ldots\ldots -3 . -2 . -1 . 0 . 1 . 2 . 3 \ldots\ldots$$

Pour obtenir les logarithmes des nombres compris entre 1 et b, entre b et b^2, etc., il est évident qu'il suffit d'insérer entre deux termes consécutifs de chaque progression un nombre de moyens suffisants.

LOGARITHMES VULGAIRES.

341. Définition. On appelle *logarithmes vulgaires*, ou logarithmes de Briggs (*), le système dont la base est 10, et qui se trouve défini par les deux progressions suivantes :

$$\ldots\ldots 10^{-3} : 10^{-2} : 10^{-1} : 1 : 10 : 10^2 : 10^3 \ldots\ldots$$
$$\ldots\ldots -3 . -2 . -1 . 0 . 1 . 2 . 3 \ldots\ldots$$

A la seule inspection de ces deux progressions, on voit immédiatement que *le logarithme d'une puissance de 10 est égal à l'exposant de cette puissance.*

Ainsi le logarithme de 10 est 1 ; le logarithme de 10^2 est 2,.... ; le logarithme de 10^m est m.

342. Théorème I. *Les puissances de 10 sont les seuls nombres commensurables qui aient des logarithmes commensurables.*

Ainsi le nombre A, ayant pour logarithme le rapport commensurable $\frac{m}{n}$ des deux nombres entiers m et n, est égal à une puissance de 10.

En effet, on peut poser

$$log.\, A = \frac{m}{n} : \qquad (1)$$

d'où

$$n\, log.\, A = m ;$$

mais (335)

$$n\, log.\, A = log.\, A^n ,$$

et (numéro précédent)

$$m = log.\, 10^m ;$$

donc

$$log.\, A^n = log.\, 10^m ,$$

ou encore

$$A^n = 10^m . \qquad (2)$$

(*) L'invention des logarithmes est due au savant Écossais Jean Néper (1550-1617) ; mais ce fut Briggs (1556-1630) qui publia, en 1624, les premières tables des *logarithmes vulgaires.*

Il résulte de cette dernière égalité que A est déjà un nombre entier; car s'il en était autrement, élevé à la puissance n, il ne donnerait pas le nombre entier 10^m. De plus, la même égalité montre aussi que les facteurs premiers de A sont les mêmes que ceux de 10, c'est-à-dire 2 et 5; de sorte qu'on peut écrire

$$A = 2^{\alpha} \times 5^{\beta}.$$

Si l'on substitue cette valeur de A dans l'égalité (2), il vient

$$2^{n\alpha} \times 5^{n\beta} = 10^m = 2^m \times 5^m :$$

d'où

$$n\alpha = m, \quad n\beta = m;$$

par suite,

$$n\alpha = n\beta,$$

et enfin

$$\alpha = \beta;$$

donc on a

$$A = 2^{\alpha} \times 5^{\alpha} = 10^{\alpha}. \qquad \text{C. Q. F. D.}$$

343. Caractéristique. Les puissances de 10 étant les seuls nombres commensurables qui aient des logarithmes commensurables, les autres nombres ont des logarithmes exprimés en fractions décimales. On nomme *caractéristique* la partie entière d'un logarithme.

344. Théorème II. *La caractéristique du logarithme d'un nombre renferme autant d'unités qu'il y a de chiffres moins un à la partie entière de ce nombre.*

En effet, si le nombre proposé a n chiffres à sa partie entière, il est compris entre 11^{n-1} et 11^n; et son logarithme est par conséquent compris entre $n-1$ et n : donc il a pour caractéristique $n-1$.

Par exemple, 3614,8, ayant 4 chiffres à sa partie entière, est compris entre 10^3 et 10^4 : la caractéristique de son logarithme est $4-1$ ou 3.

345. Théorème III. *Quand on multiplie ou divise un nombre par* 10^n, *la partie décimale de son logarithme ne change pas, mais la caractéristique augmente ou diminue de* n *unités.*

En effet, on a

1° $\quad log.\,(A \times 10^n) = log.\,A + log.\,10^n = log.\,A + n;$

2° $\quad log.\left(\dfrac{A}{10^n}\right) = log.\,A - log.\,10^n = log.\,A - n.$

346. Corollaire I. *Pour multiplier ou pour diviser un nombre par* 10, 100, 1000..., *il suffit d'augmenter ou de diminuer la caractéristique de son logarithme de une, deux, trois... unités.*

347. Corollaire II. *Les nombres décimaux composés des mêmes chiffres, et qui diffèrent seulement par la place occupée par la virgule dans chacun d'eux, ont des logarithmes qui ne diffèrent que par la caractéristique.*

Exemple. Si l'on suppose que

$$log.\ 12{,}54 = 1{,}0982975,$$

on en déduit

$$log.\ 125{,}4 = 2{,}0982975,$$
$$log.\ 1254 = 3{,}0982975.$$

348. Caractéristique négative. On sait déjà (**331**) que le logarithme de tout nombre moindre que 1 est négatif. Or, dans la pratique, on fait rarement usage d'un logarithme entièrement négatif; on préfère le décomposer en deux parties : l'*une entière et négative*, l'autre *positive et fractionnaire*. Si l'on a, par exemple, le logarithme négatif

$$-3{,}45674,$$

on le décompose, comme il vient d'être dit, en écrivant

$$-3{,}45674 = -3 - 0{,}45674 = -3 - 1 + (1 - 0{,}45674) = -4 + 0{,}54326.$$

On voit que le logarithme proposé est égal à une partie *entière et négative*, -4, et à une partie fractionnaire et positive, $0{,}54326$. La partie entière -4 est nommée *caractéristique négative*. Un *log.* à *caractéristique seule négative* s'écrit ainsi :

$$\bar{4}{,}54326.$$

349. Théorème IV. *Lorsqu'un nombre* A *est moindre que* 1, *si on le multiplie par une puissance* n *de* 10, *telle que le produit* P *soit compris entre* 1 *et* 10, *le logarithme de* A *est égal au logarithme de* P *diminué de* n.

En effet, on a, d'après l'énoncé du théorème,

$$P = A \times 10^n :$$

d'où

$$A = \frac{P}{10^n},$$

et, par suite,

$$log.\ A = log.\ P - log.\ 10^n = log.\ P - n.$$

350. Remarque I. Le produit P étant compris entre 1 et 10, son logarithme a une caractéristique comprise entre 0 et 1, c'est-à-dire qu'elle est 0; donc la caractéristique du logarithme de A sera $-n$ ou $\bar{n}$.

Ainsi, soit la fraction $\frac{2}{27}$; on a

$$P = \frac{2}{27} \times 10^2.$$

Comme il faut multiplier cette fraction par 10^2, pour que P soit compris entre 1 et 10, son logarithme aura $\bar{2}$ pour caractéristique.

351. Remarque II. Si A est une fraction décimale dont le 1er chiffre significatif soit au $n^{ième}$ rang après la virgule, pour que P soit compris entre 1 et 10, il faudra évidemment multiplier A par 10^n; de sorte qu'on aura

$$P = A \times 10^n :$$

d'où, comme plus haut,

$$log.\ A = log.\ P - n :$$

la caractéristique du logarithme de la fraction décimale A est donc encore $-n$ ou $\bar{n}$.

Donc *la caractéristique négative du logarithme d'une fraction décimale contient un nombre d'unités égal au rang du 1er chiffre significatif après la virgule.*

Ainsi la fraction 0,0006578 aura $\bar{4}$ pour caractéristique.

TABLES DE LOGARITHMES.

352. Une table de logarithmes contient la suite des nombres entiers depuis 1 jusqu'à une certaine limite, et en regard leurs logarithmes calculés, avec un certain nombre de chiffres exacts.

Les tables de logarithmes les plus usitées sont celles de Callet, de J. de Lalande, de MM. Dupuis et Hoüel.

Celles de Callet contiennent, avec 7 décimales, les logarithmes de 1 à 108 000. Celles de J. de Lalande, étendues à 7 décimales par Marie, contiennent les logarithmes des nombres de 1 à 10 000. Celles de M. Dupuis sont à 7 et à 5 décimales. Les premières renferment les logarithmes des nombres de 1 à 100 000, et les secondes de 1 à 10 000; enfin les tables de M. Hoüel sont à 5 décimales et renferment les logarithmes des nombres de 1 à 10 000.

Ces diverses tables sont accompagnées d'instructions qui en font connaître la disposition et l'usage.

Cependant il n'est peut-être pas inutile de faire connaître ici la disposition et l'usage des tables de J. de Lalande et de M. Dupuis, parce que le lecteur pourra alors se servir, sans difficulté, des grandes tables de Callet et autres auteurs.

353. La disposition des tables de J. de Lalande est très-simple, comme le montre le tableau ci-après, qui en est un extrait. Chaque page est composée de plusieurs colonnes de nombres à côté desquels se trouvent leurs logarithmes. A partir du nombre 990, il y a d'autres colonnes qui portent en tête *Diff.* Ces colonnes contiennent les différences qui existent entre deux logarithmes consécutifs (*).

(*) On remarque dans toutes les tables que les différences tabulaires vont sans cesse en diminuant. Il est très-facile d'en comprendre le motif; car soit δ la différence tabulaire de deux nombres entiers consécutifs n et $n+1$, on a

$$\delta = log.\ (n+1) - log.\ n,$$

ou

$$\delta = log.\left(\frac{n+1}{n}\right) = log.\left(1+\frac{1}{n}\right).$$

Or, à mesure que n augmente, la quantité $1+\frac{1}{n}$ diminue : donc aussi $log.\left(1+\frac{1}{n}\right)$ ou δ diminue.

DISPOSITION DES TABLES DE J. DE LALANDE.

Nombres	Logarithmes	Différ.	Nombres	Logarithmes	Différ.	Nombres	Logarithmes	Différ.
6750	3,8293038		6780	3,8312297		6810	3,8331471	
		643			640			638
6751	3,8293681		6781	3,8312937		6811	3,8332109	
		643			641			637
6752	3,8294324		6782	3,8313578		6812	3,8332746	
		643			640			638

USAGE DES TABLES.

354. Problème I. *Trouver le logarithme d'un nombre donné.*

1° *Le nombre est entier et plus petit que* 10 000.

Dans ce cas, il se trouve dans les colonnes des tables intitulées : NOMBRES ; il suffit de l'y chercher, son logarithme est à côté.

Par exemple, on trouve que le logarithme de 6751 est 3,8293681 ; on écrit

$$log.\ 6751 = 3,8293681.$$

2° *Le nombre est entier et plus grand que* 10 000.

On commence par séparer assez de chiffres sur la droite du nombre pour que la partie à gauche soit dans les tables.

Si l'on a, par exemple, à chercher le logarithme de 678 172, on séparera 2 chiffres sur la droite de ce nombre; on aura alors à trouver le *log.* de 6781,72. Ce nombre étant compris entre 6781 et 6782, son *log.* tombera entre les *log.* de ces nombres; il sera par conséquent celui de 6781 plus une fraction.

Or,

$$log.\ 6781 = 3,8312937.$$

et

$$log.\ 6782 = 3,8313578.$$

La différence entre ces 2 *log.* est 0,0000641. Ainsi, en ajoutant 1 unité au nombre 6781, son *log.* augmente de 0,0000641. Si on ne lui ajoute que 0,72, son *log.* augmentera des 0,72 de 0,0000641, ou de $0,72 \times 0,0000641 = 0,0000461$, en ne conservant que 3 chiffres significatifs (*).

(*) Ce raisonnement suppose que les différences entre les nombres, considérés 2 à 2, sont proportionnelles aux différences entre leurs logarithmes, ce qui n'est pas rigoureux, mais suffisamment exact, surtout pour les nombres au-dessus de 1000; car alors la même différence sert pour plusieurs nombres, et vers la fin des tables elle sert pour des pages entières.

Il est facile de démontrer que les différences entre les nombres considérés 2 à 2 ne sont pas rigoureusement proportionnelles aux différences entre leurs logarithmes. Soient

Mais le nombre 6781,72 étant 100 fois plus petit que le proposé, la caractéristique de son *log.* est par là même diminuée de 2 unités; donc

$$log.\ 678\,172 = 5{,}8313399.$$

TYPE DU CALCUL.

			Diff.
Nomb. 678 172.			
	Log. 6 781	= 3,8312937	641
pour	0,72	462	0,72
		3,8313399	1 282
			4487
	Log. 678172 = 5,8313399.		46152

3° *Le nombre est décimal, plus grand ou plus petit que* 10 000.

Pour avoir le logarithme d'un nombre décimal, on porte la virgule vers la droite ou vers la gauche, de manière à obtenir, s'il est possible, un nombre dont la caractéristique soit 3; on opère ensuite comme dans le cas précédent, seulement on augmente ou on diminue d'un nombre convenable d'unités la caractéristique du logarithme, selon l'opération que l'on a fait subir au nombre donné.

Soit, par exemple, à chercher le *log.* de 6,81185; on a

$$6{,}81185 = \frac{6\,811{,}85}{1\,000}:$$

d'où

$$log.\ 6{,}81185 = log.\ 6\,811{,}85 - log.\ 1000;$$

or,

$$log.\ 6811{,}85 = 3{,}8332109 + 0{,}85 \times 0{,}0000637 = 3{,}8332650.$$

Par suite,

$$log.\ 6{,}81185 = 3{,}8332650 - 3 = 0{,}8332650.$$

les trois nombres n, $n+\alpha$, $n+2\alpha$, en progression arithmétique. On voit que leurs logarithmes ne croissent pas par quantités égales, car on a

$$log.\ (n+\alpha) - log.\ n = log.\ \left(\frac{n+\alpha}{n}\right) = log.\ (1+\frac{\alpha}{n}),$$

$$\text{et } log.(n+2\alpha) - log.(n+\alpha) = log.\left(\frac{n+2\alpha}{n+\alpha}\right) = log.\left(\frac{n+\alpha+\alpha}{n+\alpha}\right) = log.(1+\frac{\alpha}{n+\alpha})$$

Or le nombre $1+\frac{\alpha}{n+\alpha}$ est plus petit que $1+\frac{\alpha}{n}$; il en est évidemment de même des logarithmes de ces nombres. Donc, lorsque l'accroissement d'un nombre n devient le double, l'accroissement de son logarithme n'est pas le double de sa valeur primitive. Mais il est évident que cette proportionnalité est d'autant plus près d'être exacte que $\frac{\alpha}{n}$ diffère moins de $\frac{\alpha}{n+\alpha}$, ou que le rapport $\frac{n+\alpha}{n}$ de ces deux quantités se rapproche le plus de l'unité; ce qui est d'autant plus près d'avoir lieu que α est plus petit et n plus grand.

4° *Le nombre est moindre que* 1.

Soit, par exemple, à trouver le *log.* de 0,00675.

On a

$$0{,}00675 = \frac{6{,}75}{1000};$$

d'où

$$log.\ 0{,}00675 = log.\ 6{,}75 - log.\ 1000 = log.\ 6{,}75 - 3;$$

or

$$log.\ 6{,}75 = 0{,}8293038:$$

donc

$$log.\ 0{,}00675 = \bar{3}{,}8293038.$$

Ce résultat est bien celui que nous devions obtenir, et nous aurions pu le poser immédiatement (**354**).

Soit encore à trouver le logarithme de $\frac{675}{6811}$.

On a

$$\frac{675}{6811} = \frac{67500}{6811 \times 100}:$$

d'où $$log.\ \frac{675}{6811} = log.\ 67500 - log.\ 6811 - 2;$$

or $$log.\ 67500 = 4{,}8293038$$

et $$log.\ 6811 = 3{,}8332109$$

Différence $$0{,}9960929$$

donc $$log.\ \frac{675}{6811} = 0{,}9960929 - 2,$$

ou enfin $$log.\ \frac{675}{6811} = \bar{2}{,}9960929.$$

355. Remarque. Tout ce qui vient d'être dit sur la recherche du *log.* d'un nombre peut se résumer en ces quelques lignes : transformer (toutes les fois qu'on le peut, sans ajouter de zéros à sa droite) le nombre donné en un autre dont la caractéristique soit 3. Quand on a le *log.* du nombre ainsi changé, on diminue ou on augmente convenablement sa caractéristique, selon l'opération qu'a subie le nombre proposé.

356. Problème II. *Trouver le nombre correspondant à un logarithme donné.*

Ce problème, qui est l'inverse du précédent, présente plusieurs cas à examiner :

1° *Le logarithme donné se trouve dans les tables.*

Lorsque le *log.* proposé se trouve dans les tables, le nombre qui lui correspond est à côté, dans la colonne intitulée *Nombre*.

On voit, par exemple, que le *log.* 3,8383578 appartient au nombre 6782.

2° *La partie décimale du log. n'est pas dans les tables.*

Soit à trouver le nombre qui correspond au *log.* 3,8294157. Si l'on cherche dans les tables, on voit que ce *log.* tombe entre ceux de 6751 et 6752. Le nombre demandé est, par conséquent, 6751 et une fraction. La différence qui existe entre le *log.* de 6751 et celui de 6752 est, comme l'indique la table, 0,0000643; celle qui existe entre le *log.* de 6751 et le proposé est 0,0000476.

Puisqu'en ajoutant 0,0000643 au *log.* de 6751 on obtient celui de 6752, il arrive qu'une augmentation de 0,0000643 donne l'unité, quelle partie de l'unité donnera 0,0000476? Pour l'avoir, on posera cette proportion :

$$\frac{0,0000643}{1} = \frac{0,0000476}{x},$$

ou

$$\frac{643}{1} = \frac{476}{x}:$$

d'où

$$x = \frac{476}{643} = 0,740.$$

Le nombre demandé sera donc

6751,74.

TYPE DU CALCUL.

Log. 3,8294157.		
	Log. 3,8293681	Nomb. 6751
pour	476	0,74
	Nombre cherché :	6751,74

On procède toujours de la même manière pour trouver la valeur de x.

Soit encore à trouver le nombre auquel appartient le *log.* 1,8313034.

En cherchant avec sa caractéristique ce *log.* dans les tables, on voit que le nombre auquel il correspond est 67, à une unité près. Mais si on lui donne 3 pour caractéristique, il tombera entre les *log.* de 6781 et de 6782. Le nombre demandé est donc 67,81, à 0,01 près.

On opérerait comme on l'a dit plus haut pour obtenir d'autres chiffres décimaux.

Cet exemple fait comprendre que *pour avoir un nombre correspondant à un logarithme donné, il faut toujours prendre celui-ci avec la plus haute caractéristique des tables. Les calculs sont plus exacts et moins longs.*

3° *Le logarithme donné a plus de 3 pour caractéristique.*

On ramène dans ce cas le *log.* proposé à n'avoir que 3 pour caractéristique; puis on opère comme précédemment; seulement on multiplie le nombre que l'on obtient par 10, 100, etc., selon que l'on a retranché 1, 2, etc., unités à la caractéristique du *log.* donné (345).

Soit le *log.* 5,8332716. Si l'on cherche ce *log.* dans les tables, avec le caractéristique 3, on trouve à côté le nombre 6812. Le nombre demandé sera donc 100 fois plus grand ou 681 200.

4° *Le logarithme a une caractéristique négative.*

On considère le logarithme donné comme ayant 3 unités positives pour caractéristique, et quand on a le nombre auquel répond ce nouveau *log.*, on le transforme en une fraction décimale, en ayant soin de faire occuper au 1er chiffre significatif après la virgule un rang marqué par la caractéristique négative.

Si l'on a, par exemple, à trouver le nombre correspondant au *log.* $\bar{4}$,8331471, on cherche dans les tables le *log.* 3,8331471 ; à côté se trouve le nombre 6810 : on en conclut (351) que le nombre correspondant au *log.* $\bar{4}$,8331471 est 0,000681.

337. Remarque. Tout ce qui vient d'être dit sur la recherche du nombre auquel appartient un logarithme donné peut se résumer en ces quelques mots : *transformer le logarithme donné en un autre dont la caractéristique soit 3 unités positives, puis chercher le nombre auquel correspond ce logarithme ainsi modifié; il sera toujours facile ensuite, d'après l'opération qu'aura subie le log., de trouver par quelle quantité il faut multiplier ou diviser le nombre obtenu.*

DISPOSITION DES TABLES A CINQ FIGURES DE M. DUPUIS.

338. Ces tables contiennent, comme il a déjà été dit, les logarithmes des nombres entiers de 1 à 10 000. Les caractéristiques ont été omises, parce qu'il est facile de les trouver à l'inspection des nombres.

La première colonne à gauche, intitulée N, contient la suite naturelle des nombres depuis 100 jusqu'à 999. Pour faciliter les recherches, on n'a inscrit les deux premiers chiffres de ces nombres que de 10 en 10.

La seconde colonne, marquée 0, contient les trois dernières décimales des *log.* de ces nombres. Pour avoir les deux premières, il faut prendre les nombres isolés de deux chiffres qui se trouvent à gauche dans la même colonne, et les plus proches en montant.

Lorsque le quotient de deux nombres est une puissance de 10, la partie décimale de leur *log.* est la même; ainsi l'ensemble des deux premières colonnes marquées N et 0 donne aussi les *log.* des nombres 2, 3, 4,...., 9, et 11, 12, 13,...., 99; car la caractéristique est la même que celle des logarithmes des nombres 200, 300, 400,...., 900, et 110, 120, 130,...., 990. L'ensemble de ces deux colonnes donne aussi, de dix en dix, l'ensemble des *log.* des nombres compris de 1000 à 10 000. Pour trouver les *log.* des nombres intermédiaires, il faut avoir recours aux colonnes marquées 1, 2, 3,...., 9. Elles contiennent les trois dernières décimales des *log.* des nombres terminés par les chiffres qui sont en tête de ces colonnes. On a les deux premières de ces *log.* en prenant encore les nombres isolés de deux chiffres qui se trouvent à gauche, dans la colonne marquée 0, les plus proches en montant, à moins que l'une des trois dernières décimales, — c'est ordinairement la première des trois, — ne soit marquée d'une petite étoile : on doit prendre alors pour deux premiers chiffres ceux de la ligne immédiatement suivante.

La dernière colonne contient les différences des *log.* des nombres successifs. Comme les différences entre les nombres sont sensiblement proportionnelles aux différences des *log.*, on y joint les parties proportionnelles de ces différences, pour 1, 2, 3,...., 9 dixièmes quand ces différences sont supérieures à 10. On n'a pas calculé d'avance les parties proportionnelles des différences plus petites que 10, parce qu'on peut les prendre très-aisément *à vue* (*).

N	0	1	2	3	4	5	6	7	8	9	DIFF.
310	49 136	150	164	178	192	206	220	234	248	262	
1	276	290	304	318	332	346	360	374	388	402	14
2	415	429	443	457	471	485	499	513	527	541	1 | 1,4
3	554	568	582	596	610	624	638	651	665	679	2 | 2,8
4	693	707	721	734	748	762	776	790	803	817	3 | 4,2
5	831	845	859	872	886	900	914	927	941	955	4 | 5,6
6	969	982	996	*010	*024	*037	*051	*065	*079	*092	5 | 7,0
7	50 106	120	133	147	161	174	188	202	215	229	6 | 8,4
8	243	256	270	284	297	311	325	338	352	365	7 | 9,8
9	379	393	406	420	433	447	461	474	488	501	8 | 11,2
320	515	529	542	556	569	583	596	610	623	637	9 | 12,6
N	0	1	2	3	4	5	6	7	8	9	

359. Problème I. *Trouver le logarithme d'un nombre donné.*

1° *Le nombre est entier et plus petit que* 10 000.

Son *log.* est dans la table, il suffit de l'y chercher.

Exemples :

$$Log.\ \ 310 = 2,49136.$$
$$Log.\ 3100 = 3,49136.$$
$$Log.\ \ 311 = 2,49276.$$
$$Log.\ 3101 = 3,49150.$$
$$Log.\ 3109 = 3,49262.$$
$$Log.\ 3160 = 3,49969.$$
$$Log.\ 3163 = 3,50010.$$

2° *Le nombre est quelconque.*

Exemples :

$$Log.\ \ 3,12 = 0,49415.$$
$$Log.\ 3,156 = 0,49914.$$
$$Log.\ 0,031 = \bar{2},49136.$$
$$Log. 31513 = log.\ 3151,3 + log.\ 10.$$
$$Log.\ 3151 = 3,49845.$$
$$Log.\ 3152 = 3,49859.$$

La différence entre ces deux derniers *log.* est 14, comme l'indique d'ailleurs la colonne intitulée *diff.* Il faudra donc ajouter au *log.* de 3 151 le produit de 0,00003 par 0,00014 (**354**).

Or $$0,00003 \times 14 = 0,000042.$$

C'est cette différence (4,2) qui est calculée dans la *table des parties proportionnelles*, qui se trouve à droite du chiffre 3.

(*) Table de M. J. Dupuis.

Type du calcul.

Nombre : 31513.

$$\begin{array}{lrl} & Log.\ 3151 = & 3,49845 \\ \text{pour} & 0,3 = & 4 \\ \hline & & 3,49849. \end{array}$$

Donc *log.* 31513 = 4,49849.

3° *Trouver le logarithme de la fraction* $\frac{31}{3178}$.

$$Log.\ \frac{31}{3178} = (log.\ 31000 - log.\ 3178) - 3.$$

$$\begin{array}{l} Log.\ 31000 = 4,49136 \\ Log.\ \ 3178 = 3,50215 \\ \hline \qquad\qquad\quad 0,98921 \end{array}$$

donc $Log.\ \frac{31}{3178} = \overline{3},98921.$

360. Problème II. *Trouver le nombre qui correspond à un logarithme donné.*

1° *Le logarithme se trouve dans les tables.*

Soit, par exemple, à trouver le nombre qui correspond au *log.* 2,50420. On cherche 50 parmi les nombres isolés de la colonne marquée 0, puis on descend cette colonne jusqu'à 379, qui approche le plus, en moins, de 420, et on suit de gauche à droite la ligne qui commence par 379 jusqu'à la colonne qui contient 420. Le chiffre 3, qui est en haut et en bas de cette colonne, est le 4° chiffre du nombre cherché.

On trouve les 3 premiers, 319, dans la colonne marquée N, sur la même ligne que 420. La caractéristique du *log.* donné étant 2, le nombre cherché est, par conséquent, 319,3.

2° *Le logarithme ne se trouve pas dans la table.*

Soit le *log.* $\overline{2}$,49825. On cherche, comme dans le 1er cas, le *log.* qui en approche le plus, en moins : on trouve, abstraction faite de la caractéristique, 0,49817, qui correspond au nombre 3149. On retranche le *log.* 0,49817 du *log.* donné et du *log.* suivant de la table, et on obtient les différences 8 et 14.

Pour calculer la partie décimale qui correspond à 8, si l'on procède comme au n° **356**, 2°, c'est-à-dire si l'on divise 8 par 14, on trouve 0,57. La *table des parties proportionnelles* dispense de faire la division de 8 par 14. On cherche 8, ou le nombre qui en approche le plus, en moins, dans la table des parties proportionnelles, on y trouve 7, qui correspond à 0,5 qu'on doit déjà ajouter au nombre, et il reste 1. On multiplie 1 par 10. Pour 10 (9,8), il faudrait, à très-peu près, ajouter 0,7 au nombre ; donc, pour 1, il faut y ajouter 10 fois moins, ou 0,07. Le nombre cherché est donc composé des chiffres significatifs 314957. En tenant compte de la caractéristique, ce nombre est 0,0314957. On peut disposer ainsi le calcul :

	Log.	$\overline{2}$,49825.		
Pour		0,49817,	nombre	1349.
Différence		8 :	Pour 7	0,5.
			Pour 1	0,07.
Nombre cherché				0,0314957.

361. Remarque I. Les tables à 5 décimales ne permettent guère de compter que sur l'exactitude des 5 premiers chiffres d'un nombre ; car la plus petite différence tabulaire étant 0,00004, si l'on néglige cette quantité, le nombre qui correspondra au logarithme diminué de 0,00004 sera trop faible d'une unité ; mais si, au lieu de 0,00004, on néglige le $\frac{1}{4}$ ou 0,00001, le nombre sera trop petit du $\frac{1}{4}$ de 1, ou de 0,25 ;

enfin, dans le cas où l'on négligera seulement moitié de 0,00001, ou 0,000005, le nombre correspondant sera trop faible de moitié de 0,25 ou de 0,125. Ainsi, 0,000005 de différence entre deux *log.* peut en occasionner une de 0,125 entre les nombres correspondants.

Or, dans les tables à 5 décimales, il arrive assez souvent qu'on augmente ou qu'on diminue un *log.* d'une quantité presque égale à 0,000005 (*); alors, selon le cas, il arrive que le chiffre des dixièmes est trop grand ou trop petit, et, par conséquent, n'est pas exact : à plus forte raison le chiffre des centièmes; cependant, lorsque la différence tabulaire est considérable, on peut assez souvent compter sur ces deux chiffres.

On verrait de même que, pour les tables à 7 figures, on ne peut non plus compter que sur l'exactitude des 7 premiers chiffres.

362. Remarque II. Bien qu'en faisant des calculs par les logarithmes on ne puisse compter que sur les plus hautes unités d'un nombre, leur utilité n'en est pas moins incontestable, parce que, dans les usages ordinaires de la vie, on emploie rarement des nombres considérables, et que, dans le cas où ils sont tels, comme en astronomie, on n'a besoin que de connaître leurs plus hautes unités.

OPÉRATIONS SUR LES LOGARITHMES.

363. Addition. On ajoute à l'ordinaire les parties décimales qui sont toutes positives; puis, en tenant compte des retenues, on fait la *somme algébrique* des parties entières ou caractéristiques.

Exemple. Soit à faire l'addition suivante :

$$\begin{array}{r} \bar{2},54674 \\ 1,78213 \\ \underline{\bar{4},64131} \\ \bar{4},97018 \end{array}$$

La somme des parties décimales est 1,97018. On n'écrit que la partie décimale de cette somme, et on ajoute 1 à la *somme algébrique* des caractéristiques, ce qui donne pour la caractéristique de la somme totale

$$1-2+1-4=-4.$$

La somme des logarithmes est donc

$$\bar{4},97018.$$

364. Soustraction. On prend à l'ordinaire la différence des parties décimales, puis la *différence algébrique* des caractéristiques.

Exemples. Soit à effectuer les soustractions suivantes :

I.	II.	III.	IV.
$3,67492$	$\bar{2},64231$	$2,65742$	$\bar{3},57424$
$4,86294$	$3,95123$	$\bar{3},75634$	$\bar{5},73256$
$\bar{2},81198$	$\bar{6},69108$	$\bar{4},90108$	$1,84168$

(*) Le *log.* de 9071 est 3,9576517 dans les grandes tables, et 3,95766 dans les petites; il est donc augmenté, dans celles-ci, de 0,00000483. Il arrive, par suite de cette augmentation, que 3,95766 est à très-peu de chose près le *log.* de 9071,1 et non de 9071, comme il est indiqué dans les tables.

Exemple I. Après avoir fait la soustraction des parties décimales, il reste à retrancher de la caractéristique 3 d'abord 1, puis 4; la caractéristique de la différence est donc : $3-1-4$ ou -2.

Exemple II. Après avoir fait la soustraction des parties décimales, il reste, à retrancher de la caractéristique -2, d'abord 1, puis 3; la caractéristique de la différence est donc : $-2-1-3$ ou -6.

Exemple III. Après avoir fait la soustraction des parties décimales, il reste, à retrancher de la caractéristique 2, d'abord 1, puis $-\bar{3}$; la caractéristique de la différence est donc (n° 47) : $2-1+3$ ou 4.

Exemple IV. Après avoir fait la soustraction des parties décimales, il reste, à retrancher de la caractéristique -3, d'abord 1, puis -5; la caractéristique de la différence est donc : $-3-1+5$ ou 1.

Chacune de ces opérations se vérifie en ajoutant la différence au second logarithme : on doit retrouver le premier.

365. Multiplication. On fait le produit à l'ordinaire de la partie décimale du logarithme par le multiplicateur; puis, en tenant compte de la retenue, on fait le *produit algébrique* de la caractéristique par le même multiplicateur.

Exemple. Soit à effectuer la multiplication suivante :

$$\begin{array}{r} \bar{2},84257 \\ 4 \\ \hline \bar{5},37028 \end{array}$$

Le produit de 0,84257 par 4 est 3,37028; on écrit la partie décimale de ce produit, et on ajoute 3 au produit de -2 par 4 ou à -8, ce qui donne -5 : le produit définitif est alors $\bar{5},37028$.

366. Division. Il suffit, lorsque la caractéristique est négative, de la ramener à être un multiple du diviseur.

Exemple I. Diviser $\bar{4},64516$ par 4.

On a évidemment

$$\frac{\bar{4},64516}{4}=\frac{-4+0,64516}{4}=\bar{1},16129.$$

Exemple II. Diviser $\bar{3},54824$ par 4.

On a

$$\frac{\bar{3},54824}{4}=\frac{-4+1,54824}{4}=-1+0,38706=\bar{1},38706.$$

Exemple III. Diviser $\bar{7},67345$ par 5.

On a

$$\frac{\bar{7},67345}{5}=\frac{-10+3,67345}{5}=-2+0,73469=\bar{2},73469.$$

Chacune de ces opérations peut se vérifier en multipliant le quotient par le diviseur; on doit retrouver le dividende.

CALCULS A L'AIDE DES LOGARITHMES.

367. Multiplication. 1° *Trouver le produit de* 31194 *par* 3,1416 (tables à 5 décimales).

En appelant x le produit, on a

$$x = 31\,194 \times 3,1416 :$$

d'où

$$\log. x = \log. 31\,194 + \log. 3,1416 :$$

$$\begin{aligned} \log. 31\,194 &= 4,49408 \\ \log. 3,1416 &= 0,49715 \\ \hline \log. x &= 4,99123 \end{aligned}$$

En cherchant à quel nombre appartient ce *log.*, on trouve 98 000 : d'où $x = 98\,000$.

2° *Calculer le produit de* 54,35 *par* 0,027.

On multiplie le second facteur par 100, afin de le rendre plus grand que l'unité, et l'on a

$$x = 54,25 \times 0,027 = \frac{54,35 \times 2,7}{100} :$$

$$\begin{aligned} \log. 54,35 &= 1,73520 \\ \log. 2,7 &= 0,43136 \\ \hline \log. x &= 0,16656 \\ x &= 1,4674. \end{aligned}$$

En faisant la somme des *log.*, on trouve 2 pour caractéristique; mais comme il faut retrancher 2, il reste 0 pour la partie entière du logarithme.

3° *Calculer le produit de* 0,03262 *par* 0,0056.

On multiplie le 1er facteur par 100, et le second par 1000, afin de les rendre l'un et l'autre plus grands que l'unité, et l'on a

$$x = 0,03262 \times 0,0056 = \frac{3,262 \times 5,6}{100 \times 1000} :$$

$$\begin{aligned} \log. 3,262 &= 0,51348 \\ \log. 5,6 &= 0,74819 \\ \hline \log. x &= \bar{4},26167 \\ x &= 0,00018267. \end{aligned}$$

En faisant la somme des *log.*, on trouve 1 pour caractéristique ; mais comme il faut retrancher 5, on a la caractéristique $\bar{4}$. Le 1er chiffre significatif du nombre cherché doit donc occuper le 4° rang après la virgule (**351**).

368. Division. 1° *Trouver le quotient de* 8,704 *par* 0,034.

En appelant x le quotient, on a

$$x=\frac{8,704}{0,034}=\frac{8\,704}{34}$$

$$log.\,x=log.\,8\,704-log.\,34:$$

$$log.\,8\,704=3,93972$$
$$log.\,34=1,53143$$
$$log.\,x=2,40829$$

Ce *log.* appartient au nombre 256.

2° *Diviser* 45,657 *par* 0,8425.

On a

$$x=\frac{45,657}{0,8425}=\frac{45657}{842,5}$$

$$log.\,x=log.\,45\,657-log.\,842,5:$$

$$log.\,45\,657=4,65951$$
$$log.\,842,5=2,92534$$
$$log.\,x=1,73417$$
$$x=542,21$$

3° *Diviser* 0,00054828 *par* 0,06497.

Il suffit de ramener par des transformations le dividende à être plus grand que le diviseur.

$$x=\frac{0,00054828}{0,06497}=\frac{54,828}{6\,497}=\frac{54\,828}{6\,497\times 1000}:$$

$$log.\,54\,828=4,73900$$
$$log.\,6\,497=3,81271$$
$$log.\,x=\bar{3},92629$$
$$x=0,008438.$$

369. Puissances. 1° *Élever à la* 24e *puissance le nombre* 2 (tables à 7 décimales).

$$x=2^{24}$$
$$log.\,x=24\ log.\,2$$
$$log.\,2=0,3010300$$
$$log.\,x=0,3010300\times 24=7,2247200$$
$$x=16,732730.$$

2° *Élever à la* 4e *puissance le nombre* 0,34.

On multiplie le nombre donné par 10, afin de le rendre plus grand que 1, et l'on a

$$x=0,34^4=\left(\frac{3,4}{10}\right)^4=\frac{\overline{3,4}^4}{10\,000}:$$

$$log.\,3,4=0,5314789$$
$$4\ log.\,3,4=2,1259156$$
$$log.\,x=\bar{2},1259156$$
$$x=0,01336337.$$

En multipliant par 4 le *log.* de 3,4, on trouve 2 à la caractéristique ; mais comme on doit retrancher 4, on a la caractéristique $\bar{2}$.

3° *Élever à la 7e puissance la fraction* $\frac{3}{11}$.

On a

$$x=\left(\frac{3}{11}\right)^7=\left(\frac{30}{11\times 10}\right)^7=\left(\frac{30}{11}\right)^7\times\frac{1}{10^7}:$$

$$\begin{aligned} log.\,30 &= 1,4771213 \\ log.\,11 &= 1,0413927 \\ & \quad 0,4357286 \end{aligned}$$

$$\begin{aligned} 7\times(log\,30 - log.\,11) &= 3,0501002 \\ log.\,x &= \bar{4},0501002 \\ x &= 0,0001122277. \end{aligned}$$

370. Racines. 1° *Extraire la racine cubique de* 2.

$$x=\sqrt[3]{2}:$$

d'où

$$log.\,x=\frac{log.\,2}{3}=\frac{0,30103}{3}=0,1003433$$

$$x=1,259921.$$

2° *Extraire la racine carrée de* 0,04548.

On rendra cette fraction plus grande que 1. La puissance de 10 employée devra être un carré parfait.

On aura donc

$$x=\sqrt{\frac{4,548}{10^2}}=\frac{\sqrt{4,548}}{10}:$$

d'où

$$log.x=\frac{log.4,548}{2}-log.\,10$$

$$log.\,x=\frac{0,6578205}{2}-1$$

$$\begin{aligned} log.\,x &= \bar{1},3289102 \\ x &= 0,21326. \end{aligned}$$

En divisant par 2 le *log.* de 4,548, on trouve 0 pour caractéristique ; mais comme on doit retrancher 1, on a la caractéristique négative $\bar{1}$.

3° *Extraire la racine* 5e *de* 0,0094567.

En suivant la même marche que dans l'exemple précédent, on a

$$x = \sqrt[5]{0{,}00945 67} = \sqrt[5]{\frac{945{,}67}{10^5}},$$

$$x = \frac{\sqrt[5]{945{,}67}}{10},$$

$$log. x = \frac{log. 945{,}67}{5} - log. 10,$$

$$log. x = \frac{2{,}9757396}{5} - 1,$$

$$log. x = \overline{1}{,}5951479,$$
$$x = 0{,}393684.$$

4° *Extraire la racine cubique de la fraction* $\frac{7}{15}$.

On a, comme dans les exemples précédents :

$$x = \sqrt[3]{\frac{7}{15}} = \sqrt[3]{\frac{7000}{15 \times 10^3}} = \frac{1}{10} \times \sqrt[3]{\frac{7000}{15}},$$

$$x = \frac{1}{3}(log. 7000 - log. 15) - log. 10,$$

$$log. 7000 = 3{,}8450980$$
$$log. 15 = 1{,}1760913$$
$$2{,}6690067$$

$$\frac{1}{3}(log. 7000 - log. 15) = 0{,}8896689,$$

$$log. x = \overline{1}{,}8896689,$$
$$x = 0{,}7756555.$$

USAGES DES COMPLÉMENTS ARITHMÉTIQUES.

371. On appelle *complément arithmétique* d'un logarithme le reste obtenu en retranchant ce *log.* de 10.

Ainsi, C' *log.* 345 se lit complément logarithme 345.

$$C' log. 345 = 10 - log. 345 = 10 - 2{,}5378191\,;$$

mais

$$10 = 9{,}999999\,(^{10})$$
$$2{,}5378191$$

$$C' log. 345 = 7{,}4621809.$$

De cet exemple on peut déduire cette règle :

372. Règle. *Pour avoir le complément arithmétique d'un logarithme, on retranche tous ses chiffres de 9, à l'exception du dernier chiffre significatif à droite qu'on retranche de 10.*

373. L'usage des compléments arithmétiques permet de remplacer des opérations par d'autres en moins grand nombre.

Soit, par exemple, à calculer

$$x = \frac{45,67 \times 3,45 \times 9}{1,45 \times 79}.$$

On a, par la méthode ordinaire,

$$\log.\, x = \log.\, 45,67 + \log.\, 3,45 + \log.\, 9 - \log.\, 1,45 - \log.\, 79 :$$

$$\begin{aligned} \log.\, 45,67 &= 1,6596310 \\ \log.\, 3,45 &= 0,5378191 \\ \log.\, 9 &= 0,9542425 \\ & \overline{3,1516926} \end{aligned}$$

$$\left.\begin{aligned} \log.\, 1,45 &= 0,1613680 \\ \log.\, 79 &= 1,8976271 \end{aligned}\right\} = 2,0589951$$

$$\overline{1,0926975}$$

$$\log.\, x = 1,0926975 \qquad x = 12,37954.$$

Par l'emploi des compléments arithmétiques, on a

$$\begin{aligned} \log.\, 45,67 &= 1,6596310 \\ \log.\, 3,45 &= 0,5378191 \\ \log.\, 9 &= 0,9542425 \\ C^t \log.\, 1,45 &= 9,8386320 \\ C^t \log.\, 79 &= 8,1023729 \\ \log.\, x &= 21,0926975 - 20 \\ \log.\, x &= 1,0926975. \end{aligned}$$

résultat trouvé plus haut.

On peut voir, par ce seul calcul, l'avantage de l'emploi des compléments arithmétiques; car on a remplacé deux additions et une soustraction par une seule addition. Il est tellement facile de trouver le complément arithmétique d'un logarithme, qu'on ne considère pas cette recherche comme une opération.

Exercices sur les logarithmes.

997. 5 829; 5 089; 7 850. **998.** 51 642 345; 82 651 962

999. 41,5; 62,35; 544,32. **1000.** 8 936,45; 75 892,64.

1001. 5,06418; 2,134567. **1002.** 0,6829; 0,12345.

1003. 0,00534; 0,0008364. **1004.** 0,0004; 0,010054.

Évaluer au moyen des logarithmes les expressions suivantes :

1005. $364,21 \times 6,35$; $4\,564,8 \times 5,642$. **1006.** $0,6456 \times 0,5456732 \times 0,004523$.

1007. $\frac{654}{1\,228}$; $\frac{6\,541 \times 2}{8\,936 \times 0,45}$. **1008.** $\frac{31,074 \times 21,372 \times 7,259}{0,515 \times 0,719 \times 0,021}$.

1009. $68^5 \times 2^3$; $6\,745^3$. **1010.** $\overline{1,05}^{10}$; $\overline{0,6401}^{7}$.

1011. $\left(\frac{1}{3}\right)^5$; $\left(\frac{2}{9}\right)^7$.

1012. $\sqrt[3]{\frac{23}{75\,586}}$; $\sqrt[4]{\frac{128}{9\,657}}$.

1013. $\sqrt{654\,875}$; $\sqrt{48,9656}$.

1014. $\sqrt[7]{5}$; $\sqrt[15]{6\,732 \times 0,42}$.

1015. $\frac{\sqrt{673 \times 0,45}}{\overline{0,00852}^3}$; $\frac{\sqrt[3]{0,05467 \times 12}}{\overline{0,06458}^6}$.

1016. $\frac{\sqrt[3]{8\,496}}{\sqrt[5]{6\,708}}$; $\frac{\sqrt[8]{0,5678}}{\sqrt{0,0561}}$.

1017. $\frac{5\sqrt{6,748}}{8\sqrt[3]{56,7923}}$; $\frac{5,3632 \times \sqrt{8,9234}}{0,738}$.

1018. $\frac{4\sqrt[3]{573,892} - 3\sqrt[5]{678,92}}{45\sqrt{63\,456} - 3\sqrt[3]{6,789}}$.

Trouver les nombres correspondants aux logarithmes suivants :

1019. 1,4583912 ; 2,6728341.

1020. 4,6480671 ; 5,6510841.

1021. 6,3210645 ; 7,8310942.

1022. $\bar{1}$,6610551 ; $\bar{2}$,0051234.

1023. $\bar{3}$,3286942 ; $\bar{4}$,9543521.

1024. 0,0095674 ; 0,0008756.

1025. Faire la somme suivante : 1,9548925 + $\bar{1}$,6505728 + $\bar{4}$,9223267.

1026. De *log.* 1,5345672 retrancher *log.* $\bar{2}$,3574132.

1027. De *log.* $\bar{3}$,6257829 retrancher *log.* $\bar{5}$,4523284.

1028. Trouver le produit de $\bar{2}$,5420031 par 3.

1029. Trouver le quotient de *log.* $\bar{2}$,3142171 par 3.

1030. Trouver le quotient de *log.* $\bar{1}$,8361130 par *log.* $\bar{1}$,9945371.

1031. Trouver les C^ts arithmétiques des *log.* 0,02967300 et $\bar{2}$,0456785.

1032. On sait que *log.* 2 = 0,3010300 ; *log.* 3 = 0,4771213 : trouver, sans faire usage des tables, *log.* 8 ; *log.* 12 ; *log.* 150.

Résoudre les équations suivantes :

1033. $\log. x + \log. y = 2.$
$x - y = 15.$

1034. $\log. x + \log. y = 1,3802113.$
$5x - 3y = 18.$

1035. $2 \log. x - \log. y = 0,7269987.$
$\log. x + 2 \log. y = 1,5563026.$

1036. $\log. x + \log. y = 3,$
$5x^2 - 3y^2 = 13\,200.$

1037. $\log. \sqrt{x} - \log. \sqrt{9} = 0,1249387.$

1038. $3 \log. x - 2 \log. y = 1,7058750.$

1039. $a^x = b$ (*).

1040. $a^{b^x} = c.$

1041. $a^x + ba^{-x} + c = 0.$

1042. $a^{x+y} = b$
$xy = c.$

1043. $24^{2x} = 5240.$

1044. $462^{7x-2} = 5\,629,5.$

1045. Une ville trop sujette aux inondations a été successivement abandonnée par ses habitants ; tous les ans sa population diminue d'environ $\frac{1}{80}$. Aujourd'hui cette ville n'a plus que 41 140 habitants. Quelle devait être sa population il y a 30 ans ?

1046. La population d'un État était de 30 millions d'habitants il y a 30 ans ; chaque année, cette population s'est accrue d'une même fraction,

(*) Une équation telle que $a^x = b$, où l'inconnue est en exposant, est dite *équation exponentielle*.

et aujourd'hui elle se trouve être de 33 149 520 habitants : de quelle fraction la population de cet État s'est-elle accrue annuellement?

1047. Un domestique infidèle avoue avoir tiré, à 60 fois différentes environ, un litre de vin dans un tonneau de 230 litres, et avoir, à chaque fois, remplacé le litre de liquide qu'il tirait par un litre d'eau. On demande dans quel rapport le vin et l'eau se trouvent mélangés dans le tonneau.

1048. La population d'un pays s'accroît chaque année de $\frac{1}{240}$ de sa valeur. Après combien d'années sera-t-elle triplée ?

1049. Une population de 60 000 habitants s'est accrue de 4 000 habitants dans l'espace de 5 ans. Dans combien d'années sera-t-elle doublée si elle continue à s'accroître dans la même proportion?

CHAPITRE IV.

QUESTIONS USUELLES.

INTÉRÊTS COMPOSÉS.

374. En prêtant une somme, on reçoit chaque année les intérêts de cette somme ou on ajoute les intérêts au capital placé, de sorte qu'il s'accroît chaque année.

On dit alors qu'on capitalise les intérêts, ou que l'on prête à intérêts composés.

On sait que le *taux* de l'intérêt est la somme que rapportent 100 fr. dans un an ; mais, dans le calcul des intérêts composés, on prend pour plus de facilité l'intérêt de *un* franc pour taux.

En désignant par r ce taux, on aura $r = 0,05$, $r = 0,045$, selon qu'on prête à 5 ou 4,50 %.

Augmenté de son intérêt, *un* franc vaudra $1 + r$ au bout d'une année, et une somme 150 fois plus grande, par exemple, vaudra $150\,(1 + r)$; et, en général, une somme a vaudra à la fin de la 1re année, capital et intérêts, $a\,(1 + r)$; mais le capital $a\,(1 + r)$ rapportera intérêt pendant la 2e année, et par conséquent deviendra, capital et intérêts,

$$a\,(1 + r)\,(1 + r) = a\,(1 + r)^2.$$

Au commencement de la 3e année, on aura le capital $a\,(1 + r)^2$, et à la fin on aura, capital et intérêts,

$$a\,(1 + r)^2\,(1 + r) = a\,(1 + r)^3.$$

En continuant ainsi, après n années, un capital a deviendra

$$a\,(1 + r)^n.$$

Donc, *pour obtenir la valeur d'un capital placé à intérêts composés, il faut multiplier ce capital par la valeur de* un *franc, au bout d'un an, élevée à une puissance marquée par le nombre des années.*

Si l'on désigne par A la valeur qu'atteindra, après n années, le capital a placé à intérêts composés, on aura donc

$$A = a(1+r)^n. \qquad (1)$$

Connaissant trois des quatre quantités A, a, r, n, on pourra toujours déterminer la 4ᵉ.

375. Remarque. Dans le cas ou n n'est pas un nombre exact d'années, on remplace dans la formule (1) n par $\frac{n}{12}$, ou $\frac{n}{360}$. Quelquefois on emploie encore, mais plus rarement, une autre méthode que nous ferons connaître plus loin.

APPLICATIONS NUMÉRIQUES.

376. Problème I. *Trouver après 16 ans la valeur du capital 2 500 fr. placé à 5 % par an, et à intérêts composés.*

Calcul de A *pour* n *entier*. De la formule

$$A = a(1+r)^n$$

on déduit

$$\log . A = \log . a + n \log . (1+r).$$

Données :

$$a = 2500, \quad n = 16, \quad r = 0,05;$$

donc

$$\log . A = \log . 2500 + 16 \log . 1,05 :$$

$$\log . 2500 = 3,3979400$$

$$\log . 1,05 = 0,0211893$$

$$16 \log . 1,05 = 0,3390288$$

$$\log . A = \overline{3,7369688}$$

$$A = 5457^f,20, \text{ à } 0^f,02 \text{ près par défaut.}$$

377. Problème II. *Calculer la valeur acquise au bout de 18 ans 4 mois par un capital de 2 500 fr. placé à 4f,50 % par an, et à intérêts composés.*

Calcul de A *pour* n *fractionnaire*. La formule est celle de l'exercice précédent.

Données :

$$a = 2500, \quad n = 18 + \frac{4}{12} = 18 + \frac{1}{3} = \frac{55}{3}, \quad r = 0,045.$$

$$\log . 2500 = 3,3979400$$

$$\log . 1,045 = 0,0191163.$$

$$\frac{55}{3} \log . 1,045 = 0,3504655$$

$$\log . A = \overline{3,7484055}$$

$$A = 5602^f,80 \text{ environ.}$$

378. Problème III. *Quelle somme faudrait-il payer actuellement pour se libérer d'une dette de 5 662f,80 exigible dans 18 ans 4 mois? On tiendra compte des intérêts composés à raison de 4f,50 °/o par an.*

Calcul de a. De la relation

$$A = a(1+r)^n,$$

on tire

$$a = \frac{A}{(1+r)^n}:$$

d'où

$$log.\, a = log.\, A - n\, log.\, (1+r).$$

Données :

$$A = 5\,602^f,80, \quad n = 18 + \frac{4}{12} = \frac{55}{3}, \quad r = 0,045;$$

donc

$$log.\, a = log.\, 5\,602{,}80 - \frac{55}{3}\, log.\, 1,045:$$

$$log.\, 5602,80 = 3,7484051$$

$$\frac{55}{3}\, log.\, 1,045 = 0,3504655$$

$$log.\, a = 3,3979396$$

$$a = 2\,500^f.$$

On serait donc libéré en payant actuellement 2 500f.

379. Remarque. La formule

$$a = \frac{A}{(1+r)^n}$$

montre que, pour trouver la *valeur actuelle a* d'un capital A payable dans n années, il suffit de diviser ce capital par $(1+r)^n$. Par suite, la valeur actuelle de 1f est $\frac{1}{(1+r)^n}$.

380. Problème IV. *A quel taux faut-il placer, à intérêts composés, le capital 4 575f,75 pour qu'il devienne 6 800f après 9 ans.*

La relation

$$A = a(1+r)^n$$

donne

$$(1+r)^n = \frac{A}{a}:$$

d'où

$$n\, log.\, (1+r) = log.\, A - log.\, a,$$

et, par suite,

$$log.\, (1+r) = \frac{log.\, A - log.\, a}{n}.$$

Connaissant $1+r$, il sera facile de trouver r.

Données :

$$A=6800, \quad a=4575,75, \quad n=9;$$

donc

$$log.(1+r)=\frac{log.6800-log.4575,75}{9}.$$

$$log.6800=3,8325089$$
$$log.4575,75=3,6604622$$
$$0,1720467$$

$$log.(1+r)=\frac{0,1720467}{9}$$

$$log.(1+r)=0,0191163$$
$$1+r=1,045$$
$$r=0,045.$$

Le taux demandé est donc $4^f,50$

381. Problème V. *Au bout de combien de temps le capital 1 550, placé à 5 °/₀ par an, à intérêts composés, est-il devenu* 2 290^f,05 ?

La formule

$$A=a(1+r)^n$$

donne

$$n\,log.(1+r)=log.A-log.a:$$

d'où

$$n=\frac{log.A-log.a}{log.(1+r)}.$$

Données :

$$A=2290,05, \quad a=1550, \quad r=0,05.$$

Donc

$$n=\frac{log.2290,05-log.1550}{log.1,05}=\frac{3,3598461-3,1903317}{0,0211893}=8.$$

382. Problème VI. *Au bout de combien de temps un capital placé à* $4^f,50$ °/₀ *par an, et à intérêts composés, sera-t-il triple?*

Il est évident qu'il s'agit de déterminer n pour le cas où l'on a

$$A=3a.$$

Si dans la formule (1), on substitue à A sa valeur $3a$, il vient

$$3a=a(1+r)^n,$$

ou

$$3=(1+r)^n.$$

On déduit de cette égalité

$$n\,log.(1+r)=log.3:$$

d'où

$$n=\frac{log.3}{(log.1+r)}.$$

Donnée

$$r = 0,045;$$

donc

$$n = \frac{log.\,3}{log.\,1,045} = \frac{0,4771213}{0,0191163} = 24,965.$$

ou encore

$$n = 24 \text{ ans } 352 \text{ jours}.$$

383. Problème VII. *Calculer la valeur acquise au bout de 18 ans 4 mois par un capital de 2 500^f placé à 4^f,50 % par an, les intérêts étant capitalisés tous les 6 mois.*

On fera encore usage de la formule

$$A = a(1 + r)^n,$$

ou

$$log.\,A = log.\,a + n\,log.\,(1 + r);$$

mais ici r représente l'intérêt de 1^f pour 6 mois; on a, par conséquent,

$$r = \frac{0,045}{2} = 0,0225;$$

d'ailleurs n représente le nombre de périodes de 6 mois contenues dans 18 ans 4 mois; de sorte que

$$n = 18 \times 2 + \frac{4}{6} = 36 + \frac{2}{3} = \frac{110}{3} \text{ de périodes.}$$

On a donc

$$log.\,A = log.\,2\,500 + \frac{110}{3}\,log.\,1,0225$$

$$log.\,2\,500 = 3,3979400$$

$$\frac{110}{3}\,log.\,1,0225 = 0,3543210$$

$$\overline{log.\,A} = \overline{3,7522610}$$

$$A = 5\,652^f,76.$$

Lorsque les intérêts ne sont capitalisés que tous les ans, le même capital, placé au même taux, et pendant le même temps, a acquis (**377**) une valeur de 5 602^f,80. Ainsi, en capitalisant chaque 6 mois, on obtient une différence d'environ 50^f.

384. Problème VIII. *Au bout de combien de temps le capital 2 500^f placé à 4^f,50 % par an est-il devenu 5 652^f,75, les intérêts étant capitalisés tous les 6 mois?*

On devra encore prendre la formule

$$A = a(1 + r)^n$$

ou

$$n = \frac{log.\,A - log.\,a}{log.\,(1 + r)};$$

mais r représentant l'intérêt de 1^f pour 6 mois, on a $r = 0{,}0225$.

D'après les données, il vient par conséquent

$$n = \frac{log.\ 3652{,}75 - log.\ 2500}{log.\ 1{,}0225},$$

ou

$$n = \frac{3{,}5622598 - 3{,}3979400}{0{,}0096633} = \frac{0{,}3543198}{0{,}0096633},$$

ou encore

$$n = 36{,}66 \text{ périodes de 6 mois},$$

ou enfin

$$n = 18^a 4^m.$$

385. Problème IX. *Au bout de combien de temps un capital, placé à 5 °/₀ par an, sera-t-il doublé? On supposera les intérêts capitalisés tous les 6 mois.*

Il s'agit de déterminer le nombre n de périodes de 6 mois pour le cas où l'on a $A = 2a$; d'ailleurs r représente l'intérêt de 1^f pour 6 mois, par suite $r = \frac{0{,}05}{2}$ ou $0{,}025$.

On peut donc poser

$$2a = a(1 + r)^n;$$

d'où

$$n = \frac{log.\ 2}{log.\ 1{,}025} = \frac{0{,}3010300}{0{,}0107239} = 28{,}071.$$

Le temps demandé est égal à 28 périodes de 6 mois, plus les 0,076 d'une période de 6 mois. Or les 28 périodes de 6 mois font 14 ans; la fraction de période vaut en mois $6 \times 0{,}071$, et en jours $6 \times 0{,}071 \times 30$ ou 12 jours environ.

Le temps demandé est donc

$$64^a\ 12^j.$$

AUTRE FORMULE POUR LE CALCUL DES INTÉRÊTS COMPOSÉS LORSQUE n EST FRACTIONNAIRE.

386. Lorsque le capital reste placé pendant un nombre exact d'années plus une fraction d'année, au lieu d'envisager la question comme au n° **374**, on suppose que le capital est placé à intérêts composés pendant le nombre entier d'années, et que la valeur acquise jusque-là rapporte des intérêts simples pendant la fraction d'année.

Ainsi, soit a un capital placé pendant n années, plus une fraction d'année. Après n années, le capital a devient

$$a(1 + r)^n.$$

D'ailleurs, augmenté de son intérêt, 1^f vaudra $1+fr$ au bout du temps f (*); la somme $a(1+r)^n$ vaudra par conséquent

$$a\,(1+r)^n\,(1+fr).$$

Si l'on désigne par A la valeur qu'atteindra le capital a placé à intérêts composés, pendant n années plus une fraction d'année, on aura donc

$$A = a\,(1+r)^n\,(1+fr). \qquad [2]$$

387. Problème I. *Trouver ce que devient le capital* 1550^f *placés à intérêts composés à* $5^0/_0$ *pendant* 8 *ans* 7 *mois.*

1° Si l'on calcule A d'après la formule

$$A = a\,(1+r)^n\,(1+fr),$$

il vient

$$log.\,A = log.\,a + n\,log.(1+r) + log.\,(1+fr).$$

Données :

$$a = 1\,500,\ n = 8,\ r = 0{,}05,\ f = \frac{7}{12}.$$

Donc

$$log.\,A = log.\,1\,550 + 8\ log.\,1{,}05 + log.\,1{,}029162 :$$

$$\begin{aligned} log.\,1\,550 &= 3{,}1903317 \\ 8\ log.\,1{,}05 &= 0{,}1695144 \\ log.\,1{,}29162 &= 0{,}0124837 \\ \hline log.\,A &= 3{,}3723298 \\ A &= 2356^f{,}84. \end{aligned}$$

2° Si l'on calcule A, d'après la formule

$$A = a\,(1+r)^n.$$

on a

$$log.\,A = log.\,a + n\ log.\,(1+r),$$

Données :

$$a = 1\,550,\ n = 8 + \frac{7}{12} = \frac{103}{12},\ r = 0{,}05.$$

Donc

$$log.\,A = log.\,1\,550 + \frac{103}{12}\ log.\,1{,}05,$$

$$\begin{aligned} log.\,1\,550 &= 3{,}1903317 \\ \frac{103}{12}\,log.\,1{,}05 &= 0{,}1818748 \\ \hline log.\,A &= 3{,}3722065. \\ A &= 2356^f{,}17. \end{aligned}$$

La différence entre les deux résultats est $0^f{,}67$.

388. Problème. *Quel est le capital qui, placé à intérêts composés, à* $5^0/_0$, *pendant* 8 *ans* 9 *mois, a acquis une valeur de* $18\,394^f{,}30$?

1° Si l'on calcule a d'après la formule

$$A = a\,(1+r)^n\,(1+fr),$$

on a

$$a = \frac{A}{(1+r)^n\,(1+fr)};$$

par suite

$$log.\,a = log.\,A - n\,log.\,(1+r) - log.\,(1+fr).$$

(*) Si, par exemple, la fraction f est égale à 3 mois ou à $\frac{3}{12}$ d'année, 1^f vaudra après ce temps $1+fr$, c'est-à-dire $1^f + \frac{3}{12} \times 0{,}05$, si le taux $r = 0{,}05$.

Données :

$$A = 18\,394^f,30,\ r = 0,05,\ n = 8,\ f = \frac{9}{12} = \frac{3}{4}.$$

Donc

$$log.\ a = log.\ 18394,30 - 8\ log.\ 1,05 - log.\ 1,0375,$$

$log.\ 18\,394,30 = 4,2646833$ $\qquad$ $log.\ 84,05 = 0,1695144$

$c^t\ 8\ log.\ 1,05 = \bar{1},8304856$ $\qquad$ $log.\ 1,037 = 0,0159881$

$c^t\ log.\ 1,0375 = \bar{1},9840119$

$log.\ a = 4,0791808$

$a = 12\,000^f$

2° Si l'on calcule a d'après la formule

$$A = a\,(1 + r)^n,$$

on a

$$a = \frac{A}{(1+r)^n};$$

par suite

$$log.\ a = log.\ A - n\ log.\ (1 + r).$$

Données :

$$A = 18\,394,30,\ r = 0,05,\ n = 8 + \frac{9}{12} = \frac{35}{4};$$

$$log.\ a = log.\ 18\,394,30 - \frac{35}{4}\ log.\ 1,05,$$

$log.\ 18\,394,30 = 4,2646833$

$\frac{35}{4}\ log.\ 1,05 = 0,1854064$ $\qquad$ $log.\ 1,05 = 0,0211893.$

$log.\ a = 4,0792769$

$a = 12002^f,65$ environ.

Da différence des résultats est 2,65. On voit qu'il est plus simple de ne faire usage que de la formule (1) (*.)

ANNUITÉS.

389. On appelle *annuités* des paiements égaux faits chaque année, soit pour amasser un capital, soit pour amortir ou éteindre une dette.

Dans le premier cas, les annuités ne sont autre chose que des *placements* faits au commencement de chaque année; dans le second cas, elles sont des *remboursements* faits à la fin de chaque année.

ANNUITÉS. — PLACEMENTS.

390. Problème. *Une personne place au commencement de chaque année une somme* a, *au taux* r, *et à intérêts composés : quel capital aura-t-elle après* n *années?*

(*) Voir dans notre *Nouveau Cours*, page 323, l'usage de la formule (2) pour la détermination du *temps* et du *taux*.

La 1re somme a, pendant n années, deviendra (**374**) $a(1+r)^n$
La 2e — $n-1$ — $a(1+r)^{n-1}$
La 3e — $n-2$ — $a(1+r)^{n-2}$
La 4e — $n-3$ — $a(1+r)^{n-3}$
. . . .
L'avant-dernière. . . . . $a(1+r)^2$
Enfin on aura pour la dernière, qui ne sera placée que pendant 1 an. . . . . $a(1+r)$.

Or ces différentes quantités,

$$a(1+r),\ a(1+r)^2,\ a(1+r)^3\ \ldots\ldots\ a(1+r)^{n-2},\ a(1+r)^{n-1},\ a(1+r)^n,$$

forment une progression géométrique dont le premier terme est $a(1+r)$, le dernier $a(1+r)^n$, et la raison $1+r$.

Si l'on désigne par A le capital amassé, c'est-à-dire la somme des termes de cette progression, on aura (**323**)

$$A=\frac{a(1+r)^n(1+r)-a(1+r)}{r}=\frac{a(1+r)(1+r)^n-a(1+r)}{r},$$

et en mettant $a(1+r)$ en facteur commun, il vient

$$A=\frac{a(1+r)\left[(1+r)^n-1\right]}{r}.$$

391. On pourra, dans cette formule, déterminer l'une quelconque des quatre quantités A, a, n, r, connaissant les trois autres; cependant il est difficile de déterminer r, parce que cette quantité dépend d'une équation du degré n. Pour éviter cette équation, on emploie, comme nous le faisons plus loin, la méthode des approximations successives.

392. Problème I. *Un père veut constituer une dot à chacun de ses enfants. A cet effet, il place pendant 10 années consécutives une somme de 1800f à 5 %, et à intérêts composés : quelle sera la somme à partager à la fin de la 10e année?*

Puisqu'on doit, dans ce cas, calculer A, il suffit de remplacer les lettres par leurs valeurs respectives dans la formule

$$A=\frac{a(1+r)\left[(1+r)^n-1\right]}{r};$$

or on a, d'après les données,

$$a=1800\ ,\ r=0{,}05\ ,\ n=10;$$

donc

$$A=\frac{1800\times 1{,}05\times\left[(1{,}05)^{10}-1\right]}{0{,}05}.$$

On calcule $1{,}05^{10}$ au moyen des logarithmes.
On trouve

$$1{,}05^{10}=1{,}628895;$$

par suite, il vient

$$A = \frac{1800 \times 1,05 \times 0,628895}{0,05}.$$

On achève alors les calculs directement ou par le secours des logarithmes, et on obtient

$$A = 23772,22.$$

La somme à partager sera par conséquent $23772^{f},22$.

393. Problème II. *Une personne place tous les ans, au commencement de chaque année, la même somme à 4 %, et à intérêts composés; après 12 ans elle a $46880^{f},35$ à sa disposition : on demande le montant de chaque somme placée.*

Il s'agit, dans ce cas, de calculer a; or la formule

$$A = \frac{a(1+r)[(1+r)^n - 1]}{r}$$

donne

$$a = \frac{Ar}{(1+r)[(1+r)^n - 1]},$$

ou encore, en effectuant au dénominateur l'opération indiquée,

$$a = \frac{Ar}{(1+r)^{n+1} - (1+r)}.$$

Il suffit, pour trouver a, de remplacer, dans cette dernière formule, les lettres par leurs valeurs respectives. Or on a, d'après les données,

$$A = 46880,35, \quad r = 0,04, \quad n = 12;$$

donc

$$a = \frac{46880,35 \times 0,04}{1,04^{13} - 1,04}.$$

On calcule $1,14^{13}$ au moyen des logarithmes. On trouve

$$1,04^{13} = 1,665074.$$

Il vient, par suite,

$$a = \frac{46880,35 \times 0,04}{1,665074 - 1,04} = \frac{1875,214}{0,625074},$$

ou

$$a = 3000.$$

Chaque somme placée était donc de 3000^{f}.

394. Autre problème. *Une personne voudrait jouir d'une rente de 1200^{f}. A cet effet, elle place, au commencement de chaque année, la même somme à intérêts composés et à 4 % : on demande le montant de chaque somme placée et le nombre des placements annuels, sachant que la rente de 1200^{f} sera touchée la 1re fois à la fin de la 10e année.*

Cherchons d'abord quel capital à 4 % peut produire cette rente.

Il est facile de trouver que ce capital est égal à 30000f. C'est donc un capital de 30000f qu'il a fallu constituer à la fin de la 9e année pour que pendant la 10e il pût rapporter les 1200f dont doit jouir cette personne.

Puisqu'il s'agit simplement de constituer après 9 ans un capital de 30000f, ce problème devient identique au précédent.

395. Problème III. *Une personne a placé 2000f tous les ans à 4f,50 % et à intérêts composés; après combien d'années a-t-elle pu recevoir 65566f,25?*

La formule

$$A = \frac{a(1+r)[(1+r)^n - 1]}{r}$$

donne

$$Ar = a(1+r)^{n+1} - a(1+r):$$

d'où

$$a(1+r)^{n+1} = Ar + a(1+r).$$

On a, par suite,

$$\log. a + (n+1)\log.(1+r) = \log.[Ar + a(1+r)],$$

ou

$$n+1 = \frac{\log.[Ar + a(1+r)] - \log. a}{\log.(1+r)},$$

ou enfin

$$n = \frac{\log.[Ar + a(1+r)] - \log. a}{\log.(1+r)} - 1.$$

Il suffit, pour trouver n, de remplacer, dans cette dernière formule, les lettres par leurs valeurs respectives; or on a, d'après les données,

$$A = 65566,25, \quad r = 0,045, \quad a = 2000;$$

donc

$$n = \frac{\log.(65566,25 \times 0,045 + 2000 \times 1,04) - \log. 2000}{\log. 1,045} - 1,$$

donc

$$n = \frac{\log. 5040,481 - \log. 2000}{\log. 1,045} - 1,$$

$$n = \frac{3,7024720 - 3,3010300}{0,0191163} - 1;$$

d'où enfin

$$n = 20.$$

Le temps demandé est donc 20 ans.

396. Problème IV. *En plaçant tous les ans 2000f à intérêts composés, on a eu 65566f,25 après 20 ans. Quel a été le taux du placement?*

La formule

$$A=\frac{a(1+r)[(1+r)^n-1]}{r} \quad (1)$$

donne

$$\frac{A}{a}=\frac{(1+r)[(1+r)^n-1]}{r}, \quad (2)$$

ou

$$\frac{A}{a}=\frac{(1+r)^{n+1}-(1+r)}{r}, \quad (3)$$

ou encore

$$\frac{A}{a}=\frac{(1+r)^{n+1}}{r}-\frac{1}{r}-1. \quad (4)$$

Cette équation contenant r à la puissance $n+1$, on déterminera cette inconnue par la méthode des approximations successives. Or il est visible que le second membre de l'équation (4) sera d'autant moindre que r sera plus petit; si donc on donne à cette inconnue une valeur trop petite, on obtiendra un résultat inférieur à $\frac{A}{a}$; mais si, au contraire, on donne à r une valeur trop grande, on obtiendra un résultat supérieur à $\frac{A}{a}$; on pourra donc, en procédant par tâtonnements, arriver aussi près qu'on voudra de $\frac{A}{a}$, et, par conséquent, de la véritable valeur de r.

Si dans (3) on remplace A, a et n par leurs valeurs respectives, et qu'on fasse $r=0,04$, on a pour le 1er membre

$$\frac{65\,566,25}{2\,000} \quad \text{ou} \quad 32,783125,$$

et pour le second

$$\frac{1,04^{21}-1,04}{0,04} \quad \text{ou} \quad 30,9692.$$

Le second membre étant moindre que le 1er, le taux r a été supposé trop petit. Si l'on fait $r=0,05$, on trouve au contraire que le second membre est supérieur au 1er; ce qui prouve que le taux est inférieur à 5, et qu'il est par conséquent compris entre 4 et 5. Si l'on fait $r=0,0475$, on trouve encore le second membre plus grand que le 1er; le taux est alors compris entre 4 et 4,75. Si l'on fait $r=0,045$, on trouve les deux membres égaux à très-peu près. D'où l'on conclut que le taux cherché est 4,50.

ANNUITÉS. — REMBOURSEMENTS OU AMORTISSEMENT.

397. Toutes les fois qu'un capital est remboursable au bout d'un certain nombre d'années, on peut se libérer de deux manières:

soit par un paiement unique au jour de l'échéance; soit en versant chaque année une simple annuité. Par ce dernier mode de liquidation, l'amortissement d'un capital s'opère ainsi en faisant chaque année de faibles sacrifices.

398. Problème. *Une personne qui a emprunté une somme* A, *à intérêts composés, au taux* r *pour* 1[f], *veut se libérer en* n *années au moyen de* n *paiements égaux : quel doit être le montant* a *de chaque annuité?*

La somme A vaudra, après n années, $A(1+r)^n$: telle est la somme à rembourser au capitaliste. Le montant de toutes les annuités avec leurs intérêts doit égaler cette somme. Or le débiteur, un an après l'emprunt, verse l'annuité a; elle portera, par conséquent, intérêts entre les mains du capitaliste pendant $n-1$ années et deviendra

	$a(1+r)^{n-1}$,
la 2e annuité vaudra	$a(1+r)^{n-2}$,
la 3e —	$a(1+r)^{n-3}$,
la 4e —	$a(1+r)^{n-4}$.
. . . .	
. . . .	
l'avant-dernière	$a(1+r)$,

enfin la dernière annuité versée à la fin de n années ne vaudra que. . . . . a.

Les quantités

$$a,\ a(1+r),\ a(1+r)^2,\dots,\ a(1+r)^{n-3},\ a(1+r)^{n-2},\ a(1+r)^{n-1}$$

forment une progression géométrique dont le premier terme est a, le dernier $a(1+r)^{n-1}$, et la raison $1+r$.

La somme des termes de cette progression sera (**323**)

$$\frac{a(1+r)^{n-1}\times(1+r)-a}{r}=\frac{a(1+r)^n-a}{r};$$

mais

$$\frac{a(1+r)^n-a}{r}$$

devant égaler $A(1+r)^n$, on a par conséquent

$$A(1+r)^n=\frac{a(1+r)^n-a}{r}=\frac{a[(1+r)^n-1]}{r}:$$

d'où l'on déduit

$$a=\frac{Ar(1+r)^n}{(1+r)^n-1}. \qquad (1)$$

399. Les praticiens n'emploient jamais la formule (1) que sous cette autre forme (*),

$$a = A\,\frac{r}{1 - \frac{1}{(1+r)^n}}, \qquad (2)$$

qui donne lieu à un peu moins de calculs. Nous ferons donc également usage de cette dernière formule.

Si, dans l'une ou l'autre de ces formules, on connaît 3 des 4 quantités a, A, r, n, il sera toujours possible de déterminer la 4ᵉ.

400. Problème I. *Un commerçant emprunte à 4ᶠ,5 0/0, et à intérêt composé, une somme de 20000ᶠ : quelle annuité devra-t-il donner pour éteindre cette dette en 16 ans?*

Puisqu'on doit, dans ce cas, calculer a, il suffit de remplacer, dans la formule (2), les lettres par leurs valeurs respectives : on a

$$A = 20\,000^f, \quad r = 0{,}045, \quad n = 16,$$

par suite,

$$a = 20000 + \frac{0{,}045}{1 - \left(\frac{1}{0{,}045}\right)^{16}};$$

or

$$\log. 1 = 0,$$
$$16 \log. 1{,}045 = 0{,}3058608$$
$$\log. \frac{1}{(1{,}045)^{16}} = \bar{1}{,}6941392.$$

Nombre correspondant $= 0{,}4944691$;

donc

$$1 - \frac{1}{(1{,}045)^{16}} = 1 - 0{,}4944691 = 0{,}5055309.$$

On a par suite

$$a = 20\,000 \times \frac{0{,}045}{0{,}5055309}:$$

$$\log. 20\,000 = 4{,}3010300$$
$$\log. 0{,}045 = \bar{2}{,}6532125$$
$$c^t \log. 0{,}5055309 = 10{,}2962529$$
$$\log. a = 3{,}2504954$$
$$a = 1780{,}30$$

Cette personne devrait donc donner 6780ᶠ,30 à la fin de chaque année.

(*) Il est facile de voir que les relations (1) et (2) sont équivalentes; car on a

$$a = \frac{Ar(1+r)^n}{(1+r)^n - 1} = A\,\frac{r}{\frac{(1+r)^n}{(1+r)^n} - \frac{1}{(1+r)^n}} = A\,\frac{r}{1 - \frac{1}{(1+r)^n}}.$$

401. Problème II. *On doit payer à la fin de chaque année, et pendant* 16 *ans, une somme de* 1780f,30. *Quelle serait la valeur actuelle de ces* 16 *annuités, l'intérêt étant* 4f,50 % *par an?*

Il s'agit, dans ce cas, de calculer A; or la formule (2) donne

$$a\left(1-\frac{1}{(1+r)^n}\right)=Ar:$$

d'où

$$A=\frac{a}{r}\left(1-\frac{1}{(1+r)^n}\right).$$

Données :

$$a=1780,30,\quad r=0,045,\quad n=16;$$

donc

$$A=\frac{1780,30}{0,045}\left(1-\frac{1}{(1,045)^{16}}\right):$$

$$\begin{aligned}log.\ 1&=0\\ 16\ log.\ 1,045&=\underline{0,3058608}\\ log.\ \frac{1}{(1,045)^{16}}&=\bar{1},6941392.\end{aligned}$$

Nombre correspondant $=0,4944691$

$$\left(1-\frac{1}{(1,045)^{16}}\right)=1-0,4944691=0,5055309;$$

par suite,

$$A=\frac{1780,30\times 0,5055309}{0,045}:$$

$$\begin{aligned}log.\ 1780,30&=\ 3,2504954\\ log.\ 0,5055309&=\ \bar{1},7037477\\ c^t\ log.\ 0,045&=\ 11,3467875\\ log.\ A&=\ 4,3010306\\ A&=\ 20000 \text{ à très-peu près.}\end{aligned}$$

Ainsi, on pourrait se libérer de ces 16 annuités en payant actuellement 20000f.

402. Problème III. *Pendant combien d'années devra-t-on payer* 1780f,30 *pour éteindre une dette de* 20000f, *l'intérêt étant* 4f,50 %?

La formule (2) donne successivement

$$a\left(1-\frac{1}{(1+r)^n}\right)=Ar,$$

$$1-\frac{1}{(1+r)^n}=\frac{Ar}{a},$$

$$\frac{1}{(1+r)^n}=-\frac{Ar}{a}+1=\frac{a-Ar}{a},$$

et enfin

$$(1+r)^n = \frac{a}{a-Ar}:$$

d'où

$$n\, log.\,(1+r) = log.\, a - log.\,(a-Ar);$$

donc

$$n = \frac{log.\, a - log.\,(a-Ar)}{log.\,(1+r)}. \qquad (\alpha)$$

Données :

$$A=20000, \quad a=1780{,}30, \quad r=0{,}045;$$

donc

$$n = \frac{log.\, 1780{,}30 - log.\,(1780{,}30 - 20000 \times 0{,}045)}{log.\, 1{,}045},$$

$$n = \frac{log.\, 1780{,}30 - log.\, 880{,}30}{log.\, 1{,}045},$$

$$n = \frac{3{,}2504954 - 2{,}9446307}{0{,}0191163}.$$

$n = 16$ très-approché par défaut.

Le temps demandé est donc 16 ans.

403. Problème IV. *Une personne a emprunté* 20000[f], *qu'elle a remboursés en* 16 *annuités de chacune* 1780[f],30. *On demande le taux d'intérêt.*

La formule (2) donne

$$a\left(1 - \frac{1}{(1+r)^n}\right) = Ar:$$

d'où

$$\frac{1}{r}\left(1 - \frac{1}{(1+r)^n}\right) = \frac{A}{a}, \qquad (\alpha)$$

ou encore

$$\frac{1}{r} - \frac{1}{r(1+r)^n} = \frac{A}{a}. \qquad (\beta)$$

Cette équation contenant r à la puissance n, on déterminera cette inconnue par la méthode des approximations successives. Or il est facile de voir que le premier membre de l'équation (β) sera d'autant plus grand que r sera moindre. Si donc on donne à r une valeur trop petite, on obtiendra un résultat supérieur à $\frac{A}{a}$; et si, au contraire, on donne à r une valeur trop grande, on obtiendra un résultat inférieur à $\frac{A}{a}$: on pourra donc, en procédant par tâtonnements, arriver aussi près qu'on voudra de $\frac{A}{a}$, et par conséquent de la véritable valeur de r. Si dans (α) on remplace a, A et n par leurs valeurs respectives, et qu'on fasse $r=0,04$, on a pour le premier membre

$$\frac{1}{0,04}\left(1-\frac{1}{(1,04)^{16}}\right)=25\left(1-\frac{1}{(1,04)^{16}}\right)=25\times0,4660914=11,652285,$$

et pour le second

$$\frac{20\,000}{1\,780,3}=11,234.$$

Le premier membre étant supérieur au second, il en résulte que r a été supposé trop petit. Si l'on fait $r=0,05$, on trouve au contraire que le 1er membre est inférieur au second, ce qui prouve que le taux est inférieur à 5, et qu'il est par conséquent compris entre 4 et 5. Si l'on fait $r=0,0475$, on trouve encore le 1er membre inférieur au second; le taux est donc compris entre 4 et 4,75. Si l'on fait $r=0,045$, on trouve les deux membres égaux à très-peu près : d'où l'on conclut que le taux cherché est 4,50.

404. Discussion de la formule des annuités. 1° Si dans la formule (2) (**399**) on suppose n infiniment grand, l'expression $\frac{1}{(1+r)^n}$ devient égale à zéro, et l'on a

$$a=\frac{Ar}{1},$$

ou

$$a=Ar.$$

Ce résultat était facile à prévoir, car Ar n'étant autre chose que l'intérêt de la somme A, si l'on ne paie que cet intérêt chaque année, il faudra un nombre infini d'années pour s'acquitter, ou, en d'autres termes, on ne s'acquittera jamais.

Ce cas est celui des *rentes perpétuelles*.

2° Si l'on suppose $r=0$, et qu'on introduise cette hypothèse dans la formule (1) ou dans la formule (2), il vient

$$a=\frac{0}{0};$$

mais l'indétermination n'est évidemment qu'apparente; car si l'on ne paie pas d'intérêt, on devra, pour solder la dette A en n années, payer chaque année une somme égale à $\frac{A}{n}$.

Il n'est pas difficile de voir que cette indétermination tient à la présence du facteur r dans les deux termes de la valeur de a. La formule (1) (**398**) peut en effet s'écrire

$$a=\frac{Ar(1+r)^n}{\frac{r[(1+r)^n-1]}{r}}; \qquad (\alpha)$$

mais l'expression $\frac{(1+r)^n-1}{r}$ est évidemment égale à la somme des termes de la progression géométrique

$$\div 1 : (1+r) : (1+r)^2 \ldots\ldots (1+r)^{n-2} : (1+r)^{n-1}.$$

La relation (α) peut donc être remplacée par

$$a=\frac{Ar(1+r)}{r[1+(1+r)+(1+r)^2\ldots\ldots+(1+r)^{n-2}+(1+r)^{n-1}]},$$

et, en supprimant le facteur r commun aux deux termes, on a

$$a=\frac{A(1+r)}{1+(1+r)+(1+r)^2\ldots\ldots+(1+r)^{n-2}+(1+r)^{n-1}}.$$

Si maintenant on fait $r=0$, le numérateur de cette expression devient égal à A, et le dénominateur égal à n fois 1 ou à n : donc on a enfin

$$a=\frac{A}{n},$$

valeur que l'on devait trouver.

405. *Discussion de la formule* (**402**).

$$n=\frac{\log. a-\log.(a-Ar)}{\log.(1+r)}.$$

Si, dans cette expression, on a $a=Ar$, il vient

$$n=\frac{\log. a-\log. 0}{\log.(1+r)}.$$

Or $\log. 0=-\infty$: donc

$$n=\frac{\log. a-(-\infty)}{\log.(1+r)}=\frac{\log. a+\infty}{\log.(1+r)},$$

ou

$$n=\infty.$$

C'est bien là le résultat qu'on doit obtenir; car l'annuité a n'égalant que l'intérêt Ar de la somme A, on devra toujours payer cette annuité. Ce résultat confirme celui du n° précédent (1°).

EXERCICES.

Intérêts composés. — Placements annuels. — Amortissement.

1051. Trouver ce que devient, après 6 ans, une somme de 11 058f, 30 placée à intérêt composé à 5%.

1052. Que deviendront 8250f placés pendant 12 ans à intérêt composé à 6%?

1053. Quelle somme rapporteront 12000f, placés à 5%, et à intérêt composé, pendant 16 ans 2 mois et 12 jours?

1054. On doit payer 10000f dans 12 ans : quelle somme devrait-on actuellement si l'on tient compte de l'intérêt composé à 5 %.

1055. On a souscrit deux billets à la même personne, l'un de 500f, payable dans 2 ans, et l'autre de 800f, payable dans 5 ans; quel devrait être le montant d'un seul billet équivalent et payable dans 3 ans, le taux étant 5 %? On tiendra compte des intérêts composés.

1056. Trouver le capital qui, placé à intérêt composé à 4f, 50, vaut après 15 ans, capital et intérêt, 7741f, 15.

1057. Un certain capital, placé à intérêt composé, et à 4 %, a rapporté en 10 ans 7683f, 90 d'intérêt. On demande ce capital.

1058. Au bout de combien d'années une somme de 20000f placée à intérêt composé à 4f, 50 est-elle devenue 37038f, 90?

1059. Après combien de temps une somme de 15000f, placée à intérêt composé, et à 5 %, a-t-elle rapporté 8750f?

1060. Après combien d'années un capital placé à intérêt composé et à 4 % sera-t-il triplé?

1061. Une somme de 20000f placée à intérêt composé pendant 14 ans a rapporté 17038f, 90. A quel taux était-elle placée?

1062. Dans combien de temps, si l'on capitalise tous les 6 mois, une somme placée à 5 %, et à intérêts composés, sera-t-elle triplée?

1063. On place 800f, à intérêt composé à 4f, 50 %, au commencement de chaque année pendant 20 ans. Quelle somme aura-t-on?

1064. Quelle somme faudrait-il placer, au commencement de chaque année, à intérêt composé et à 4 %, pour avoir 46880f, 35 après 12 ans?

1065. Un commerçant emprunte 25000f à 5 % et à intérêt composé : quelle annuité devra-t-il donner pour éteindre cette dette en 20 ans?

1066. Quelle dette pourrait-on éteindre en payant à la fin de chaque année, pendant 8 ans, une somme de 20000f, l'intérêt étant 5 %?

1067. Pendant combien de temps devra-t-on payer 4000f, à la fin de chaque année, pour éteindre une dette de 20302f, 75, l'intérêt étant 5 %?

1068. Si l'on tient compte à 4 % et à 4,50 % des intérêts composés de 18000f et de 12000, au bout de combien de temps ces sommes augmentées de leurs intérêts seront-elles égales?

1069. On emprunte 15000f qu'on doit rembourser avec les intérêts à l'aide de 12 paiements égaux effectués à la fin de chaque année. Quel est le montant de chaque paiement, le taux d'intérêt étant 5 %?

1070. On achète une propriété 25000f. On paye 8700f au comptant. Le reste doit être payé, avec les intérêts à 4 %, en 15 paiements égaux effectués à la fin de chaque année. On demande le montant de chaque annuité.

1071. On doit à une personne 14720f, 20; à la fin de chaque année, on lui donne 2000f. Dans combien de temps sera-t-elle entièrement payée, le taux d'intérêt étant 6 %?

1072. Une personne emprunte une certaine somme dont elle s'acquittera par trois paiements égaux de chacun 9261f, le 1er après un an, le 2e après 2 ans et le 3e après 3 ans. On demande la somme empruntée. Le taux est de 5 %.

1073. On a placé tous les ans 3 000f à intérêt composé et à 4 % : au bout de combien d'années a-t-on eu 46 880f, 35?

1074. On place 25 000f à intérêt composé à 5 %. A la fin de chaque année, on retire 1000f. Quelle somme restera placée au bout de 12 ans?

1075. On doit payer à la fin de chaque année, et pendant 12 ans, une somme de 2 000f; on demande de remplacer cette annuité par un seul paiement effectué dans 4 ans. Quelle sera la somme à payer, le taux d'intérêt étant 5 %?

1076. En plaçant tous les ans 3 000f à intérêt composé, on a eu 46 880f,35 après 12 ans. Quel a été le taux du placement?

1077. Une personne a dépensé inutilement, pendant 25 années successives de sa vie, au moins 150f par an. Combien, après ce temps, devrait-elle avoir en plus à sa disposition, si l'on tient compte de l'intérêt composé à 5 % ?

1078. Une personne emprunte 6 000f pour commencer un petit commerce. Elle rembourse cette somme comme il suit : 3 ans après l'emprunt, le succès de ses affaires lui permet de donner 2 500f; 3 ans encore après, elle rembourse 3 200f; enfin 18 mois après, elle solde ce qu'elle devait encore. On demande le montant du dernier paiement. On tiendra compte des intérêts composés à 5 %.

1079. Un oncle donne 15 000f à ses trois neveux âgés de 5 ans 6 mois, 9 ans et 11 ans. Il leur partage cette somme de manière que, si l'on plaçait immédiatement à intérêt composé la part de chaque enfant, tous les trois recevraient la même somme à leur majorité. Comment le partage a-t-il été effectué?

1080. On a payé 280f une action émise par une Compagnie. Cette action a rapporté 20f par an, pendant 25 ans. Au bout de ce temps, la Compagnie se ruine dans de mauvaises spéculations, et le souscripteur perd son capital. On demande s'il a gagné ou perdu dans cette affaire et combien. On suppose qu'il a pu placer à raison de 5 % et à intérêt composé le revenu de son action.

1081. Une personne a prêté pour 5 années une somme de 8000f; on lui paie tous les trimestres l'intérêt à 5 %. Cette personne meurt après avoir reçu le 3e trimestre. Les héritiers veulent avoir de l'argent immédiatement. Combien peuvent-ils vendre leur titre?

1082. Une somme de 6 000f a été placée à intérêt composé pendant un certain temps. Si elle était restée placée un an de moins, le capital définitif eût été inférieur de 3 996f, 12; si au contraire elle était restée placée un an de plus, le capital définitif eût été supérieur de 4 156f, 02. Trouver le taux de l'intérêt et la durée du placement.

NOTE I.

ANALYSE INDÉTERMINÉE DU 1er DEGRÉ.

On sait déjà (**189**) qu'un problème est *indéterminé*, lorsque l'énoncé fournit moins d'équations qu'il ne contient d'inconnues. Le but le plus utile de l'*ana-*

lyse indéterminée est de chercher les solutions *entières* et *positives* d'un problème indéterminé.

Afin de mieux faire comprendre la théorie, résolvons d'abord le problème suivant.

Une personne a acheté quelques bouteilles de vin de Bordeaux et de vin de Champagne pour 60f. *Le vin de Bordeaux coûte* 3f *la bouteille et le vin de Champagne coûte* 5f. *Combien cette personne a-t-elle de bouteilles de chaque espèce?*

Si l'on désigne par x et y le nombre de bouteilles de bordeaux et de champagne, on a l'équation

$$3x + 5y = 60; \qquad (1)$$

et si on la résout par rapport à x, inconnue qui a le plus petit coefficient, il vient

$$x = \frac{60 - 5y}{3}.$$

Effectuant *autant que possible* la division indiquée, on a

$$x = 20 - y - \frac{2y}{3}.$$

Mais, puisque x et y doivent être des nombres entiers, la fraction $\frac{2y}{3}$ doit être égale à un nombre entier quelconque t. On aura par conséquent

$$\frac{2y}{3} = t,$$

et

$$x = 20 - y - t. \qquad (2)$$

D'ailleurs l'égalité

$$\frac{2y}{3} = t$$

donne

$$2y = 3t:$$

d'où

$$y = \frac{3t}{2} = t + \frac{t}{2}.$$

L'équation

$$y = t + \frac{t}{2}$$

montre que y ne sera entier que si la fraction $\frac{t}{2}$ est elle-même égale à un nombre entier quelconque t'. Alors on a

$$\frac{t}{2} = t'$$

et

$$y = t + t'. \qquad (3)$$

Mais de

$$\frac{t}{2} = t',$$

on tire

$$t = 2t'.$$

Portant cette valeur de t dans (3), il vient

$$y = 3t'.$$

Remplaçant, dans (2), t et y par leur valeur respective, on aura

$$x = 20 - 3t' - 2t'$$

ou

$$x = 20 - 5t'.$$

Alors on a les équations

$$x = 20 - 5t',$$
$$y = 3t'.$$

Pour que les valeurs de x et de y soient entières et positives, on doit donc avoir

$$20 - 5t' > 0 \quad \text{et} \quad 3t' > 0,$$

ou

$$t' < \frac{20}{5} \quad \text{et} \quad t' > \frac{0}{3},$$

ou encore

$$t' < 4 \quad \text{et} \quad t' > 0.$$

Les seules valeurs que puisse prendre t' sont donc 1, 2 et 3. Les valeurs correspondantes de t', de x et de y sont par conséquent

$$t' = 1\ ;\ 2\ ;\ 3,$$
$$x = 15\ ;\ 10\ ;\ 5,$$
$$y = 3\ ;\ 6\ ;\ 9.$$

Vérification. 15 bouteilles à 3f et 3 à 5 font 60 ; 10 bouteilles à 3f et 6 à 5f font encore 60f, etc.

Après cet exemple, il est facile au lecteur de comprendre ce qui suit.

Toute équation du 1er degré à deux inconnues peut prendre la forme générale

$$ax + by = c,$$

dans laquelle a, b, c désignent des quantités quelconques positives ou négatives.

1° Nous pouvons supposer que les quantités a, b, c n'ont aucun facteur commun ; car il est facile de faire disparaître tout facteur commun en divisant les 2 membres de l'équation par ce facteur.

2° De plus, les coefficients a et b doivent être premiers entre eux ; car s'ils avaient un facteur commun qui ne divisât point c, l'équation ne pourrait être satisfaite par des valeurs entières de x et de y. Par exemple, si l'on avait $4x + 6y = 15$, en divisant par 2, on aurait $2x + 3y = \frac{15}{2}$, et le second membre étant un nombre fractionnaire, il serait impossible que x et y fussent 2 nombres entiers.

3° Il est enfin évident que si l'un des coefficients a ou b était égal à l'unité, l'équation serait immédiatement résolue.

Par exemple, si $a = 1$, on a

$$x = c - by,$$

et en donnant à y une valeur entière quelconque, on a aussi pour x une valeur entière.

On peut donc supposer que a et b sont premiers entre eux, qu'ils sont l'un et l'autre différents de l'unité et que l'on a $a < b$.

Cela étant posé, si on résout l'équation proposée par rapport à x, on a

$$x = \frac{c - by}{a}.$$

Divisant b par a, on aura un certain quotient q et un reste r. De sorte que

$$b = aq + r\ ;$$

il vient par suite

$$x = \frac{c - aqy - ry}{a} = -qy + \frac{c - ry}{a}.$$

Puisque x et y doivent être des nombres entiers, le terme qy sera entier ; il faut donc que la fraction $\frac{c-ry}{a}$ soit égale à un nombre entier quelconque t. On aura par conséquent

$$\frac{c-ry}{a}=t, \quad \text{et} \quad x=-qy+t.$$

Mais de

$$\frac{c-ry}{a}=t$$

on tire

$$y=\frac{c-at}{r};$$

et, si r était égal à l'unité, l'opération serait terminée ; car en donnant à t telles valeurs que l'on voudrait, positives ou négatives, les valeurs correspondantes de y et de x seraient toujours entières.

Si l'on a $r>1$, on divisera a par r et appelant q' le quotient et r' le reste, on aura

$$a=q'r+r',$$

et, par suite,

$$y=\frac{c-q'rt-r't}{r}=-q't+\frac{c-r't}{r}.$$

Un raisonnement identique au précédent montre que la fraction $\frac{c-r't}{r}$ doit aussi être égale à un nombre entier.

Sans aller plus loin, il est facile de voir la marche que suit le calcul ; car, toutes les opérations étant semblables, il est évident qu'on obtiendra toujours des formules semblables. Or on a été conduit à diviser le plus grand coefficient b par le plus petit a, ensuite le coefficient a par le 1er reste r ; puis ce 1er reste par le 2e ; puis le 2e par le 3e, et ainsi de suite. On suit donc le même procédé que pour trouver le p. g. c. d. entre 2 nombres. Mais, par hypothèse, a et b sont premiers entre eux : donc on arrivera certainement à un reste égal à l'unité, et dès lors l'opération sera terminée ; car, en donnant au dernier nombre entier t une valeur quelconque, positive ou négative, ou encore zéro, et remontant de proche en proche, on aura toutes les valeurs entières de x et de y.

Remarque. On divise non-seulement b par a, mais encore c par a toutes les fois qu'il est possible : c'est ce que nous avons déjà fait plus haut (problème donné pour exemple).

Démontrons maintenant qu'il suffit de connaître deux quelconques des valeurs correspondantes de x et de y pour en déduire immédiatement toutes les autres.

En effet, soient α et β deux valeurs correspondantes de x et de y. Si l'on porte ces valeurs dans l'équation proposée, elle devient

$$a\alpha+b\beta=c.$$

Retranchant cette égalité de l'équation (4), on a

$$a(x-\alpha)+b(y-\beta)=0 :$$

d'où l'on déduit

$$x=\alpha-\frac{b(y-\beta)}{a}.$$

Mais, puisque x et y doivent être des nombres entiers et que d'ailleurs a est premiers avec b, il faut que a divise exactement $y-\beta$, et que le quotient soit un nombre entier quelconque t. On a donc

$$\frac{y-\beta}{a}=t$$

$$x=\alpha-bt. \qquad (m)$$

Mais l'égalité

$$\frac{y-\beta}{a}=t$$

donne

$$y=\beta+at. \qquad (n)$$

Si dans les formules (m) et (n) on donne à t les valeurs 0, 1, 2, 3,....., les valeurs correspondantes de x et de y sont

$$x=\alpha\ ;\ \alpha-b\ ;\ \alpha-2b\ ;\ \alpha-3b\ ;\ \alpha-4b.\ .\ .\ .\ .$$
$$y=\beta\ ;\ \beta+\alpha\ ;\ \beta+2a\ ;\ \beta+3a\ ;\ \beta+4a.\ .\ .\ .\ .$$

On voit, d'après ces égalités, que la suite des valeurs de x forme une progression arithmétique dont la raison est le coefficient de y, et que la suite des valeurs de y forme aussi une progression arithmétique dont la raison est le coefficient de x. De plus, si a et b sont positifs, l'une de ces progressions est croissante et l'autre est décroissante; mais si a et b sont de signes contraires, elles sont toutes deux croissantes, ou toutes deux décroissantes.

Ainsi donc, comme nous l'avons annoncé, on peut connaître aisément la suite des valeurs de x et de y, dès que l'on connaît 2 quelconques des valeurs correspondantes de ces inconnues.

Si, par exemple, 20 et 3 sont des valeurs correspondantes de x et de y données par l'équation

$$2x+5y=55,$$

il suffit de remplacer, dans les formules

$$x=\alpha-bt \quad \text{et} \quad y=\beta+at,$$

les lettres par leur valeur respective, et il vient

$$x=20-5t,$$
$$y=\ 3+2t,$$

et en faisant $t=0, 1, 2,...,$ ou $-1, -2,...,$ etc., on trouve toutes les autres valeurs de x et de y.

Enfin, cherchons encore entre quelles limites l'*indéterminée auxiliaire* t doit être comprise pour que les valeurs de x et de y soient non-seulement *entières*, mais de plus *positives*. Selon les formules (m) et (n), pour que x et y soient positifs, on doit avoir

$$\alpha-bt>0 \quad \text{et} \quad \beta+at>0.$$

D'ailleurs, on peut supposer que le coefficient a soit toujours positif; car, s'il en était autrement, il suffirait de changer tous les signes dans l'équation donnée.

Il y a donc 2 cas à examiner, suivant que l'on a $b>0$ ou $b<0$.

1er Cas. $b>0$. Les inégalités précédentes donnent pour t

$$t<\frac{\alpha}{b} \quad \text{et} \quad t>-\frac{\beta}{a}.$$

Ainsi, on a pour t une limite supérieure et une limite inférieure; de sorte qu'en donnant à t toutes les valeurs entières comprises entre ces 2 limites on aura autant de systèmes de valeurs entières et positives pour x et pour y. Mais il est évident que le nombre de ces valeurs sera restreint; et même la question deviendra impossible toutes les fois que les limites de t seront comprises entre deux nombres entiers consécutifs.

2e Cas. $b<0$. Puisque b est négatif, si l'on porte cette quantité dans les inégalités précédentes, elles deviennent

$$\alpha+bt>0 \quad \text{et} \quad \beta+at>0.$$

Alors on a pour t

$$t>-\frac{\alpha}{b} \quad \text{et} \quad t>-\frac{\beta}{a}.$$

Ici, les deux limites obtenues pour t étant toutes deux des limites inférieures, cette variable pourra prendre toute valeur entière plus grande que la plus grande de ces deux limites. Par conséquent, le nombre des solutions entières et positives de l'équation proposée sera infini.

Appliquons ces généralités à quelques exemples numériques.

Problème I. *De combien de manières peut-on payer* 55f, *en prenant seulement des pièces de* 2f *et de* 5f?

Si l'on représente par x et y les nombres de pièces de 2f et de 5f, l'énoncé du problème donne

$$2x+5y=55: \qquad (1)$$

d'où, en résolvant par rapport à x,

$$x = \frac{55 - 5y}{2}.$$

ou encore, si l'on effectue autant que possible la division indiquée,

$$x = 27 - 2y + \frac{1 - y}{2}.$$

Si l'on pose

$$\frac{1 - y}{2} = t,$$

on a

$$x = 27 - 2y + t. \qquad (2)$$

Mais de

$$\frac{1 - y}{2} = t,$$

on tire

$$y = 1 - 2t.$$

Si l'on substitue dans (2) la valeur trouvée pour y, il vient

$$x = 27 - 2(1 - 2t) + t = 25 + 5t.$$

On arrive donc aux deux équations

$$x = 25 + 5t,$$
$$y = 1 - 2t.$$

Pour que les valeurs de x et de y soient entières et positives, on doit donc avoir

$$25 + 5t > 0 \quad \text{et} \quad 1 - 2t > 0,$$

ou

$$t > -\frac{25}{5} \quad \text{et} \quad t < \frac{1}{2},$$

ou encore

$$t > -5 \quad \text{et} \quad t < \frac{1}{2}.$$

Ainsi, pour que les valeurs de x et de y soient entières et positives, l'indéterminée auxiliaire t doit être entière, plus grande que -5 et plus petite que $\frac{1}{2}$: les seules valeurs que puisse prendre t sont donc 0, -1, -2, -3 et -4.

Les valeurs correspondantes de t, de x et de y sont par conséquent

$$\begin{array}{llllll} t = & 0; & -1, & -2; & -3; & -4. \\ x = & 25; & 20; & 15; & 10; & 5. \\ y = & 1; & 3; & 5; & 7; & 9. \end{array}$$

Vérification. 25 pièces de 2[f] et une de 5[f] font 55[f]; 20 pièces de 2[f] et 3 de 5 donnent encore 55[f], etc.

Problème II. *Un marchand a acheté des moutons de deux espèces pour 1528[f] : les uns coûtent 25[f] par tête et les autres 29[f] : on demande combien ce marchand en a de chaque espèce.*

Si l'on désigne par x et y les nombres de moutons à 25[f] et à 29[f], on a l'équation

$$25x + 29y = 1\,528, \qquad (1)$$

et, en résolvant par rapport à x, il vient

$$x = \frac{1\,528 - 29y}{25},$$

ou encore, en effectuant la division indiquée,

$$x = 61 - y + \frac{3 - 4y}{25}.$$

Posant

$$\frac{3 - 4y}{25} = t,$$

on a

$$x = 61 - y + t; \qquad (2)$$

mais de

$$\frac{3-4y}{25} = t$$

on tire

$$y = \frac{3-25t}{4},$$

ou, en effectuant la division,

$$y = -6t + \frac{3-t}{4}.$$

Faisant

$$\frac{3-t}{4} = t',$$

on a

$$y = -6t + t'; \qquad (3)$$

mais de

$$\frac{3-t}{4} = t'$$

on déduit

$$t = 3 - 4t'.$$

Portant cette valeur de t dans les équations (2) et (3), on a

$$x = 61 - y + 3 - 4t', \qquad (4)$$
$$y = -6(3-4t') + t' = 25t' - 18. \qquad (5)$$

Cette dernière valeur de y substituée dans (4) donne

$$x = 61 - 25t' + 18 + 3 - 4t' = 82 - 29t'.$$

Les deux équations

$$x = 82 - 29t',$$
$$y = 25t' - 18$$

serviront par conséquent à déterminer les valeurs de x et de y.

Pour que ces inconnues aient des valeurs entières et positives, on devra donc avoir

$$82 - 29t' > 0 \quad \text{et} \quad 25t' - 18 > 0,$$

ou

$$t' < \frac{82}{29} \quad \text{et} \quad t' > \frac{18}{25},$$

ou encore (*)

$$t' < 3 \quad \text{et} \quad t' > \frac{18}{25}.$$

Les seules valeurs possibles de t' sont donc 1 et 2.

Les valeurs correspondantes de t', de x et de y sont par conséquent

$$t' = 1 \;;\; 2,$$
$$x = 53 \;;\; 24,$$
$$y = 7 \;;\; 32.$$

La vérification est facile.

Problème III. *Une personne donne 120f pour 3 espèces d'objets : les premiers ont coûté 3f chacun, les seconds 5f et les troisièmes 7f. On demande combien il y a d'objets de chaque espèce.*

Ici le nombre des inconnues surpasse celui des équations de plus d'une unité; mais, comme on va le voir, la difficulté n'est pas plus grande.

x, y et z représentant les trois nombres d'objets, on a l'équation

$$3x + 5y + 7z = 120,$$

(*) La fraction $\frac{82}{29}$ est en effet plus petite que 3.

et résolvant par rapport à x, il vient

$$x = \frac{120 - 5y - 7z}{3},$$

ou encore, en effectuant la division,

$$x = 40 - y - 2z - \frac{2y + z}{3}.$$

Posant

$$\frac{2y + z}{3} = t,$$

on a

$$x = 40 - y - 2z - t;$$

mais de

$$\frac{2y + z}{3} = t$$

on tire

$$z = 3t - 2y.$$

Portant la valeur de z dans celle de x, il vient

$$x = 40 - y - 2(3t - 2y) - t = 40 + 3y - 7t.$$

Les deux équations

$$x = 40 + 3y - 7t,$$
$$z = 3t - 2y$$

serviront à déterminer les inconnues.

Pour que les valeurs de x et de z soient positives, on posera

$$40 + 3y - 7t > 0 \quad \text{et} \quad 3t - 2y > 0.$$

Ces inégalités donnent

$$t < \frac{40 + 3y}{7} \quad \text{et} \quad t > \frac{2y}{3};$$

ce qui détermine une limite supérieure et une limite inférieure de t. Afin que ces limites ne soient point contradictoires, on devra avoir

$$\frac{2y}{3} < \frac{40 + 3y}{7}:$$

d'où l'on déduit, en résolvant cette inégalité par rapport à y,

$$y < \frac{120}{5} < 24.$$

Dans les limites qui viennent d'être trouvées pour t, on fera donc successivement y égal à 1, à 2, ..., à 23.

On trouvera pour $y = 1$

$$t < \frac{40 + 3}{7} \quad \text{et} \quad t < \frac{2}{3},$$

ou

$$t < \frac{43}{7} \quad \text{et} \quad t > \frac{2}{3}.$$

Pour que x et y soient des nombres entiers, l'indéterminée t doit être aussi un nombre entier et avoir une valeur inférieure à $\frac{43}{7}$ et supérieure à $\frac{2}{3}$: donc cette indéterminée ne pourra prendre que les valeurs 1, 2, 3, 4, 5, 6.

Ainsi l'hypothèse de $y = 1$ et t successivement égal à 1, 2, 3. 4, 5, 6, donne cette série de 6 solutions :

$$\begin{aligned} y &= 1, \ 1, \ 1, \ 1, \ 1, \ 1, \\ x &= 36, \ 29, \ 22, \ 15, \ 8, \ 1, \\ z &= 1, \ 4, \ 7, \ 10, \ 13, \ 16. \end{aligned}$$

Si dans les limites de t on fait $y = 2$, il vient

$$t < \frac{46}{7} \quad \text{et} \quad t > \frac{4}{3};$$

de sorte que pour $y=2$ l'indéterminée t ne peut prendre que les valeurs 2, 3, 4, 5, 6; ce qui donne cette série de 5 solutions :

$$\begin{array}{l} y = 2\ ,\ 2\ ,\ 2\ ,\ 2\ ,\ 2, \\ x = 32\ ,\ 25\ ,\ 18\ ,\ 11\ ,\ 4, \\ z = 2\ ,\ 5\ ,\ 8\ ,\ 11\ ,\ 14. \end{array}$$

On trouverait aussi facilement les autres séries de solutions, en faisant successivement y égal à 3, à 4, ..., à 22, à 23; mais on remarquera que si, dans les limites de t, on fait y égal à 23, on trouve

$$t < \frac{109}{7} \quad \text{et} \quad t > \frac{46}{3}.$$

Ainsi t doit être plus petit que 16 et plus grand que 15, ce qui est impossible pour toute valeur entière de t. La dernière valeur que pourra prendre y sera donc $y=22$, et, dans ce cas, on a

$$t < \frac{106}{7} \quad \text{et} \quad t > \frac{44}{3}.$$

c'est-à-dire que t doit être plus petit que 16 et plus grand que 14. La seule valeur entière que pourra prendre l'indéterminée t est donc 15. Alors on a la solution unique

$$\begin{array}{l} y = 22, \\ x = 1, \\ z = 1. \end{array}$$

La vérification d'une solution quelconque est facile.

Remarque. Dans le cas où un problème indéterminé fournit plusieurs équations, on élimine successivement une équation et une inconnue, d'après l'une des méthodes connues. Arrivé à la dernière équation, on la traite comme dans les exemples précédents.

Problème IV. *Une personne achète 100 litres de vin de 3 espèces différentes, à 0f,60, à 1f,10 et à 2f le litre : on demande combien cette personne a de litres de chaque sorte, sachant qu'elle a dépensé 100f en tout.*

x, y et z représentant les nombres de litres de chaque espèce de vin, on a les 2 équations

$$x + y + z = 100,$$
$$0{,}60x + 1{,}10y + 2z = 100\,;$$

et si l'on multiplie la première équation par 6 et la seconde par 10, elles seront remplacées par les 2 suivantes :

$$6x + 6y + 6z = 600, \qquad (1)$$
$$6x + 11y + 20z = 1\,000. \qquad (2)$$

Retranchant (1) de (2) pour éliminer x, il vient

$$5y + 14z = 400\ :$$

d'où, résolvant par rapport à y,

$$y = \frac{400 - 14z}{5} = 80 - 2z - \frac{4z}{5}.$$

Posant

$$4z = t,$$

on a

$$y = 80 - 2z - t. \qquad (3)$$

Mais de

$$\frac{4z}{5} = t,$$

on déduit

$$4z = 5t,$$
$$z = \frac{5t}{4} = t + \frac{t}{4}.$$

Faisant

$$\frac{t}{4} = t',$$

on a

$$z = t + t'. \qquad (4)$$

Mais de

$$\frac{t}{4} = t'$$

on tire

$$t = 4t'.$$

Portant cette valeur dans (3) et (4), il vient

$$y = 80 - 2z - 4t', \qquad (5)$$
$$z = 4t' + t' = 5t'.$$

La valeur de z substituée dans (5) donne

$$y = 80 - 10t' - 4t' = 80 - 14t'.$$

Enfin, remplaçant dans l'équation

$$x + y + z = 100$$

les inconnues y et z par leurs valeurs respectives, il vient

$$x + 80 - 14t' + 5t' = 100 :$$

d'où

$$x = 20 + 9t'.$$

Pour trouver les valeurs des inconnues x, y et z, on a donc les 3 équations

$$x = 20 + 9t',$$
$$y = 80 - 14t',$$
$$z = 5t'.$$

Les valeurs de x, de y et de z, devant être entières et positives, l'indéterminée t' devra avoir une valeur entière, et, de plus, cette valeur doit être positive, ou z ne le serait pas. Il faudra donc choisir t' de manière qu'on ait

$$20 + 9t' > 0, \quad 80 - 14t' > 0, \quad 5t' > 0,$$

ou

$$t' > -\frac{20}{9}, \quad t' < \frac{80}{14}, \quad t' > 0.$$

Les seules valeurs entières et positives que l'on puisse attribuer à t' sont donc comprises entre 0 et $\frac{84}{14}$, ou entre 0 et 6. Faisant t' successivement égal à 1, 2, 3, 4, 5, on a les cinq solutions suivantes :

$$x = 29,\ 38,\ 47,\ 56,\ 65,$$
$$y = 66,\ 52,\ 38,\ 24,\ 10,$$
$$z = 5,\ 10,\ 15,\ 20,\ 25.$$

On peut vérifier aisément.

EXERCICES.

1083. Une personne a des volumes à 5f et à 5f; elle donne 66f en tout : combien a-t-elle de volumes de chaque espèce ?

1084. On demande deux nombres tels que la différence qui existe entre 8 fois le premier et 13 fois le second soit 54.

1085. De combien de manières peut-on payer une somme de 102f, avec des pièces de 1f, de 2f et de 5f?

1086. Un maître d'hôtel achète 100 pièces de gibier pour 100f : des lièvres à 5f, des cailles à 0f,50 et des alouettes à 0f,05. Combien a-t-il de pièces de chaque espèce ?

1087. On demandait à un berger combien il avait de moutons ; il répondit : « J'en ai plus de 100 et moins de 200; lorsque je les compte par 7, il m'en reste 2, et si je les compte par 11, il m'en reste 3. Combien en ai-je ? »

1088. On a 3 lingots d'argent, aux titres suivants : 0,750, 0,880, 0,990. Quel poids faut-il prendre de chaque espèce, pour avoir un lingot au titre 0,900 et pesant 5kg?

1089. Un commerçant a du vin à 0f,50, 0f,60, 0f,30 et 0f,25; il veut en faire un mélange de 600 litres qui lui revienne à 0f,55 le litre : combien doit-il en prendre de chaque espèce ?

NOTE II.

SOLUTION GRAPHIQUE D'UNE ÉQUATION D'UN DEGRÉ QUELCONQUE.

Soit, par exemple, à résoudre l'équation

$$x^3-3x^2+4x-5=0.$$

Posons

$$x^3-3x^2+4x-5=y.$$

A chaque valeur que nous donnerons à x correspondra une valeur pour y. Cela est évident. Or, traçons deux axes rectangulaires X'X, Y'Y se coupant en O; puis donnons à x diverses valeurs, et construisons les valeurs correspondantes de y.

Ainsi aux valeurs de

$$x=0,\ 1,\ 2,\ 3,\ \ldots,$$

les valeurs correspondantes de y sont

$$y=-5,\ -3,\ -1,\ +7;$$

y étant négatif pour $x=2$ et positif pour $x=3$, il en résulte que y deviendra égal à 0 pour une valeur de x comprise entre 2 et 3; cette valeur de x sera évidemment une racine de l'équation proposée, puisqu'elle rend son 1er membre égal à zéro.

Il est facile de voir, d'après l'équation, que toute valeur de x supérieure à 3 rendra y positif; et comme, au-dessous de $x=3$, il n'y a, ainsi que l'indique la figure, qu'une valeur de x qui puisse donner $y=0$, il ne peut y avoir qu'une racine réelle positive. Si donc nous traçons la courbe passant par les extrémités des ordonnées, elle coupera la ligne des x en un point a pour lequel y sera égal à zéro, et par conséquent la distance Oa fera connaître la racine de l'équation : Oa = 2,2 environ (*).

Fig. 39.

Cette valeur substituée dans l'équation proposée donne $y=-0,08$; résultat qui indique que 2,2 est très-près de la véritable racine. En effet, en prenant 2,21 pour la valeur de x, on trouve $y=-0,02$, et pour $x=2,22$, on a $y=0,04$.

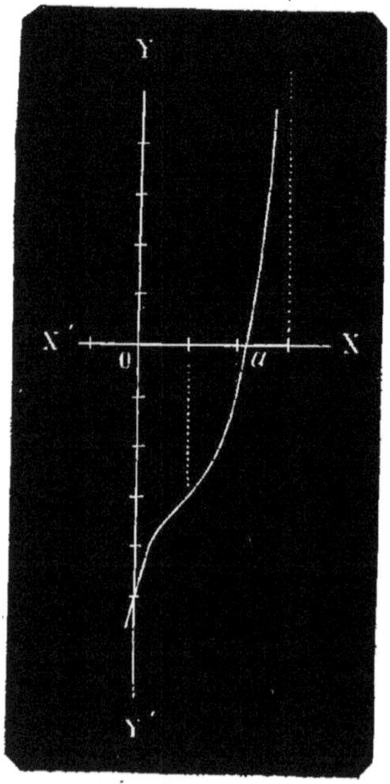

(*) Pour tracer plus exactement la courbe, on peut, comme nous l'avons fait, donner à x une valeur comprise entre 2 et 3; si l'on fait par exemple $x=2,5$, on trouve $y=1,875$, ou $y=1,9$ environ.

La racine 2,21 est donc exacte à moins de 0,01 près, ce qui est bien suffisant dans la pratique.

Pour déterminer les racines négatives, on ferait successivement $x = -1$, $-2, \ldots$; mais il est facile de voir immédiatement que toute valeur négative de x donne aussi pour y des valeurs négatives. L'équation proposée n'a donc aucune racine négative réelle; par conséquent elle n'a que la seule racine réelle et positive $x = 2{,}21$.

Quand on sait, d'après la nature de la question, que l'équation a ses racines entières, il est évident qu'on peut les calculer sans tracer la courbe, en donnant successivement à x les valeurs qu'on suppose devoir vérifier l'équation, et dès que la valeur attribuée à x donne pour y une valeur qui approche de zéro, on ne tarde pas, après un petit nombre d'essais, à avoir $y = 0$, ou une quantité qui en diffère de très-peu, et alors la valeur correspondante de x est la valeur cherchée.

Soit l'équation

$$x^3 - 6x^2 - 25x - 18 = 0.$$

On peut poser

$$x^3 - 6x^2 - 25x - 18 = y.$$

Le 1er terme du 1er membre de cette équation étant seul positif, on voit immédiatement que la valeur attribuée à x doit être assez grande pour qu'il puisse annuler le 1er membre.

Pour $x = 12$, par exemple, on a

$$12^3 - 6 \times 12^2 - 25 \times 12 - 18 = 546 = y.$$

Ainsi $x = 12$ donne $y = 546$, résultat qui indique que 12 est trop fort.

Pour $x = 10$, on a

$$y = 132;$$

par conséquent 10 est encore trop fort.

Mais $x = 9$ donne $y = 0$: donc 9 est une racine réelle positive de l'équation proposée, et c'est la seule racine réelle positive, car il est facile de voir que toute valeur positive de x supérieure ou inférieure à 9 donne pour y des valeurs différentes de zéro. On trouve sans peine que l'équation donnée admet encore les 2 racines négatives -1 et -2.

Ce qui précède met le lecteur à même de trouver, par ce procédé, les racines d'une équation d'un degré quelconque.

Nous ajouterons que dans la plupart des cas on n'a besoin que d'une racine positive, et qu'il est par conséquent inutile de s'occuper des x négatifs. Si en outre la nature de la question laisse prévoir quelle pourra être à peu près la valeur de x positif, ce sera seulement pour cette valeur, puis, s'il est nécessaire pour les valeurs voisines, qu'on devra faire les tâtonnements ou tracer la courbe.

EXERCICES.

Représenter les équations suivantes par des courbes et trouver, d'après ces courbes, les racines de ces équations :

1090. $x^3 + 3{,}6x^2 - 9{,}4x = 12.$ **1091.** $x^4 - 6x^3 - 5x^2 + 42x + 40 = 0.$

TABLE DES MATIÈRES

LIVRE I.

Calcul algébrique.

LIVRE II.

Équations du 1er degré.

LIVRE III.

Équations du second degré.

LIVRE IV.

Progressions. — Logarithmes. — Applications.

Sceaux. — Typ. et stér. M. et P.-E. Charaire.

www.ingramcontent.com/pod-product-compliance
Ingram Content Group UK Ltd.
Pitfield, Milton Keynes, MK11 3LW, UK
UKHW020544180726
13838UKWH00001B/21

9 782019 935412